Klimawissenschaftliche Konzepte aus Hamburg

Hans von Storch · Martin Claussen ·
Martin Heimann · Robert Sausen · Eduardo Zorita

Klimawissenschaftliche Konzepte aus Hamburg

Springer Spektrum

Hans von Storch
Hamburg, Hamburg, Deutschland

Martin Claussen
Max-Planck-Institut für Meteorologie
Hamburg, Deutschland

Martin Heimann
Max-Planck-Institut für Biogeochemie
Jena, Thüringen, Deutschland

Robert Sausen
Institut für Physik der Atmosphäre
Deutsches Zentrum für Luft & Raumfahrt
Oberpfaffenhofen, Bayern, Deutschland

Eduardo Zorita
Helmholtz-Zentrum Hereon
Geesthacht, Schleswig-Holstein,
Deutschland

ISBN 978-3-032-04673-4 ISBN 978-3-032-04674-1 (eBook)
https://doi.org/10.1007/978-3-032-04674-1

Die Deutsche Nationalbibliothek verzeichnet diese Publikation in der Deutschen Nationalbibliografie; detaillierte bibliografische Daten sind im Internet über https://portal.dnb.de abrufbar.

Übersetzung der englischen Ausgabe: „Climate Science Concepts Born in Hamburg" von Hans von Storch et al., © The Editor(s) (if applicable) and The Author(s), under exclusive license to Springer Nature Switzerland AG 2025. Veröffentlicht durch Springer Nature Switzerland. Alle Rechte vorbehalten.

Dieses Buch ist eine Übersetzung des Originals in Englisch „Climate Science Concepts Born in Hamburg" von Hans von Storch et al., publiziert durch Springer Nature Switzerland AG im Jahr 2025. Die Übersetzung erfolgte mit Hilfe von künstlicher Intelligenz (maschinelle Übersetzung). Eine anschließende Überarbeitung im Satzbetrieb erfolgte vor allem in inhaltlicher Hinsicht, so dass sich das Buch stilistisch anders lesen wird als eine herkömmliche Übersetzung. Springer Nature arbeitet kontinuierlich an der Weiterentwicklung von Werkzeugen für die Produktion von Büchern und an den damit verbundenen Technologien zur Unterstützung der Autoren.

Springer Spektrum ist ein Imprint der eingetragenen Gesellschaft Springer Nature Switzerland AG und ist ein Teil von Springer Nature.
Die Anschrift der Gesellschaft ist: Gewerbestrasse 11, 6330 Cham, Switzerland

Vor der endgültigen Veröffentlichung des englischen Buches verstarb der hochgeschätzte Mitautor Robert Sausen unerwartet. Er war bei der Erstellung des Buches unersetzlich und unermüdlich.

Geleitwort

Die 1970er Jahre waren eine spannende Zeit für die Atmosphären- und Klimawissenschaften. In Europa führte die wissenschaftliche und technologische Zusammenarbeit zur Gründung des Europäischen Zentrums für mittelfristige Wettervorhersage (ECMWF), das seither weltweit führend in der numerischen Wettervorhersage (NWP) ist. Im selben Jahr, 1975, wurde das Max-Planck-Institut für Meteorologie (MPI-M) in Hamburg mit Klaus Hasselmann als Gründungsdirektor gegründet. In den folgenden 40 Jahren, die in diesem Buch behandelt werden, entwickelte sich die Klimaforschung auf Basis numerischer Modelle grundlegend weiter: von einfachen Box- und Säulenmodellen hin zu hochentwickelten globalen Simulationen, die atmosphärische, terrestrische und ozeanische Prozesse abbilden, einschließlich der Quellen, Senken und Dynamik von Kohlenstoff und anderen Bestandteilen, die von NWP-Modellen, die sich auf Zeiträume von Tagen bis Wochen konzentrieren, üblicherweise nicht berücksichtigt werden.

Fünfzig Jahre nach der Gründung des MPI-M hat die globale Klimamodellierung eine Auflösung erreicht, bei der die Auswirkungen steigender Treibhausgasemissionen und der Landnutzung auf physikalische Prozesse über viele Skalen hinweg – von der Oberfläche bis zur Mesosphäre – gut erfasst werden. Bemerkenswert ist, dass die Gemeinschaften der Klimamodellierung und der numerischen Wettervorhersage (NWP) ihre Anstrengungen zunehmend vereint haben und gemeinsam an „Digital Twin"-Projekten arbeiten, die gekoppelte Simulationen von Atmosphäre, Land und Ozean zum Ziel haben, um die Anpassung an ein sich erwärmendes Klima und die damit verbundene Zunahme extremer Ereignisse zu unterstützen. Dieser bemerkenswerte Fortschritt ermöglicht die Quantifizierung der Auswirkungen verschiedener Faktoren innerhalb des Klimasystems und geht damit weit über die vor fünfzig Jahren von Klaus Hasselmann entwickelten Konzepte der „Detektion und Attribution" hinaus.

Unser Vertrauen in Klimavorhersagen stützt sich jedoch weiterhin stark auf theoretische Rahmenwerke und vereinfachte Modelle, die mechanistische Beschreibungen von Prozessen und Skaleninteraktionen liefern und entscheidende kausale Erklärungen für das Verhalten der Atmosphäre und der Ozeane bieten.

In diesem Buch zeigen fünf angesehene Autoren und Kollegen – Hans von Storch, Martin Claussen, Martin Heimann, Robert Sausen und Eduardo Zorita –, wie sie und ihre Kolleginnen und Kollegen in Hamburg durch die erfolgreiche Anwendung von Problemreduktion unser Verständnis des Klimasystems der Erde erweitert haben. Sie untersuchten nicht nur die letzten Jahrhunderte, in denen der menschliche Einfluss auf das Klima erheblich war, sondern lieferten auch Einblicke in zulässige Lösungen aus viel früheren Epochen der Erdgeschichte (und möglicherweise über unsere eigene Zeit hinaus). Die Autoren verdeutlichen, wie die Ursprünge und Auswirkungen des Klimawandels zunächst durch Beobachtungen, physikalische Prinzipien und mathematische Formulierungen erkannt und anschließend in Computermodelle überführt wurden, um nichtlineare Wechselwirkungen sowie die Kopplung von Land, Atmosphäre und Ozean auf physikalisch sinnvolle Weise abzubilden. Abschließend interpretierten sie die Modellergebnisse anhand theoretischer Konzepte, die zur Diagnose und Bewertung der simulierten Prozesse herangezogen wurden.

Es war mir eine große Freude und Ehre, die vorbereitende Seminarreihe zu Aspekten der in Hamburg entwickelten Klimaforschung auszurichten. Ich bin zuversichtlich, dass dieses Buch Leserinnen und Leser aus der nächsten Generation von Klimawissenschaftlerinnen und -wissenschaftlern anziehen wird, die darauf brennen, zu erfahren, wie große Ideen und Forschungsvorhaben entstehen. Unabhängig davon, was die Zukunft bringt – einschließlich der zunehmenden Nutzung von maschinellem Lernen, um aus unvollkommenen Modellen Vorhersagen abzuleiten –, bleibt die Notwendigkeit neuer Ideen und theoretischer Rahmenkonzepte zur Interpretation realer Phänomene in Modellergebnissen weiterhin essenziell. In diesem Zusammenhang werden die in diesem Buch dargestellten grundlegenden Bausteine der Klimawissenschaft zweifellos noch viele Jahre von Bedeutung sein.

September 2024

Nedjeljka Žagar
Professor of Theoretical Meteorology
at the University of Hamburg
Hamburg, Deutschland

Vorwort

Hintergrund und Motivation

Seit der Gründung des Max-Planck-Instituts für Meteorologie im Jahr 1975 hat die Klimawissenschaft in Hamburg einen bemerkenswerten Aufschwung erlebt. Verschiedene Ideen wurden entwickelt, umgesetzt und erprobt. Viele davon weckten das Interesse der weltweiten wissenschaftlichen Gemeinschaft und verliehen der Entwicklung der modernen Klimawissenschaft erheblichen Schwung. In zahlreichen Fällen war der heutige Nobelpreisträger Klaus Hasselmann die Quelle dieser Ideen, doch die von ihm geschaffene besondere Atmosphäre motivierte auch andere in Hamburg, neue Ansätze zu verfolgen, die schließlich das Interesse der internationalen Fachwelt auf sich zogen.

Es war Nedjeljka Žagar vom Meteorologischen Institut der Universität Hamburg, die ein Seminar mit dem Titel „Climate Science Born in Hamburg" ins Leben rief. Die Beitragenden dieses Buches haben ihre Ideen und Ansichten zu diesem Thema in diesem Seminar in den Jahren 2022 und 2023 vorgestellt und diskutiert. Die Vorträge behandelten innovative Konzepte und Ideen in der Klimasystemforschung und -modellierung, hauptsächlich aus den 1970er bis 1990er Jahren. Daher liegt der Schwerpunkt des Seminars – und dieses Buches – auf der Dynamik des globalen Klimasystems und der Wechselwirkung seiner Teilsysteme, nicht auf meteorologischen oder klimatischen Prozessen oder der Klimatologie im Allgemeinen. Und es geht um wissenschaftliche Ideen, nicht um die Ermöglichung von Wissenschaft durch nationale und internationale Organisationen, zu der Hamburger Wissenschaftlerinnen und Wissenschaftler maßgeblich beigetragen haben.

Offensichtlich und unvermeidlich ist die Auswahl der Themen bis zu einem gewissen Grad subjektiv, und eine andere Autorengruppe hätte möglicherweise eine andere Zusammenstellung gewählt. Unsere Auswahl wurde getroffen, um Ideen zu beschreiben, die von Wissenschaftlerinnen und Wissenschaftlern während ihrer Arbeit in Hamburg vorgeschlagen und von der internationalen Gemeinschaft in weiteren Anwendungen und Entwicklungen aufgegriffen wurden.

Wie so oft könnten solche Ideen bereits zuvor von anderen vorgestellt worden sein, doch ihre Veröffentlichung in Hamburg hat eine Resonanz in der Fachgemeinschaft ausgelöst.

Unsere Themenauswahl umfasst:

- Kap. 1 gibt einen sehr kurzen Überblick über die Geschichte der Klimawissenschaft in Hamburg, um den lokalen wissenschaftlichen Hintergrund und das Umfeld zu skizzieren, in dem sich die Klimasystemforschung in Hamburg entwickelt hat. Eine umfassende Darstellung der Geschichte der Klimawissenschaft in Hamburg oder der Gründung des Max-Planck-Instituts für Meteorologie wurde an anderer Stelle veröffentlicht (z. B. von Storch et al. 2018; Rosenhagen et al. 2010; Wax 2020).
- Kap. 2 behandelt Klaus Hasselmanns Konzept von *Rauschen und Signal*, die Auswirkungen der intern erzeugten Variabilität auf großen und langen Skalen (stochastisches Klimamodell), die Notwendigkeit, Effekt und Rauschen in numerischen Experimenten zu trennen, sowie einen Ansatz zur Klärung des Vorliegens von Einflüssen veränderlicher externer Antriebe *(Detektion und Attribution des Klimawandels).* Das breite Spektrum von Hasselmanns Ideen und deren Einfluss auf die Wissenschaft, von der Turbulenztheorie über Klimavariabilität bis hin zur Klima-Gesellschaft-Interaktion, wird in einem anderen Buch diskutiert (von Storch 2022).
- Kap. 3 stellt die Berücksichtigung des *Kohlenstoffkreislaufs in quasirealistischen Klimamodellen* neben der atmosphärischen und ozeanischen Dynamik sowie die Entwicklung von Techniken zur Einschränkung dieser Modelle durch umfassende atmosphärische Beobachtungen vor.
- Kap. 4 behandelt die Suche nach *multiplen Gleichgewichtszuständen und abrupten Veränderungen im globalen Klimasystem* mithilfe quasi-realistischer Klimasystemmodelle. Solche Kippschaltungen wurden in den 1960er und 1970er Jahren in stark idealisierten Klimamodellen gefunden, und es stellt sich die Frage, ob solche abrupten Übergänge nur das Ergebnis zu stark vereinfachter Modelle sind.
- Kap. 5 umfasst drei Konzepte und *Beiträge zu Modellierungstechniken*, die letztlich umfassende Atmosphäre-Ozean-Modelle ermöglichten: Die numerische Modellierung von Walter Hansen am Institut für Meereskunde der Universität Hamburg ebnete den Weg für dieses damals noch neue Forschungsfeld (Abschn. 5.1). Ernst Maier-Reimer entwickelte ein rechnerisch sehr effizientes Ozeanmodell, das für lange Ozeansimulationen auf den damals begrenzten Rechenressourcen geeignet war. Die Idee dieses Modells basiert auf der brillanten und konsequenten Ausnutzung der quasi-geostrophischen Näherung (Abschn. 5.2). Schließlich ermöglichte der *Anomalie-Kopplungsansatz* zur Einschränkung von Klimamodellen, die atmosphärische und ozeanische Dynamik koppeln, die Entwicklung von Atmosphäre-Ozean-Modellen mit stationären Statistiken und verlässlicheren Ergebnissen aus Klimawandelsimulationen (Abschn. 5.3).

- Kap. 6 führt das Konzept des *Downscaling* ein, sowohl in seiner empirischen als auch in seiner dynamischen Variante. Es beschreibt regionale oder lokale Statistiken als durch großräumige Bedingungen konditioniert und ermöglicht die Rekonstruktion vergangener regionaler Variabilität sowie die Regionalisierung globaler Klimawandelprojektionen. Zunächst skizzieren wir das Konzept der Skalen und wie sich Klimavariabilität unterschiedlicher räumlicher Skalen bestimmen und trennen lässt. Ein wichtiger Aspekt ist, dass Klimamodelle meist auf großen Skalen zuverlässig sind, auf kleinen Skalen jedoch weniger. Downscaling verknüpft die in Klimamodellen ausreichend gut beschriebenen großen Skalen oder in Analysen repräsentierte Skalen mit Statistiken auf kleineren Skalen. Solche Verknüpfungen können empirisch oder mithilfe dynamischer Modelle, sowohl regional als auch global, bestimmt werden.
- Kap. 7 gibt einen Überblick über *Paläoklima- und historische Klimarekonstruktionen* und stellt vier bedeutende Beiträge zur Paläoklimatologie und historischen Klimaforschung vor, die im Hamburger Klimanetzwerk entstanden sind. Drei davon analysieren verfügbare indirekte Beobachtungen, um vergangene Klimavariationen sowohl in jüngerer Vergangenheit als auch auf längeren glazialen Zeitskalen zu rekonstruieren. Der vierte Beitrag ist methodischer Natur und konzentriert sich auf Möglichkeiten, statistische Klimarekonstruktionsmethoden mithilfe synthetischer Daten zu testen.

Jedem Kapitel dieses Buches wurde ein verantwortlicher Autor zugewiesen, jedoch tragen alle Autoren die gemeinsame Verantwortung für das gesamte Buch. Das bedeutet, dass vor der Einreichung des Manuskripts ein Konsens unter den Autoren über den Inhalt erzielt wurde. Die verantwortlichen Hauptautoren sind Hans von Storch (Kap. 2 und 6), Martin Claussen (Kap. 1 und 4), Martin Heimann (Kap. 3), Robert Sausen (Kap. 5) und Eduardo Zorita (Kap. 7). Die Gesamtleitung des Projekts lag bei Hans von Storch.

Leider konnten wir Ernst Maier-Reimer nach seinem Tod im Jahr 2013 nicht mehr in unser Projekt einbinden. Mit seinem offenen Geist, seiner Strenge, Geduld und der Fähigkeit, alles zu wissen, aber wenig zu sagen, war er einer der entscheidenden Wegbereiter der Fortschritte am Max-Planck-Institut für Meteorologie.

Hans von Storch
Martin Claussen
Martin Heimann
Robert Sausen
Eduardo Zorita

Literaturverzeichnis

Rosenhagen G, Schatzmann M, Schrön A (2010) Das Klima der Metropolregion auf Grundlage meteorologischer Messungen und Beobachtungen. In: von Storch H, Claussen M (Hrsg.) Klimabericht für die Metropolregion Hamburg. Springer, Berlin, S. 19–59. https://doi.org/10.1007/978-3-642-16035-6

von Storch H, Claussen M, Gräbel C (2018) Zur Geschichte der Klimaforschung in Hamburg. in: R. Nicolaysen, E. Krause und B. Zimmermann (eds): 100 Jahre Universität Hamburg. Studien zur Hamburger Universitäts und Wissenschaftsgeschichte in vier Bänden. Band 4 Mathematik, Informatik, Naturwissenschaften Medizin, Wallstein Verlag, Göttingen, 389–414, ISBN 978-3-8353-5223-0

von Storch (Hrsg.) H (2022) From Decoding Turbulence to Unveiling the Fingerprint of Climate Change: The Science of Klaus Hasselmann. Springer Verlag https://doi.org/10.1007/978-3-030-91716-6

Wax G (2020) Wissenschaft zwischen Planung, Aufgabenverteilung und Kooperation. Zum Aufstieg der Erdsystemforschung in der Max-Planck-Gesellschaft, 1968–2000, Preprint 5 des Forschungsprogramms Geschichte der Max-Planck-Gesellschaft. Max-Planck-Gesellschaft. https://doi.org/10.17617/2.3224614

Nachruf

Wir sind zutiefst bestürzt und erschüttert über die Nachricht vom tragischen Verlust von Robert Sausen, unmittelbar nachdem er seine Beiträge zu diesem Band abgeschlossen hatte. Wir sind der Überzeugung, dass die wissenschaftliche Gemeinschaft einen weltweit führenden Forscher verloren hat. Unser aufrichtiges Beileid!

Danksagung

Die Autoren danken zahlreichen Kolleginnen und Kollegen: Hartmut Heinrich und Oliver Krüger überprüften die Zusammenfassung des Heinrich-Ereignisses und die Heiner-Schmidt-Geschichte, Jürgen Sündermann half, die Leistungen von Walter Hansen (Abschn. 5.1) einzuordnen. Die Verdienste von Ernst Maier-Reimer im Bereich der numerischen Ozeanmodellierung und der Modellierung der Kohlenstoffkomponente (Abschn. 5.2 und 3.6) wurden mit Unterstützung von Christoph Heinze aufgearbeitet. Michael Böttinger vom DKRZ stellte die Abbildungen zur Verfügung, die die stetig verbesserte Gitterauflösung von Klimamodellen veranschaulichen (Abb. 6.5 und 6.8). Wir danken Stephan Bakan, Armineh Barkordarian, Richard Blender, Frauke Feser, Gabriele Hegerl, René Laprise, Frank Lunkeit, Thierry Penduff und Sönke Zaehle (in alphabetischer Reihenfolge) für Diskussionen, die Bereitstellung verschiedener Details und Abbildungen sowie das Prüfen von Teilen des Manuskripts. Das Titelbild, das Andreas Villwock auf unseren Wunsch während eines Überflugs über Hamburg aufgenommen hat, zeigt das Geomatikum prominent im Zentrum.

Inhaltsverzeichnis

Kapitel 1
Eine kurze Geschichte der Klimawissenschaft in Hamburg

Martin Claussen, Hans von Storch, Martin Heimann, Robert Sausen und Eduardo Zorita

Zusammenfassung Dieses Kapitel gibt einen sehr kurzen Überblick über die Geschichte der Klimawissenschaft in Hamburg, um den lokalen wissenschaftlichen Hintergrund und das Umfeld zu skizzieren, in dem sich die Klimasystemforschung in Hamburg entwickelt hat.

Mit der Möglichkeit, das Wetter zu messen, richtete sich das Interesse am Thema Klima zunächst auf lokale Zeitreihen und daraus abgeleitete Statistiken zu Temperaturen, Niederschlägen und anderen Wettervariablen. Auch in Hamburg wurden regelmäßige Wetteraufzeichnungen von Privatpersonen geführt. 1826 erschien eine erste Beschreibung des Klimas und Wetters von Hamburg durch den Arzt Heinrich Wilhelm Buek, basierend auf der Beobachtungsreihe von 1807–1826 des Seniors[1] Dr. Willerding Buek (1826). Viele Jahre der Beobachtung, von 1832–1873 bzw. 1856–1886, folgten dann durch Zimmermann und den Gymnasialprofessor Scharenberg (Rosenhagen et al. 2010).

Mit der Gründung der Norddeutschen Seewarte im Jahr 1866 und dem Beginn ihrer Arbeit zwei Jahre später erhielten die Beobachtungen und Analysen des Klimas eine neue Qualität, die insbesondere durch eine globale Perspektive, Instrumentierung und Beratung für die Seeschifffahrt geprägt war. Nach der Gründung des Deutschen Kaiserreichs 1871 wurde die Norddeutsche Seewarte zur Deutschen Seewarte, die 1875 den Status eines Reichsinstituts erhielt. Das markante Gebäude (Abb. 1.1) wurde im April 1945, im letzten Kriegsmonat in Deutschland, zerstört. Nach 1945 wurde die Deutsche Seewarte in einen hydrographischen Dienst (Deutsches Hydrographisches Institut; DHI, heute Bundesamt für Seeschifffahrt und Hydrographie, BSH) und eine atmosphärische Abteilung, das dem Deutschen Wetterdienst zugeordnete Seewetteramt, aufgeteilt.

Der Schwerpunkt der Deutschen Seewarte lag auf dem maritimen meteorologischen und klimatologischen Dienst. Deutschland erwarb zu dieser Zeit, also Ende des 19. und Anfang des 20. Jahrhunderts, Kolonien in Afrika, Asien und Ozeanien, und die Deutsche Seewarte war nicht nur für die Durchführung

[1] Leitender Geistlicher der lutherischen Kirche in Hamburg.

H. von Storch et al., *Klimawissenschaftliche Konzepte aus Hamburg*,
https://doi.org/10.1007/978-3-032-04674-1_1

Abb. 1.1 Die Seewarte an den Landungsbrücken in Hamburg, wo bedeutende Klimawissenschaftler wie Wladimir Köppen, Eduard Brückner und andere arbeiteten. Das Gebäude wurde im letzten Kriegsmonat zerstört (Das Bild ist eine Postkarte von 1906, koloriert von Dario Ružić, mit Genehmigung.)

meteorologischer Überwachungen in diesen Kolonien verantwortlich, sondern auch für die Bereitstellung von Daten zur Planung kolonialer Erwerbungen.

Als bedeutendster Klimatologe Hamburgs in historischer Zeit wird meist der bereits damals berühmte *Meteorologe der Deutschen Seewarte* Wladimir Köppen (1846–1940; siehe Abb. 1.2) genannt. Köppen arbeitete von 1875 bis 1919 an der Deutschen Seewarte. Weitere bekannte Wissenschaftler sind Alfred Wegener (1880–1930), Köppens Nachfolger als Meteorologe der Deutschen Seewarte (und Schwiegersohn), sowie Eduard Brückner (1862–1927) und Georg von Neumayer (1826–1909). Wladimir Köppen wurde von Georg von Neumayer zum Leiter der Abteilung III für Wettertelegrafie und Sturmwarnung ernannt und etablierte – erstmals in Deutschland – einen synoptischen Wetterdienst. Köppen ist vor allem für seine *Klimagleichung* bekannt, in der er Klimazonen konsequent in Bezug auf die geografische Verbreitung großräumiger Vegetations- bzw. Ökosystemmuster definierte. Seine globalen Karten der Klimazonen werden bis heute in der Klimaforschung und in vielen, wenn nicht den meisten, Schulbüchern verwendet. Unter der Leitung und Initiative von Hugo Hildebrand Hildebrandsson, Professor für Meteorologie in Uppsala, Schweden, veröffentlichten Köppen und von Neumayer den ersten internationalen, mehrsprachigen Wolkenatlas (Hildebrandsson et al. 1890).

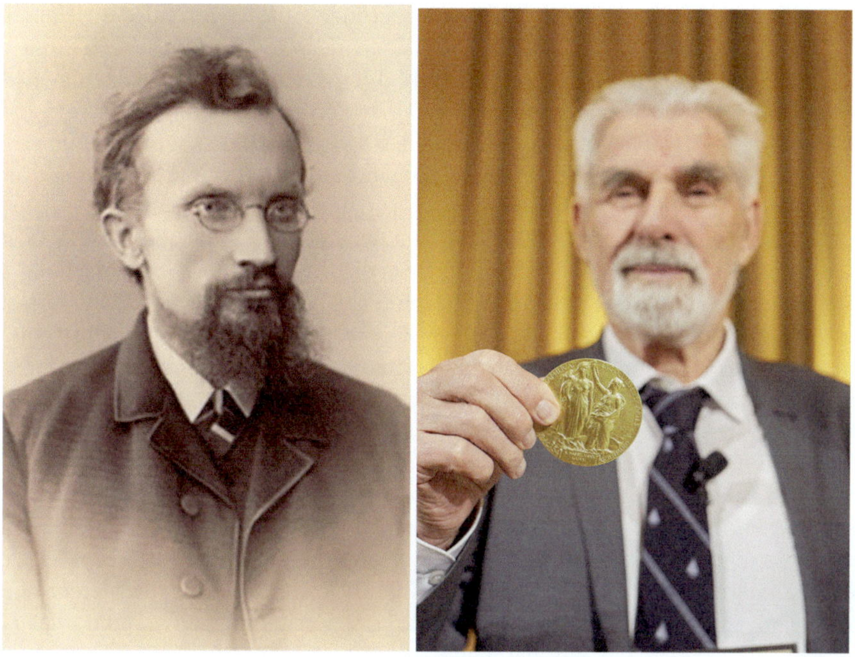

Abb. 1.2 Zwei herausragende Klimawissenschaftler aus Hamburg: Wladimir Köppen (1846–1940) und Klaus Hasselmann (1932–). Bildnachweis: Nobel Prize Outreach, Bernhard Ludewig

Wladimir Köppen initiierte und betrieb ab 1903 eine Drachenstation in Groß-borstel[2] mit dem Schwerpunkt auf aerologischer Forschungsarbeit. 1921 wurde die Station unter der Leitung von Alfred Wegener zur Meteorologischen Versuchsstation ausgebaut, an der Beobachtungs- und Kalibrierungsverfahren für die eingesetzten meteorologischen Instrumente entwickelt wurden.

Gemeinsam mit Wegener veröffentlichte Köppen 1924 das Buch *Die Klimate der Geologischen Vorzeit.* In diesem bahnbrechenden Werk luden Köppen und Wegener den serbischen Mathematiker Milutin Milankovitch ein, seine quantitative Berechnung des Zeitpunkts und der Dauer der europäischen glazial-interglazialen Zyklen, der sogenannten *Eiszeiten,* vorzustellen. Diese Milankovitch-Kurven gelten bis heute als Meilenstein in der Geschichte der Paläoklimamodellierung.

Ein weiterer bedeutender Forscher an der Deutschen Seewarte war Erich Kuhlbrodt (1891–1972), der 1923 an der Universität Hamburg habilitierte und 1928 – wie Alfred Wegener 1919 – zum außerordentlichen Professor an der Universität Hamburg ernannt wurde. Er ist bekannt für seine Forschungen zur allgemeinen Zirkulation der Atmosphäre, insbesondere für seine Höhenwindmessungen an Bord des Forschungsschiffs *Meteor* während der Deutschen Atlantik-Expedition von 1925 bis 1927.

---

[2] www.grossborstel.de/wladimir-koeppen-und-die-drachenstation/.

1919 wurde die Universität Hamburg gegründet, basierend auf dem Hamburgischen Kolonialinstitut. Das Klima wurde an der Geographischen Fakultät erforscht. Ein 1929 eingerichteter Lehrstuhl für Meteorologie leistete bis in die 1970er Jahre keinen nennenswerten Beitrag zur Klimaforschung. Bis 1945 hatte die Universität Hamburg mit den Folgen der nationalsozialistischen Ideologie zu kämpfen, die nicht wenige Universitätsangehörige, auch aus Meteorologie und Klimatologie, übernommen hatten.

Die Klimawissenschaft in Hamburg trat in eine Art Stillstand, bis 1975 die Max-Planck-Gesellschaft (MPG) beschloss, ein Institut für Klimaforschung zu gründen, das Max-Planck-Institut für Meteorologie (MPI-M). Die Diskussion um die Gründung des MPI-M fand in einer Zeit wachsender Umweltbewusstheit in den späten 1960er und frühen 1970er Jahren statt. Innerhalb der MPG förderte Christian Junge, Direktor am MPI für Chemie in Mainz von 1968 bis 1979, die Idee einer integrativen Atmosphärenforschung, heute als Erdsystemforschung bekannt. Die entscheidende Initiative zur Gründung des MPI-M kam mit dem Angebot des Bundesministeriums für Forschung und Technologie (1994 umbenannt in Bundesministerium für Bildung und Forschung) an die MPG, das international renommierte Fraunhofer-Institut für Radiometeorologie und Maritime Meteorologie zu übernehmen, das bis 1972 von Karl Brocks, Professor für Meteorologie an der Universität Hamburg, geleitet wurde. Der Forschungsschwerpunkt des neu gegründeten MPI-M lag auf der Untersuchung der physikalischen und chemischen Prozesse in der Atmosphäre und deren Wechselwirkungen mit Ozean und Biosphäre. Der Name des Instituts, MPI für Meteorologie, wurde mangels einer besseren Bezeichnung gewählt, wie der Gründungsdirektor des MPI-M, Klaus Hasselmann (Abb. 1.2), in seiner Antrittsrede betonte. Das MPI-M war zunächst in einem Universitätsgebäude, dem Geomatikum, untergebracht, bevor es sich auf benachbarte Gebäude ausweitete (Abb. 1.3). (Eine umfassende historische Darstellung des Aufstiegs der Erdsystemwissenschaften in der MPG und insbesondere der Gründung des MPI-M findet sich bei Wax (2020)).

Als Hasselmann zum Direktor des MPI-M berufen wurde, war er als Physiker mit einem Ruf auf dem Gebiet der Dynamik und Modellierung von Ozeanwellen bekannt. Er und seine Mitarbeiter, Peter Lemke, Dirk Olbers, Claude Frankignoul, Jürgen Willebrand und andere, legten die theoretischen Grundlagen für eine moderne, empirische und theoretische Klimawissenschaft (von Storch und Heimbach 2022). In dieser Zeit wurde das *Stochastische Klimamodell* entwickelt. Es war entscheidend, um mit dem komplexen, nichtlinearen und hochdimensionalen Klimasystem umzugehen, das sowohl interne Variabilität als auch extern erzwungene Veränderungen aufweist (siehe Kap. 2). Diese Leistung war es, die Klaus Hasselmann mehr als 40 Jahre später, im Jahr 2021, den Nobelpreis für Physik einbrachte: *Klaus Hasselmann entwickelte ein Modell, das Wetter und Klima miteinander verknüpft und damit die Frage beantwortet, warum Klimamodelle trotz der Veränderlichkeit und Chaotik des Wetters zuverlässig sein können. Außerdem entwickelte er Methoden zur Identifikation spezifischer Signale, sogenannter Fingerabdrücke, die sowohl natürliche Phänomene als auch menschliche Aktivitäten im Klima hinterlassen. Seine Methoden wurden verwendet, um nachzuweisen, dass der*

Abb. 1.3 Das Gebäude Bundesstr. 53 in Hamburg-Rotherbaum, in dem das Max-Planck-Institut für Meteorologie und das Institut für Ozeanographie der Universität Hamburg untergebracht sind. Im Hintergrund das *Geomatikum,* wo im 17. Stock das MPI-M und seine Labore 1975 starteten und wo bis in die 2020er Jahre geowissenschaftliche und klimawissenschaftliche Institute der Universität Hamburg angesiedelt sind (siehe https://de.wikipedia.org/wiki/Max-Planck-Institut für Meteorologie, Bildnachweis: Minderbinder unter CC-BY-SA 4.0)

Temperaturanstieg in der Atmosphäre auf menschliche Emissionen von Kohlendioxid zurückzuführen ist.[3]

Reimar Lüst (1923–2020, Abb. 1.4) war der Präsident der MPG, der das MPI-M gründete. Er war ein deutscher Astrophysiker, der sich von Hermann Flohn, Professor für Meteorologie und Klimatologie an der Universität Bonn, und Bert Bolin, Professor am Meteorologischen Institut der Universität Stockholm, beraten ließ. Letzterer war später, 1988, einer der Gründer des Intergovernmental Panel on Climate Change (IPCC). Reimar Lüst war ein einflussreicher Präsident der MPG und später Generaldirektor der Europäischen Weltraumorganisation. Viele Jahre später, 1990 nach seinem Ausscheiden bei der ESA, wurde Lüst Präsident der Alexander-von-Humboldt-Stiftung und richtete sein Büro im MPI-M in Hamburg ein, wo er nicht nur Klaus Hasselmann, sondern auch jüngeren Kolleginnen und Kollegen ein wertvoller Berater war. (Siehe sein Interview mit von Storch und Hasselmann (2003) über die Gründung des MPI-M).

Hans Hinzpeter (1921–1999) wurde zum Professor für Allgemeine Meteorologie am Meteorologischen Institut der Universität Hamburg und zum Direktor am MPI-M berufen. Als Nachfolger von Karl Brocks übernahm er die Gruppe des damals aufgelösten Fraunhofer-Instituts für Radiometeorologie und Meeresmeteorologie. Sein

[3] https://www.nobelprize.org/prizes/physics/2021/press-release/.

Abb. 1.4 Reimar Lüst (rechts): Als Präsident der Max-Planck-Gesellschaft entschied er, ein Max-Planck-Institut für Meteorologie in Hamburg zu gründen, mit Klaus Hasselmann (links) als Direktor

Schwerpunkt lag auf physikalischen Prozessen in der Atmosphäre (siehe sein Interview mit von Storch und Fraedrich, 1997).

Hans Hinzpeter wurde 1988 sowohl als Universitätsprofessor am Meteorologischen Institut als auch als Direktor am MPI-M von Hartmut Graßl abgelöst. Im Gegensatz zu Hinzpeter interessierte sich Graßl für Klimaforschung. Bereits als wissenschaftlicher Mitarbeiter bei Hinzpeter arbeitete er an der Strahlungstransporttheorie in trüben Atmosphären und Wolken und war einer der ersten, der 1981 die Annahme der maximalen Entropieproduktion in die Klimamodellierung einführte (Grassl 1981).

Das MPI-M arbeitete eng mit der Universität Hamburg zusammen. Neben der Verbindung über Hans Hinzpeter und seine Nachfolger am Meteorologischen Institut waren zwei weitere Professoren bedeutende Partner, nämlich Günter Fischer, Professor für Theoretische Meteorologie am Meteorologischen Institut, und Jürgen Sündermann am Institut für Ozeanographie (von Storch und Langenberg 2019). Aus der Ozeanographie kamen mehrere Wissenschaftler an das MPI-M, wie Ernst Maier-Reimer oder Uwe Mikolajwicz; aus der Meteorologie Erich Roeckner und Hans von Storch.

Nach dieser Anfangsphase, etwa 1982, initiierte Hasselmann den Aufbau einer Klimamodellierungskapazität, indem er ein konventionelles atmosphärisches Allgemeines Zirkulationsmodell mit einem neuen, fortschrittlichen Ozeanzirkulationsmodell koppelte. Eine Schlüsselrolle in diesem Vorhaben spielte Ernst Meier-Reimer (Heinze und Hasselmann 2019),[4] der das *Large Scale Geostrophic*

[4] Ein Video-Interview mit Ernst Maier-Reiner ist hier verfügbar: https://www.youtube.com/watch?v=SJhit5oGA1s.

model der Ozeanzirkulation entwickelte (Maier-Reimer 1993) (siehe Abschn. 5.2). Ein solches System eignete sich hervorragend zur Untersuchung der internen Variabilität im Klimasystem und anderer Dynamiken des Systems, wie etwa multipler Gleichgewichtszustände und abrupter Veränderungen (siehe Kap. 4). Im Streben nach einer integrativen Sicht auf das Klimasystem der Erde initiierte Hasselmann auch die Entwicklung von Modellen des Kohlenstoffkreislaufs, beginnend mit dem Kohlenstoffkreislauf im Ozean (HAMOCC, Maier-Reimer und Hasselmann 1987; Maier-Reimer 1993, siehe Kap. 3). Später wurde dies mit dem gekoppelten Atmosphäre-Ozean-Modell kombiniert (Cubasch et al. 1992).

Diese Aktivitäten erforderten ein Hochleistungsrechen- und Datenarchivierungssystem, das für den Einsatz solcher Modelle und zur Speicherung der dabei erzeugten großen Datenmengen konzipiert war. Folglich überzeugte Hasselmann das Bundesministerium für Forschung und Technologie sowie die regionalen Partner der Universität Hamburg, das Alfred-Wegener-Institut in Bremerhaven und das GKSS-Forschungszentrum (2021 umbenannt in Helmholtz-Zentrum Hereon) in Geesthacht, gemeinsam mit der MPG, das Deutsche Klimarechenzentrum (DKRZ) 1988 zu gründen und zu finanzieren. Hasselmann wurde Direktor des DKRZ, während Wolfgang Sell für die technische Einrichtung und den Betrieb verantwortlich war. In dieser Phase trat ein spezielles, aber wichtiges technisches Problem bei der Kopplung von Atmosphären- und Ozeanmodellen auf, nämlich dass die von Ozean zur Atmosphäre und umgekehrt übertragenen Impuls- und Energieflüsse nicht konsistent waren. Als Übergangslösung wurde das *Anomalie-Kopplung*-Verfahren eingeführt (siehe Kap. 5).

1991 wurden die Modellierungsaktivitäten weiter gestärkt, als Lennart Bengtsson, der frühere Direktor des European Centre for Medium-Range Weather Forecasts (ECMWF) in Reading, der dritte Direktor am MPI-M wurde. Unter der Leitung von Bengtsson entwickelte sich das Modellsystem am MPI-M zu einem der weltweit führenden Modelle. Eine Schlüsselrolle spielte dabei Erich Roeckner. Das MPI-M-Modell, genannt ECHAM, wurde regelmäßig in allen IPCC-Bewertungen zum Stand des Wissens über Klimavariabilität und Klimawandel eingesetzt. Das MPI-M war von Anfang an durch Ulrich Cubasch am IPCC-Prozess beteiligt.

Nach dem Erfolg der Klimamodellierung bei der Erstellung konsistenter Szenarien des zukünftigen anthropogenen Klimawandels und dem Nachweis des anthropogenen Klimawandels auf Basis von Hasselmanns Konzepten zur Trennung von Rauschen und Signal (Kap. 2) wurde deutlich, dass für die Öffentlichkeit und die Politik die Herausforderung nun darin bestand, die Auswirkungen des Klimawandels auf Georisiken (Naturgefahren) wie Sturmfluten, auf Ökosysteme, Gesellschaft und Wirtschaft zu bewerten. Zu diesem Zeitpunkt wurde die Lücke zwischen dem Bedarf an lokalen und regionalen Klimainformationen auf kleinen räumlichen Skalen und der groben räumlichen Auflösung globaler Klimamodelle offensichtlich, und das Konzept des *Downscaling* zur Überbrückung dieser Lücke entstand (Kap. 6). Im Zusammenhang mit Downscaling steht das *Upscaling-Problem*: die Rekonstruktion vollständiger Klimafelder aus einem Netzwerk lokaler, spärlicher und verrauschter Informationen, wie sie in Klima-Proxy-Daten enthalten sind (Kap. 7).

Als Klaus Hasselmann 1999 in den Ruhestand ging, folgte ihm Guy Brasseur nach, zuvor Direktor der Abteilung für Atmosphärenchemie am National Center for Atmospheric Research in den USA. Mit Guy Brasseur wurde das sogenannte *Erdsystemmodellierung,* also die Integration biogeochemischer Prozesse, die von Christian Junge konzipiert und von Ernst Maier-Reimer für den Ozean sowie Martin Heimann für die Atmosphäre begonnen worden war, intensiviert. Lennart Bengtsson wurde von Jochem Marotzke abgelöst, einem theoretischen Physiker und physikalischen Ozeanographen, der zuvor am Massachusetts Institute of Technology und am Southampton Oceanographic Centre gearbeitet und gelehrt hatte und sich am MPI-M der Erforschung der Variabilität des Klimasystems sowie der mittelfristigen Klimavorhersage widmet. Zu dieser Zeit bestand das MPI-M aus zwei Abteilungen (Brasseur, Marotzke), die sich mit globaler Klimadynamik befassten, und einer Abteilung (Graßl), die den Klimaprozessen gewidmet war. Eine weitere Umstrukturierung des MPI-M erfolgte 2005 nach dem Ausscheiden von Hartmut Graßl mit der Berufung von Martin Claussen, zuvor Abteilungsleiter am Potsdam-Institut für Klimafolgenforschung und Professor für Klimaphysik an der Universität Potsdam. Von da an arbeiteten alle drei Abteilungen des MPI-M an der globalen Erdsystem- und Klimasystemmodellierung. Nach dem Weggang von Brasseur und der Berufung von Bjorn Stevens, zuvor Professor für Meteorologie an der University of California Los Angeles, existieren seit 2008 bis zum Ruhestand von Claussen im Jahr 2021 die Abteilungen *Atmosphäre im Erdsystem* (Stevens), *Land im Erdsystem* (Claussen) und *Ozean im Erdsystem* (Marotzke) nebeneinander. Zusammen mit dem MPI für Chemie, Mainz, und dem 1997 in Jena gegründeten MPI für Biogeochemie war das MPI-M eines der Kerninstitute des Erdsystem-Clusters der MPG (Wax 2020).

Die Zusammenarbeit zwischen dem MPI-M und der Universität Hamburg wurde nicht nur durch die gemeinsame Berufung eines Professors für Physikalische Meteorologie auf eine Vollzeitstelle an der Universität Hamburg und gleichzeitig als Direktor am MPI-M gefördert, sondern auch durch die Berufungen von Klaus Fraedrich, Professor für Theoretische Meteorologie am Meteorologischen Institut, und Detlef Stammer, Professor für Fernerkundung und Assimilation am Institut für Ozeanographie und später Direktor des CEN (Centrum für Erdsystemforschung und Nachhaltigkeit), als Max-Planck-Fellows am MPI-M.

Das MPI-M und die Universität Hamburg haben stets eng in großen Projekten zusammengearbeitet, beginnend in den 1970er Jahren mit einem Sonderforschungsbereich zu Energie-, Impuls- und Stofftransport im Ozean-Atmosphäre-System. Beteiligt waren nicht nur Partner aus den geowissenschaftlichen Disziplinen wie Meteorologie, Ozeanographie und Geophysik, sondern auch aus der Biogeochemie, Ozeanchemie, Hydrobiologie und Fischereiwissenschaft. Dies war der Beginn einer zunehmenden interdisziplinären Klima- und Erdsystemforschung in Hamburg, die zur Gründung des Zentrums für Marine und Atmosphärische Wissenschaften (ZMAW) führte und 2007 in der erfolgreichen Antragstellung für einen Exzellenzcluster zur Klimasystemforschung und -vorhersagbarkeit (CliSAP) gipfelte, initiiert von von Storch, Claussen, Fraedrich, Marotzke und Stammer. In CliSAP und seit 2019 im Nachfolge-Exzellenzcluster zu Klima, Klimawandel und Gesellschaft

(CLICCS) waren Natur-, Sozial- und Wirtschaftswissenschaften beteiligt. Mit den Exzellenzclustern entstand der KlimaCampus Hamburg, der alle in der Klimaforschung aktiven Hamburger Institute und Einrichtungen vereint. Die Zusammenarbeit zwischen Natur- und Wirtschaftswissenschaften wurde von Hasselmann visionär durch seine Ideen zu gekoppelten Modellen von Klima, Umwelt und Gesellschaft vorweggenommen (Hasselmann 1991).

Literatur

Buek HW (1826) Hamburgs Clima und Witterung. Ein Beytrag zur medicinischen Topographie von Hamburg so wie zur Climatologie von Deutschland überhaupt. nach vieljährigen Beobachteung bearbeitet von H W Buek. August Campe, Hamburg

Cubasch U, Hasselmann K, Höck H, Maier-Reimer E, Mikolajewicz U, Santer BD, Sausen R (1992) Time-dependent greenhouse warming computations with a coupled ocean-atmosphere model. Clim Dyn 8:55–69

Grassl H (1981) The climate at maximum entropy production by meridional atmospheric and oceanic heat fluxes. Q J R Meteorol Soc 107(451):153–166

Hasselmann K (1991) How well can we predict the climate crisis? In: Siebert H (ed) Institut für Weltwirtschaft an der Universität Kiel, Conference on Environmental Scarcity: The International Dimension, J.C.B. Mohr (Paul Siebeck), Tübingen, S 165–183

Heinze C, Hasselmann K (2019) Preface: Ernst Maier-Reimer and his way of modelling the ocean. Biogeosciences 16:751–753. https://doi.org/10.5194/bg-16-751-2019

Hildebrandsson HH, Köppen WP, von Neumayer G (1890) Wolken-Atlas. Gustav W. Seitz Nachf., Besthorn Bebr., Hamburg

Maier-Reimer E (1993) Geochemical cycles in an ocean general circulation model. Preindustrial tracer distributions. Global Biogeochem Cycles 7(3):645–677

Maier-Reimer E, Hasselmann K (1987) Transport and storage of CO_2 in the ocean – an inorganic ocean-circulation carbon cycle model. Clim Dyn 2(2):63–90

Rosenhagen G, Schatzmann M, Schrön A (2010) Das Klima der Metropolregion auf Grundlage meteorologischer Messungen und Beobachtungen. In: von Storch H, Claussen M (eds) Klimabericht für die Metropolregion Hamburg. Springer, Berlin, S 19–59. https://doi.org/10.1007/978-3-642-16035-6

von Storch H, Fraedrich K (1997) Interview of Hans Hinzpeter. Eigenverlag, Max-Planck Institut für Meteorologie. https://doi.org/10.13140/RG.2.2.23236.83847, English version: Niels Bohr Library & Archives, American Institute of Physics, College Park, MD USA. www.aip.org/history-programs/niels-bohr-library/oral-histories/35176

von Storch H, Hasselmann K (2003) Interview mit Reimar Lüst. GKSS Report 2003/16, GKSS Research Center. https://doi.org/10.13140/RG.2.2.22764.97928, English version: Niels Bohr Library & Archives, American Institute of Physics, College Park, MD USA. www.aip.org/history-programs/niels-bohr-library/oral-histories/33761

von Storch H, Heimbach P (2022) Klaus Hasselmann – recipient of the Nobel Prize in Physics 2021. Oxford University Press Research Encyclopedia of Climate Science. https://doi.org/10.1093/acrefore/9780190228620.013.931

von Storch H, Langenberg H (2019) Interview mit Jürgen Sündermann. HZG Report, HZG. https://doi.org/10.13140/RG.2.2.12015.48807

Wax G (2020) Wissenschaft zwischen Planung, Aufgabenverteilung und Kooperation. Zum Aufstieg der Erdsystemforschung in der Max-Planck-Gesellschaft, 1968-2000, Preprint 5 des Forschungsprogramms Geschichte der Max-Planck-Gesellschaft. Max-Planck-Gesellschaft. https://doi.org/10.17617/2.3224614

Kapitel 2
Das stochastische Paradigma von Klaus Hasselmann

Hans von Storch, Robert Sausen, Eduardo Zorita, Martin Heimann und Martin Claussen

Zusammenfassung In den Anfangsjahren der Klimawissenschaft bestand die Hauptaufgabe darin, regionale Klimata zu beschreiben und diese anschließend zu einem globalen Gesamtbild zusammenzufügen. In den 1970er Jahren verlagerte sich, angeführt von Klaus Hasselmann, der Fokus darauf, zu verstehen, wie Variabilität im Klimasystem entsteht. Dieses Problem wurde durch die Identifikation eines kleinen, langsamen dynamischen Kerns gelöst, der durch das Stochastische Klimamodell (SCM) beschrieben wird, während der Großteil des Systems stochastisch auf diesen Kern einwirkt. Später wurden Principal Interaction Patterns (PIPs) und Principal Oscillation Patterns (POPs) in dieses Konzept integriert. Das SCM bot einen Rahmen zur Bewertung numerischer Experimente mit quasi-realistischen Klimamodellen und zur Unterscheidung zwischen unbeeinflusster (interner) Variabilität und extern erzwungenen Veränderungen – eine Trennung, die im Zentrum des „Detection and Attribution"-Problems des Klimawandels stand.

2.1 Einleitung

Dieses Kapitel befasst sich mit der breiten Anerkennung der Notwendigkeit und Nützlichkeit stochastischen Denkens innerhalb der Klimawissenschaft, zu der Klaus Hasselmann, ein herausragender Forscher aus Hamburg, maßgeblich beigetragen hat. Zu Hasselmanns bahnbrechenden Arbeiten zählt die Einführung des Stochastischen Klimamodells, eines Konzepts, das heute nahezu als selbstverständlich gilt. Dieses Modell dient der Erklärung des Ursprungs interner Variabilität auf langen Zeitskalen. Ein weiteres bedeutendes Verdienst Hasselmanns ist die Entwicklung der „Detection and Attribution"-Methodik. Dieser Ansatz umfasst sowohl die Detektion von Signalen, die durch spezifische Einflussfaktoren auf den Klimazustand entstehen, als auch die Zuordnung plausibler Ursachen für die Entstehung solcher Signale in einer verrauschten Umgebung.

H. von Storch et al., *Klimawissenschaftliche Konzepte aus Hamburg*,
https://doi.org/10.1007/978-3-032-04674-1_2

Abb. 2.1 Urkunde des Nobelpreises für Physik im Jahr 2021

von Storch (2022b) bietet einen umfassenden Überblick über das Werk von Klaus Hasselmann, ergänzt durch Einblicke von Zeitzeugen wie Peter Lemke, der den Hintergrund und die Bedeutung des Stochastischen Klimamodells schildert und dessen Rolle in der Ideengeschichte sowie seine Relevanz für das Verständnis der Klimadynamik beleuchtet.

Der Achievement Award des International Meeting on Statistical Climatology[1] würdigte 2007 die bedeutenden Beiträge von Klaus Hasselmann auf diesem Gebiet, insbesondere für die Entwicklung innovativer Ideen. Im Jahr 2010 erhielt Hans von Storch die gleiche Auszeichnung für die Umsetzung einiger dieser Konzepte. Später, im Jahr 2021, wurde die weltweite Bedeutung dieser Beiträge unterstrichen, als Klaus Hasselmann mit dem Nobelpreis für Physik[2] (Abb. 2.1) ausgezeichnet wurde. Der anhaltende Erfolg dieser Konzepte zeigt sich auch in der weiterhin weit verbreiteten Nutzung des Lehrbuchs von von Storch und Zwiers (1999).

[1] http://imsc.pacificclimate.org/awards.shtml.

[2] Siehe auch Kap. 1, seine Nobelrede unter https://www.youtube.com/watch?v=UF8PBXkCtko sowie eine Einordnung beispielsweise von von Storch und Heimbach (2022).

2.2 Ein kurzer Überblick über die Geschichte der Ideen zu „Modellen"

Um die Dynamik des Klimasystems zu verstehen, bedarf es zunächst Beobachtungsdaten sowie eines theoretischen Verständnisses, das die Konstruktion von Modellen ermöglicht. Diese Modelle beschreiben die Dynamik des Klimasystems entsprechend dem theoretischen Verständnis, wobei sie durch empirische Befunde eingeschränkt werden. Der Begriff „Modell" wird in den verschiedenen Wissenschaftsdisziplinen sehr unterschiedlich verwendet (z. B. Müller und von Storch 2004). In der Klimawissenschaft waren die ersten Modelle Varianten mit minimaler Komplexität, d. h. sie wurden mathematisch formuliert und berücksichtigten nach starken Vereinfachungen nur die wichtigsten Prozesse. Andere Modelle, die in der Ozeanographie oder Meteorologie vor der Verfügbarkeit elektronischer Computer in den späten 1940er Jahren eingesetzt wurden, waren physikalische oder mechanische Analogien – wie wir in Abschn. 2.2.1 skizzieren.

Mit dem Aufkommen dieser elektronischen Geräte nutzten Klimawissenschaftler die Möglichkeit, das theoretische Verständnis zur Entwicklung numerischer Modelle einzusetzen – was zunächst erforderte, das vollständige System der hydro- und thermodynamischen Gleichungen zu vereinfachen und zu diskretisieren, damit sie auf solchen Computern integriert werden konnten (Abschn. 2.2.2). Mit solchen Modellen, von Müller und von Storch (2004) als „Modelle maximaler Komplexität" bezeichnet, wurde es möglich, die Gleichungen zeitlich vorwärts zu integrieren – um Wetter vorherzusagen und das Klimasystem zu simulieren. Seither ist die Leistungsfähigkeit der Computer enorm gestiegen, was die Herausforderung mit sich brachte, die Modelle sowohl durch eine höhere Raum-Zeit-Auflösung als auch durch die Einbeziehung immer weiterer Prozesse und Teilsysteme des Klimas zu verbessern. Dies war der Stand der Dinge, als 1975 das Max-Planck-Institut für Meteorologie in Hamburg mit Klaus Hasselmann als Gründungsdirektor gegründet wurde.

2.2.1 *Modellierung ohne elektronische Computer*

Bevor elektronische Computer weit verbreitet waren, war die Rolle von Modellen eine andere als heute. Sie fassten ein Konzept der Realität zusammen und berücksichtigten nur die relevantesten Prozesse. Sie dienten der Konzeptualisierung, wie etwa das Atommodell von Niels Bohr (Hesse 1970), der Prognose und der experimentellen Untersuchung. Modelle konnten daher analytische Ausdrücke, manuelle Berechnungen mit einer großen Anzahl von Menschen, die als Computer bezeichnet wurden, oder mechanische Geräte im Ingenieurwesen sein. Berühmt ist die Vision von Lewis Fry Richardson einer „Vorhersagefabrik", in der große Gruppen menschlicher Computer koordiniert werden sollten, um die notwendigen Berechnungen zur numerischen Integration der Bewegungsgleichungen durchzuführen

(Richardson und Lynch 2007). Auch Walter Hansen (siehe Abschn. 5.1) in Hamburg und vermutlich viele andere beschäftigten einen Stab von *menschlichen Rechnern.*

Ein einfaches mechanisches Gerät diente als „Modell“ für die Stabilität des Meeresbodens unter dem Einfluss von durch Wellen und/oder Strömungen erzeugtem Sohlschub. In den meisten Fällen wird dieser Sohlschub durch turbulente Wasserbewegungen verursacht. Ohne Turbulenz bleibt die Oberfläche in Ruhe, während starke Turbulenz dazu führt, dass Sedimentpartikel erodiert und wieder aufgewirbelt werden. Um den Zusammenhang zwischen Turbulenz und Sedimenterosion zu untersuchen, ist in Abb. 2.2 (von Storch 2001) ein einfaches experimentelles physikalisches „Modell“ skizziert. Es basiert auf dem *konzeptionellen Modell,* wonach Turbulenz der entscheidende Prozess ist; die mit der Turbulenz verbundene Schubspannung führt zum Zusammenbruch der durch das Vorhandensein von Diatomeen verstärkten Oberflächenhaftung. Das Gerät besteht darin, eine repräsentative Sedimentprobe aus dem Untersuchungsgebiet zu entnehmen und am Boden eines transparenten Rohres zu platzieren, das anschließend mit Wasser gefüllt wird. Über dem Sediment wird ein Propeller installiert, dessen Drehzahl zur Regulierung der Turbulenzintensität einstellbar ist. Unterhalb einer bestimmten Drehzahlschwelle bleibt die Wassersäule klar, oberhalb dieser Schwelle sind einzelne Partikel im Wasser schwebend zu erkennen.

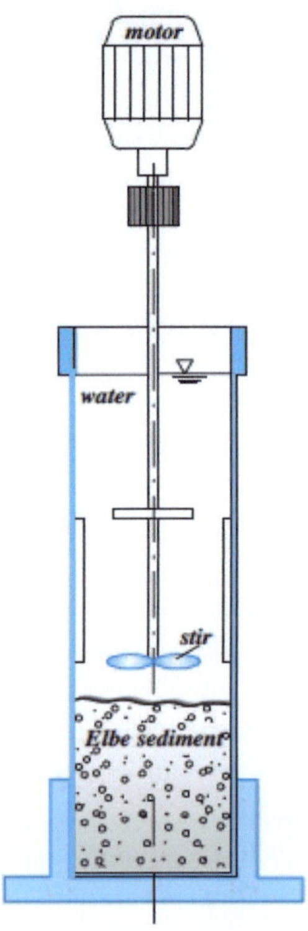

Abb. 2.2 Mechanisches Gerät zur Modellierung des Einflusses von Turbulenz auf die Sedimenterosion (Schünemann und Kühl 1993)

Bei maximaler Drehzahl wird der untere Teil der Wassersäule undurchsichtig. In diesem Zustand wird nicht nur die oberste Sedimentschicht wieder aufgewirbelt, sondern auch das darunterliegende konsolidierte Sediment beginnt sich zu mobilisieren. Nach dem Abschalten des Propellers setzen sich die suspendierten Partikel allmählich wieder ab.

Dieses Modell *erklärt* nicht den Wert der Schwelle oder wie tief die erodierte Schicht ist. Es informiert „nur" über die Existenz einer Schwelle und ermöglicht es, diese kritischen Werte zu bestimmen. Um „Verständnis" zu erlangen, muss man sich vom konkreten Versuchsaufbau lösen und ein konzeptionelles Modell, ein „Gedankenmodell" (Müller und von Storch 2004), entwerfen. Das Labor-Modell erfüllt dann zwei Funktionen: Zum einen dient es der Validierung des konzeptionellen Modells, zum anderen der Abschätzung unbekannter *Parameter.*

Abschn. 5.1 skizziert ein aufwendiges und unflexibles hydraulisches Modell zur Untersuchung der Tidedynamik in der in Deutschland gelegenen Jade-Mündung. In den 1950er Jahren erkannte der Ozeanograph Walter Hansen (siehe Abschn. 5.1) das Potenzial numerischer Computermodelle. Es zeigte sich, dass die wesentlich günstigeren numerischen Modelle leistungsfähiger waren als hydraulische Modelle.

2.2.2 Modellierung mit elektronischen Computern

Die frühe Entwicklung numerischer Modelle der *allgemeinen Zirkulation der Atmosphäre* unmittelbar nach dem Zweiten Weltkrieg wird von Fleming (2011) beschrieben. Solche Modelle sind die zentralen Bausteine heutiger quasi-realistischer Klimamodelle. Als die ersten Computer, meist für das US-Militär, in Betrieb genommen wurden, erwogen Meteorologen deren Nutzung und entschieden sich, *„zunächst die Theorie der allgemeinen Zirkulation zu betonen, statt das eher angewandte kinematische Problem der Wettervorhersage"*. Es bestand zweifellos ein echtes Interesse daran, die allgemeine Zirkulation der Atmosphäre zu quantifizieren und letztlich zu verstehen, doch das war nicht alles, wie Carl Gustav Rossby 1946 in einem Brief erklärte: Der Einsatz der ENIAC-Maschine *„könnte genutzt werden, um das Problem der atmosphärischen Zirkulation numerisch zu lösen … es sollte vielleicht möglich sein, zu sehen, inwieweit verschiedene willkürlich eingeführte Änderungen in Menge und Charakter der einfallenden Sonnenstrahlung das Muster der allgemeinen Zirkulation beeinflussen würden; dies wäre sicherlich ein wichtiger erster Schritt in Richtung einer langfristigen Vorhersage klimatischer Schwankungen …"*. Die Wissenschaftler dachten damals an Wettermodifikation, oder, in heutiger Terminologie, an Geoengineering. Ein Jahrzehnt später erklärte Harry Wexler (Fleming 2011): *„Wenn ernsthafte Vorschläge für großräumige Wettermodifikationen gemacht werden, wie es unvermeidlich geschehen wird, müssen das gesamte Wissen über die allgemeine Zirkulation und die rechnergestützte Meteorologie eingesetzt werden, um die Folgen vorherzusagen und so die unglückliche Situation zu vermeiden, dass die Heilung schlimmer ist* *als die Krankheit.*“ Die Motivation zur Entwicklung solcher numerischer dynamischer Modelle der atmosphärischen Dynamik war also keineswegs nur auf die Wettervorhersage gerichtet.

Die anfänglichen Hürden bestanden darin, die Bewegungsgleichungen in eine numerisch integrierbare Form zu bringen, wie es die *primitiven Gleichungen* beispielhaft zeigen, und geeignete Diskretisierungen zu entwickeln. Diese Grundlagen ermöglichten den Aufbau von Modellen, die die großräumige atmosphärische und ozeanische Zirkulation abbilden und die Simulation von Wetter über längere Zeiträume – im Wesentlichen das Studium des Klimas – erlauben. Eine herausragende Persönlichkeit auf diesem Gebiet war Syukuro Manabe, ein weiterer Nobelpreisträger für Physik, der eine entscheidende Rolle bei der Entwicklung komplexer Klimamodelle spielte (Navarra 2022).

Als das Max-Planck-Institut für Meteorologie gegründet wurde, arbeiteten zwei Hamburger Professoren, Jürgen Sündermann und Günter Fischer, gemeinsam mit Erich Roeckner und Ernst Maier-Reimer am Aufbau solcher „quasi-realistischer“ Modelle in der Ozeanographie und Meteorologie.

2.3 „Zuerst über natürliche Variabilität nachdenken“

Als Klaus Hasselmann sein Max-Planck-Institut gründete, *„erwarteten alle, dass wir sofort einen riesigen Computer kaufen und mit solchen quasi-realistischen Modellen zu rechnen beginnen“*.[3] Das tat er nicht. Als er *„gefragt wurde, ob wir einen Computer bräuchten“*, antwortete er: *„dass ich keinen großen Computer brauche, aber später einen haben möchte. Zuerst müssten wir unser Forschungsprogramm entwickeln. Mir war klar, dass wir zunächst viele grundlegende Fragen klären mussten. … Als das Institut gegründet wurde, hatte ich zwei Ziele. Das eine war, den Ursprung der natürlichen Klimavariabilität zu verstehen. Das war überhaupt nicht verstanden, aber eindeutig ein zentrales Thema, wenn wir zwischen natürlicher Klimavariabilität und vom Menschen verursachtem Klimawandel unterscheiden wollten. … Das andere Ziel war die Entwicklung eines guten Modells der Ozeanzirkulation für Klimastudien.*“ Beide Ziele hat er erreicht; in diesem Kapitel behandeln wir das erste Ziel, das zweite wird in Abschn. 5.2 behandelt.

Zu jener Zeit lagen nur wenige Informationen über Variationen vor, die auf interne Dynamik zurückzuführen sind, im Gegensatz zu solchen, die durch externe Faktoren beeinflusst werden. Das Verständnis dieser internen Dynamik war von grundlegender Bedeutung, sowohl für die Auswertung von Beobachtungsdaten als auch für die Beurteilung numerischer Experimente mit Klimamodellen. Bis dahin wurden Modellergebnisse meist nur für kurze Zeiträume im Rahmen von Prognosen mit Beobachtungsdaten verglichen. Abweichungen zwischen langfristigen

[3] Dieses und das nächste Zitat aus von Storch (2022b).

Beobachtungen und Modellergebnissen galten üblicherweise als Mängel des Modells. Es wurde jedoch deutlich, dass solche Diskrepanzen ebenso gut auf das Vorherrschen interner Variabilität hinweisen konnten, die in den Modellsimulationen jegliche durch externe Faktoren eingeführten Signale überdecken konnte.

2.3.1 Nachweis des Vorliegens interner Variabilität

Die möglicherweise erste Erwähnung interner Variabilität wurde von Chervin et al. (1974) berichtet, die ein allgemeines Zirkulationsmodell der globalen Atmosphäre über einen längeren Zeitraum unter zyklostationären Bedingungen[4] betrieben und feststellten, dass Mittelwerte über das gleiche Intervall unterschiedliche Zustände aufwiesen. Aus dieser Beobachtung schlossen sie, dass statistische Hypothesentests erforderlich sind, um zwischen „Rauschen" und „Signal" zu unterscheiden, wenn beispielsweise Experimente zum Einfluss von Anomalien der Meeresoberflächentemperatur durchgeführt werden.

In den 1980er Jahren, als Ozeanmodelle mit einer ausreichend feinen Gitterauflösung integriert werden konnten, um die Bildung von Wirbeln zu ermöglichen, wurde deutlich, dass auch die globale Ozeandynamik eine solche interne Variabilität ausbildet. Frühe Analysen wie die von Cox (1987) und theoretische Überlegungen (Holland und Haidvogel 1981) führten zu Simulationsstudien wie Jochum und Murtugudde (2004) und Jochum et al. (2004), die zeigten, dass interne Variabilität einen erheblichen Teil der beobachteten SST-Variabilität im tropischen Pazifik und im westlichen Indischen Ozean erklären kann. Die Meeresoberflächentemperatur (SST) und die mittlere Meereisausdehnung in hohen nördlichen Breiten überlagerten die atlantische meridionale Umwälzzirkulation (Kushnir 1994; Mahajan et al. 2011) und variierten, ohne an externe Antriebe gebunden zu sein.

Penduff et al. (2018a) gaben erstmals einen umfassenden Überblick über ozeanisches Chaos und dessen Auswirkungen, Struktur und Vorhersagbarkeit (OCCIPUT), basierend auf einem langen (1960–2015), großen Ensemble (50 Mitglieder) globaler Ozean-/Meereis-$1/4°$-Simulationen mit leicht unterschiedlichen Anfangsbedingungen. Ihre Forschung zeigt, dass im Beisein mesoskaliger Turbulenz nicht alle ozeanischen Signale zur atmosphärischen Variabilität beitragen können, da in mehreren mittleren Breiten chaotische atmosphärische Prozesse einen stärkeren Einfluss haben als die atmosphärische Variabilität selbst – sowohl auf die niederfrequente als auch auf die kleinskalige Variabilität. Die erhebliche Unsicherheit, die mit chaotischer interner Variabilität verbunden ist, sollte bei der Interpretation von modellierten und beobachteten Zeitreihen stets berücksichtigt werden.

Ein ähnliches Problem für regionale Ozeane und die Atmosphäre wurde lange übersehen. Es wurde lange angenommen, dass die durch laterale Randbedingungen

---

[4] d. h. mit identischen unteren Randbedingungen und Solarstrahlung, abgesehen vom Jahreszyklus.

auferlegten Einschränkungen die Ausbildung interner Variabilität verhindern würden, doch dies wurde schließlich von Ji und Vernekar (1997), Weisse et al. (2000) und Rinke und Dethloff (2000) für regionale Atmosphären sowie von Penduff et al. (2018b), Tang et al. (2020), Lin et al. (2022) und Benincasa et al. (2024) für regionale Ozeane widerlegt.

2.3.2 Stochastisches Klimamodell

Um den Ursprung der natürlichen Variabilität im Klimasystem zu klären, erkannte Hasselmann, dass es zwei Arten von Variationen im Klimasystem gibt, die sich hinsichtlich ihrer Zeitskalen unterscheiden (Hasselmann 1976).[5] Eine Art von Variation ist mit langen Zeitskalen verbunden, verläuft langsam und wird nur von wenigen Komponenten des Klimasystems getragen; die andere Art ist mit kurzfristigen Schwankungen verbunden und weist sehr viele Freiheitsgrade auf. Die langsamen Variationen werden von den kurzfristigen Schwankungen beeinflusst – nicht in ihren konkreten Details, sondern in ihrer Statistik. Dies ist der Kern des **stochastischen Klimamodells.**

Unter einer Reihe von vereinfachenden Annahmen, nämlich:

- ein lineares System,
- die langsame Dimension wird durch nur eine Variable beschrieben,
- unbedeutender Einfluss der langsamen Dimension auf die Statistik der kurzfristigen Schwankungen,

ergibt sich für die langsame Komponente

$$\frac{d\psi}{dt} = \lambda\psi + \delta \tag{2.1}$$

wobei δ eine Zufallsvariable mit konstanter Standardabweichung darstellt, die die Vielfalt der kurzfristigen Schwankungen zusammenfasst.

Die Bedeutung von Gl. (2.1) liegt darin, dass das Spektrum von ψ *rot* wird, wenn das von δ *weiß* ist. Diese Erkenntnis, wenn auch kein Theorem, legt fest, dass in allen solchen Systemen unbeeinflusste, d. h. nicht erzwungene langfristige Variationen – rotes Rauschen – auftreten werden und dass jede Analyse von Variationen in einem solchen System zwischen internen Variationen und möglichen durch externe Antriebe verursachten Änderungen unterscheiden muss. Dies ist das Problem der Detektion und Attribution (Hasselmann 1979a, 1979b, 1993; siehe unten).

[5] Dieser Artikel ist recht anspruchsvoll, wie es oft bei den „ersten“ Arbeiten von Klaus Hasselmann zu einem neuen Thema der Fall ist. In einigen Fällen verfasste er später eine überarbeitete Version mit bemerkenswerter Klarheit. Als er gebeten wurde, dies zu diesem Thema zu tun, lehnte er ab, da es „zu einfach“ wäre, und verwies auf den kurzen Abschnitt im Lehrbuch von von Storch und Zwiers (1999).

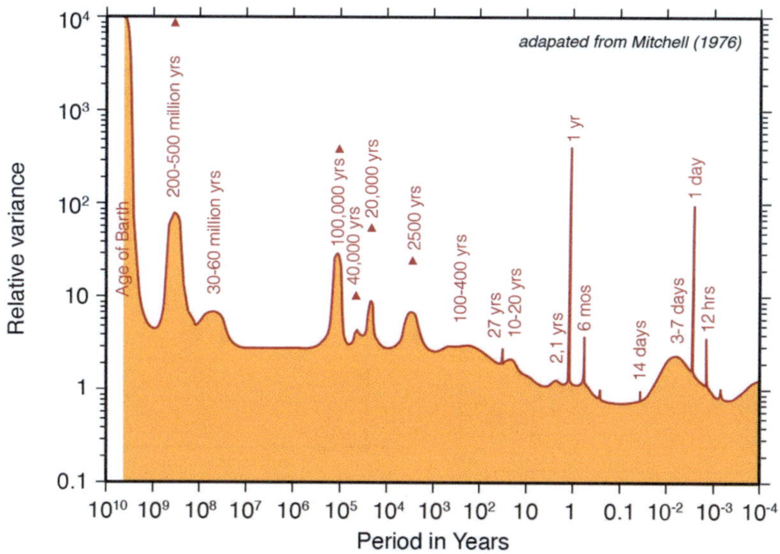

Abb. 2.3 Konzeptioneller Vorschlag für das Autospektrum klimatischer Variabilität nach Mitchell (1976). Hinweis: Einige der Spitzen würden heute nicht unbedingt als real angesehen. 2017 © Cambridge University Press, nachgedruckt mit Genehmigung

Auch wenn die Arbeit von Hasselmann (1976) nur wenige hundert Zitationen hatte[6], hatte sie einen tiefgreifenden Einfluss. Sie machte deutlich, dass das Autospektrum in den meisten klimatischen Anwendungen (abgesehen vom Jahres- und Tageszyklus) nicht die Summe periodischer Fourier-Komponenten ist, sondern eine kontinuierliche Funktion, nämlich die Fourier-Transformation der Autokovarianzfunktion.[7] Eine naive Person, die dem Buch von Shaw (1936) folgt, würde erwarten, dass das Spektrum klimatischer Variationen aus vielen Linien besteht. Diese Annahme wurde schon lange widerlegt (z. B. von Storch und Zwiers 1999). Stattdessen sollte ein Autospektrum folgendermaßen konzipiert werden: *„Ein interpretativer Überblick über das Spektrum wird gegeben, in dem zwischen Quellen der Variabilität unterschieden wird, die durch stochastische Mechanismen innerhalb des Klimasystems (Atmosphäre-Ozean-Kryosphäre) entstehen, und solchen, die durch äußere Antriebe verursacht werden.“* (Mitchell 1976), siehe Abb. 2.3. Das stochastische Klimamodell lieferte eine Theorie für den Ursprung des stochastischen Anteils des Spektrums, insbesondere für die flachen Bereiche zwischen den Spitzen und den Abfall bei höheren Frequenzen.

In der theoretischen Physik wird die Gleichung als Ornstein-Uhlenbeck-Gleichung bezeichnet. Sie wurde bei der Untersuchung der Brownschen Bewegung

[6] Stand 25. 2024 beträgt die genaue Zahl 269.

[7] Deshalb empfahl Hasselmann seinen Studierenden immer wieder das Lehrbuch von Jenkins und Watts (1968).

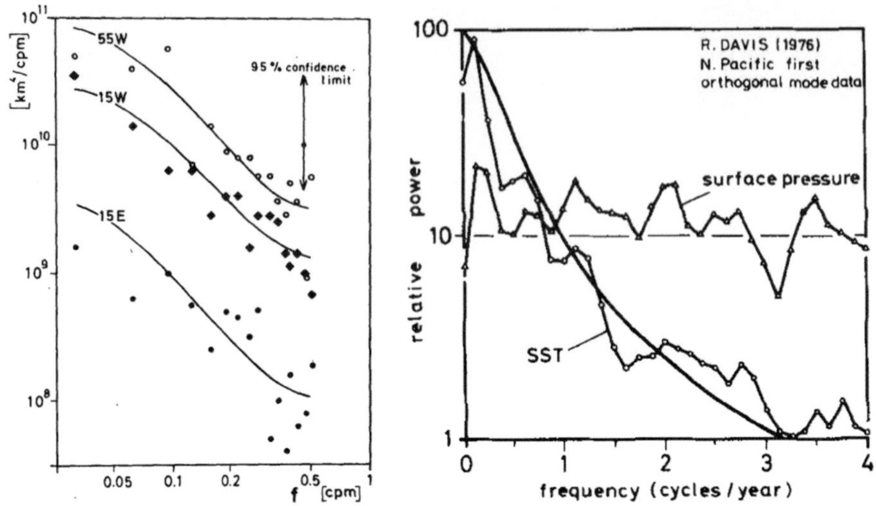

Abb. 2.4 Geschätzte Autospektren von Beobachtungsdaten und eines angepassten autoregressiven Prozesses erster Ordnung. Links: Meereisanomalien entlang dreier Längengrade in der Arktis (Lemke et al. 1980) © American Meteorological Society. Verwendung mit Genehmigung. Rechts: Erste EOF der SST im Nordpazifik (Frankignoul und Hasselmann 1977)

schwerer Teilchen entwickelt, die mit vielen leichten Teilchen kollidieren. In der mathematischen Statistik wird sie nach Diskretisierung als autoregressiver Prozess erster Ordnung oder als Markov-Prozess erster Ordnung bezeichnet. Damit das System stationär fluktuiert, ist $\lambda \in (-2, 0]$ erforderlich.

Man könnte einwenden, dass diese Annahmen zu restriktiv sind, insbesondere was die Gültigkeit der Linearisierung betrifft. In einer Reihe von Fällen hat sich diese Näherung (2.1) jedoch als gute Zusammenfassung des Verhaltens der ungezwungenen Systemkomponente erwiesen (z. B. Lemke 1977; Frankignoul und Hasselmann 1977; Lemke et al. 1980). Zwei dieser Studien befassten sich mit Anomalien des Meereises (Lemke et al. 1980) und mit Anomalien der Meeresoberflächentemperatur (Frankignoul und Hasselmann 1977). Abb. 2.4 zeigt den Erfolg der Beschreibung von aus Daten geschätzten Autospektren und solchen eines angepassten AR(1)-Prozesses (2.1). Die Autospektren erfassen die generelle Form einer verstärkten Variabilität auf langen Zeitskalen und einer geringen Varianz auf kurzen Zeitskalen gut. Im Fall der Meeresoberflächentemperatur wird nicht nur das Spektrum der (ersten EOF der) Meeresoberflächentemperatur, sondern auch das der (ersten EOF der) Luftdruckdaten dargestellt, die als Proxy für Wärmeströme verwendet wurden. Diese EOF zeigt zeitliche Schwankungen, die mit weißem Rauschen übereinstimmen.[8]

[8] Zum Zeitpunkt der Studie lagen für den Nordpazifik keine langen, zuverlässigen Zeitreihen der Wärmeströme vor.

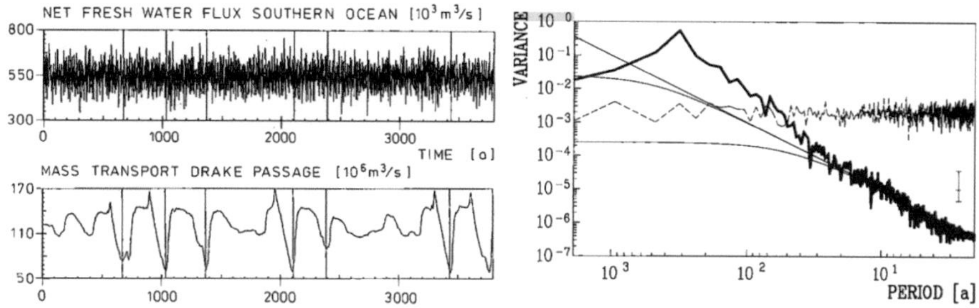

Abb. 2.5 Links: Jahresmittelwerte der Zeitreihe des Netto-Süßwasserflusses im Südlichen Ozean (südlich von 30° S) (oben) und des Massentransports durch die Drake-Passage (unten). Rechts: Autospektren der beiden im linken Diagramm dargestellten Kurven (Mikolajewicz und Maier-Reimer 1990)

Ein eindrucksvolles Beispiel für die Leistungsfähigkeit des stochastischen Klimamodells ergibt sich aus einem numerischen Experiment mit einem umfassenden Ozeanmodell (Mikolajewicz und Maier-Reimer 1990). In diesem Experiment wurde das Modell monatlichen mittleren atmosphärischen Oberflächenflüssen sowie zufälligen Süßwasserflüssen ausgesetzt. Obwohl sich diese Flüsse im Mittel gegenseitig aufhoben, wiesen sie räumliche Korrelationen auf, waren jedoch zeitlich unkorreliert. Nach einer langen Einschwingphase ohne zusätzliches Rauschen stellte sich das Gleichgewicht des Modells ein, und das Hinzufügen von Rauschen hatte in den ersten Jahrzehnten nur geringe Auswirkungen. Erst etwa 500 Jahre später traten im Südlichen Ozean bemerkenswerte „Oszillationen“ auf, die die Fähigkeit des Modells zeigen, über lange Zeiträume ausgeprägte Klimavariationen zu erzeugen (Abb. 2.5).

Eine weitere bedeutende Anwendung wurde von Lemke (1977) vorgestellt, der die Budyko-Sellers-Energiebilanz untersuchte (siehe Abschn. 4.2).

Das stochastische Klimamodell kann für alle stationären, nicht zu stark nichtlinearen Systeme mit Gedächtnis (dem $\lambda\psi$-Term) und Anregung durch kurzfristige Schwankungen verwendet werden. Wird die Nichtlinearität stärker, ist das Konzept der „Principal Interaction Patterns“ (PIPs; Hasselmann 1988) möglicherweise besser geeignet. Die Grundidee der PIPs besteht darin, den vollständigen Zustandsraum in einen kleinen, dynamisch aktiven Teilraum und einen größeren Teilraum zu unterteilen, dessen Dynamik als zufällige Schwankungen parametrisiert werden kann, wie in Abb. 2.6 skizziert. Eine Menge linearer Basisfunktionen/Muster, die den kleinen dynamischen Teilraum aufspannen, werden als PIPs bezeichnet.

Auch wenn das PIP-Konzept allgemeiner und ansprechender ist, sind bislang keine bedeutenden praktischen Anwendungen im Klimasystem bekannt geworden. Bei Annahme einer linearen Dynamik wurde jedoch zumindest ein Fall umgesetzt (Kwasniok 2022).

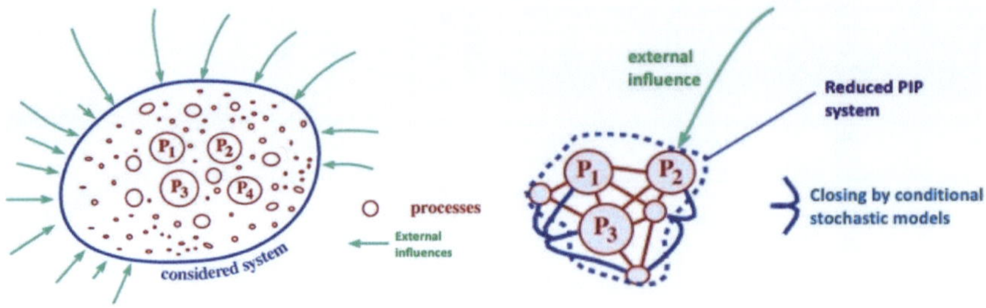

Abb. 2.6 Skizze des vollständigen Phasenraums mit einer unendlichen Anzahl von Prozessen und äußerer Anregung (links) sowie des dynamisch aktiven PIP-Raums mit reduzierter Prozessanzahl und Anregung, der durch zufällige Parametrisierungen der Einflüsse auf den großen Teilraum beeinflusst wird (rechts), in den der PIP-Raum eingebettet ist (von Storch und Heimbach 2022)

Nach einigen Vereinfachungen,[9] insbesondere der Filterung des vollständigen Raums mit EOFs, konnte der allgemeine Ansatz für multivariate Zustandsvariablen ψ und lineare Dynamik verwendet werden. Dann wird λ in Gl. (2.1) zu einer Matrix, deren Eigenstruktur eine Reihe gedämpfter und oszillatorischer Moden bestimmt, die schließlich als „Principal Oscillation Patterns“ (POPs; von Storch et al. 1988, 1995) bezeichnet werden.

Für diesen POP-Fall ist in der Literatur eine Vielzahl von Anwendungen dokumentiert. Diese Anwendungen beruhen im Wesentlichen darauf, den großen Zustandsraum auf einen niedrigdimensionalen dynamischen Kernraum zu projizieren – was das Grundprinzip der PIPs ist, um den vollständigen Zustandsraum in einen kleinen dynamisch aktiven Teilraum und einen größeren Teilraum zu unterteilen, dessen Dynamik als zufällige Schwankungen parametrisiert werden kann. Beispiele hierfür sind etwa ENSO, die Madden-Julian-Oszillation und deren Vorhersage, langfristige Ozeanoszillationen sowie der Lebenszyklus barokliner Zyklonen in mittleren Breiten (für Details und Literatur siehe von Storch et al. 1995).

Im Folgenden skizzieren wir den Fall der Analyse und Vorhersage der Madden-Julian-Oszillation (MJO) etwas ausführlicher (von Storch und Xu 1990; von Storch und Baumhefner 1991). Die MJO ist ein wellenartiges Phänomen mit Wellenzahl 1, das sich innerhalb von 30–60 Tagen ostwärts entlang des Äquators um die Erde bewegt. Besonders deutlich tritt sie in Analysen des Geschwindigkeitspotenzials an der Obergrenze der Troposphäre, etwa bei 200 hPa, hervor. Die POP-Analyse zeigt einen dominanten komplexen Modus mit einer Wellenstruktur der ersten Ordnung (Abb. 2.7, oben). Typischerweise treten Teilsequenzen der

[9] Enttäuscht über diese von Hans von Storch vorgenommenen Vereinfachungen beschloss Klaus Hasselmann, sein innovatives, sehr allgemeines Konzept zu retten, indem er einen neuen Begriff einführte, nämlich „Principal Interaction Patterns“. Schließlich wurden beide Konzepte parallel veröffentlicht, als Hasselmann (1988) und von Storch et al. (1988).

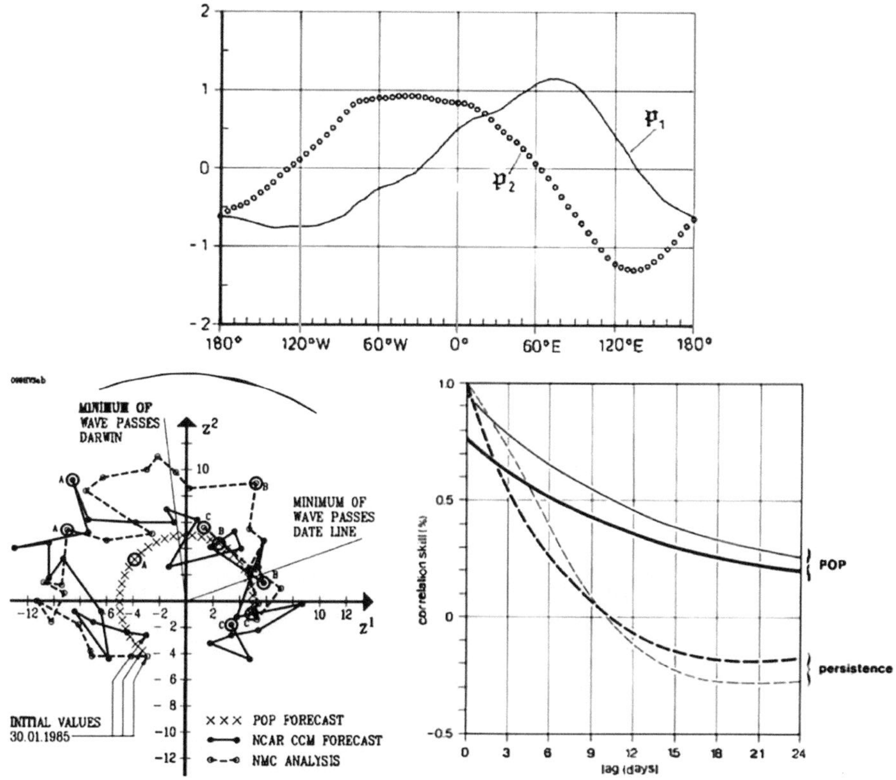

Abb. 2.7 Der Fall der POP-Analyse und -Vorhersage der Madden-Julian-Oszillation (MJO). Oben: Charakteristika des POP-Modus der MJO (von Storch und Xu 1990). Die POP-Muster p_1 und p_2 der MJO. Unten: Vorhersage des Zustands der MJO (von Storch und Baumhefner 1991). Links: Zifferblattdiagramm der Analyse und zweier 30-Tage-Prognosen des bivariaten POP-Index γ von $\cos(\gamma)p_1 + sin(\gamma)p_2$. Die POP-Prognose des Schemas impliziert eine Drehung der Trajektorie im Uhrzeigersinn. Die angegebenen geografischen Positionen markieren das Minimum des räumlichen Musters. Die Tage 10, 20 und 30 sind als A, B und C gekennzeichnet (von Storch und Baumhefner 1991). Rechts: Korrelationsgüte der Vorhersagen des äquatorialen Geschwindigkeitspotenzials (fette Linien) und des POP-Index (dünne Linien). Durchgezogene Linien: Prognosen mit der POP-Methode. Gestrichelte Linien: Prognosen durch Persistenz

quasi-periodischen Sequenz $\cdots p_2 > p_1 > -p_2 > -p_1 > p_2 \cdots$ mit einer Periode von etwa 44 Tagen auf (von Storch und Xu 1990).

Aufgrund dieser Tendenz ist der Zustand des POP-Modus für mehrere Tage – und bei starkem Modus sogar für Wochen – vorhersagbar. Zunächst wird der zeitabhängige Koeffizient, also das γ im Zustand $\cos(\gamma)p_1 + sin(\gamma)p_2$ bestimmt, und dieser Zustand wird durch eine Art „Bewegungspersistenz“ vorhergesagt. Ein Fall mit starkem Anfangszustand des Modus ist in Abb. 2.7 (links; weitere Details bei von Storch und Xu 1990) dargestellt. Die POP-Prognose ist durch Kreuze als reine Rotation ohne Amplitudenänderung angegeben; ein Referenzzustand dessen, was laut US NMC tatsächlich geschah, ist durch gestrichelte Linien und eine experimentelle Prognose mit einem vollständigen allgemeinen Zirkulationsmodell durch durchgezogene Linien dargestellt. Beide Prognosen verlaufen realistisch im Uhrzeigersinn.

Eine Gesamtbewertung der Prognosegüte der POP-Vorhersagen im Vergleich zur Persistenz liefert das rechte untere Panel in Abb. 2.7. Die dünnen Kurven zeigen die Korrelationsgüte bei der Vorhersage des POP-Index, wobei Werte unter 0,5 als unbrauchbar gelten und ein Wert von 1 eine perfekte Prognose bedeutet. Die POP-Methode überschreitet die 0,5-Schwelle etwa am 9. Tag und ist damit der Persistenz überlegen, die dies erst nach etwa 5 Tagen erreicht. Wird die Prognose nicht nur auf den Index, sondern auch auf die Verteilung der Anomalie des äquatorialen Geschwindigkeitspotenzials bei 200 hPa ausgedehnt, zeigen die fetten Linien, dass die POP-Prognose für etwa 6 Tage brauchbar ist. Im Gegensatz dazu ist die Persistenz nach 3 Tagen praktisch wirkungslos. Offensichtlich stellt die einfache POP-Prognose eine Verbesserung gegenüber der Persistenz dar.

Der Mehrwert, hochdimensionale Analysen von Beobachtungsdaten oder Modellsimulationen auf Minimal-Komplexitätsmodelle wie die hier diskutierten (Stochastisches Klimamodell, PIPs oder POPs), aber auch andere wie Energiebilanzmodelle, zu projizieren, besteht darin, dass*Verständnis* für die Dynamik geschaffen wird. Dies ist eine zentrale Errungenschaft von Hasselmanns Ideen: Über das bloße Rechnen mit hochkomplexen prozessbasierten Modellen hinauszugehen und den Aufbau von *Systemwissen* zu ermöglichen.

2.3.3 Prozessbasiertes Modell

Quasi-realistische Modelle der Dynamik der Atmosphäre oder des Ozeans, einschließlich der Klimadynamik des gekoppelten Systems, werden mithilfe prozessbasierter dynamischer Bewegungs- und Energiegleichungen formuliert, die größtenteils aus Erhaltungsgesetzen bestehen. Diese Gleichungen lauten:

$$\frac{d\psi}{dt} = \sum_i P_i(\eta) \tag{2.2}$$

wobei die Zustandsvariablen ψ einen Vektor mit sehr vielen Komponenten bilden und die Prozesse P_i verschiedene physikalische Phänomene wie Advektion, Konvektion, Reibung, Dissipation, Turbulenz, Gezeiten, Schwerewellen und andere repräsentieren. Häufig werden diese Prozesse durch Parametrisierungen dargestellt, die eine bedingte Erwartung ihres Einflusses auf die aufgelösten Skalen liefern.

Es ist zu beachten, dass Gl. (2.2) grundlegend verschieden ist von Gl. (2.1) – die beiden Terme auf der rechten Seite stellen keine Prozesse, sondern Eigenschaften des Systems dar, nämlich Gedächtnis und kurzfristige Antriebe, unabhängig davon, welche Prozesse für deren Entstehung verantwortlich sind.

Klaus Hasselmanns Konzept von Rauschen und Signal liegt den Implikationen des Auftretens intern erzeugter Variabilität auf großen Skalen (stochastisches Klimamodell) zugrunde. Es verdeutlicht die Notwendigkeit, in numerischen Experimenten Wirkung und Rauschen zu trennen und bei der Bestimmung des Vorliegens eines Einflusses veränderlicher externer Antriebe (Detektion und Attribution des Klimawandels) zu unterscheiden.

Die generelle Strategie bestand darin, Modellhierarchien zu entwickeln, wobei (2.2) das komplexeste und Gl. (2.1) das einfachste Modell darstellt, um zu identifizieren, wie detailliert Modelle sein müssen, um bestimmte Phänomene und Zusammenhänge beschreiben zu können. Die einfachen Modelle (2.1) stehen für das Verständnis, während detaillierte Simulationen, Prognosen und Szenarien am besten mit Modellen des Typs (2.2) durchgeführt werden.

Angesichts des rauschhaften Charakters der Dynamik und der enormen Anzahl von Freiheitsgraden in der prozessbasierten Darstellung (2.2) ist eine direkte Analyse von Beobachtungsdaten sowie von Simulationen oder numerischen Experimenten mit Klimamodellen des Typs (2.1) praktisch unmöglich. Um das Problem handhabbar zu machen, muss die Anzahl der Freiheitsgrade begrenzt werden. Oder anders gesagt: der Phasenraum muss reduziert werden. Diese Erkenntnis, dass detaillierte Modellierung im vollständigen Phasenraum, oder besser, im größtmöglichen auf dem verfügbaren Rechen- und Speicherrechner verfügbaren Phasenraum erfolgen muss, war ein früher Bestandteil von Klaus Hasselmanns Denken, aber dass die Analyse einen reduzierten Phasenraum benötigt. Meistens tat er dies, ohne es explizit zu machen. Doch 1988 formulierte er dieses Prinzip schließlich in seiner PIPs- und POPs-Arbeit (Hasselmann 1988). Er postulierte das Vorhandensein eines kleinen Signalraums, der durch einfache Gleichungen beschrieben wird und die Hauptaspekte der Dynamik bestimmt, während der Rest als Rauschraum betrachtet wird. Die Statistik des Rauschraums ist durch den Zustand im Signalraum bedingt, und der Einfluss der Rauschraum-Komponenten auf den Signalraum sind Realisierungen dieser bedingten Statistik. Die wenigen Dimensionen des Signalraums, die durch Muster gegeben sind, sind die Principal Interaction Patterns (PIPs). Das Konzept ist in Abb. 2.3 skizziert.

Dieser Ansatz, den vollständigen Phasenraum in einen kleinen Signalraum und einen großen Rauschraum zu unterteilen, ermöglicht eine Ordnung der Dimensionen des betrachteten Systems, wobei die signifikant aktiven im Signalraum und überwiegend passive Komponenten im Rauschraum liegen, deren Einfluss sich auf ihre Statistik, nicht aber auf ihren Zustand beschränkt. Die Bestimmung des Signalraums erfordert eine sinnvolle Hypothese über die Schlüsselfaktoren des Systems, entweder durch konzeptionelle Modelle oder empirische Analysen (wie im PIPs- und POPs-Papier vorgeschlagen).

In den letzten Jahren, als das Thema des anthropogenen Klimawandels die Klimawissenschaft zunehmend dominierte, ließ das akademische Interesse an der Frage der internen Variabilität etwas nach. Doch zumindest eine MPI-Forscherin, Jin-Song von Storch, setzte die Untersuchung der Rolle und Eigenschaften der internen Variabilität fort (von Storch 2004, 2022a), unter anderem indem sie zeigte, dass „die Simulation von niederfrequenten Klimaschwankungen und die

Prognose von Klimawandelreaktionen von der Modellierung kleinräumiger Klimakomponenten abhängen".

Nach unserem Verständnis führte die Aufteilung des Phasenraums zu einem Paradigmenwechsel, ermöglichte eine robuste Analyse der Klimavariabilität und ein dynamisches Verständnis – und tatsächlich würdigte der Nobelpreis diesen bedeutenden Fortschritt. Im folgenden Abschn. 2.4 wird die analytische Praxis der Signaldetektion bei numerischen Experimenten mit statistischen Hypothesentests skizziert, und in Abschn. 2.4.1 wird umrissen, wie festgestellt werden kann, ob eine Änderung des Zustands des Klimasystems als natürlich verstanden werden kann oder zumindest teilweise anthropogen („Detektion") ist und, falls ja, welcher Antrieb als am plausibelsten („Attribution") für die Änderung verantwortlich gemacht werden kann.

2.4 Signaldetektion

In den frühen 1970er Jahren konnten numerische Experimente entweder durch das Durchlaufen eines dynamischen Modells über längere Zeiträume oder durch mehrere gepaarte Simulationen durchgeführt werden, wobei eine (Ensemble-)Simulation als „Kontrolle" und die andere mit einer vorgegebenen Änderung, wie etwa einer anomalen Meeresoberflächentemperatur, erfolgte (Chervin et al. 1974). Ein Pionier auf diesem Gebiet war Bob Chervin: „*Eines der Hauptprobleme bei der Analyse der Ergebnisse von Klimaexperimenten mit allgemeinen Zirkulationsmodellen ist die Frage der Abschätzung der statistischen Signifikanz einer vorgegebenen Änderungsantwort. Diese Frage beinhaltet die Trennung des Signals (jenes Teils der Antwort, der auf die vorgegebene Änderung zurückzuführen ist) und des Rauschens (ein Maß für die inhärente Variabilität der Modellstatistiken).*" (Chervin und Schneider 1976). Um dieses Problem zu adressieren, schlugen Chervin und Kollegen vor, eine Nullhypothese einer Mittelwertänderung mit einem konventionellen Student-*t*-Test an allen Gitterpunkten zu prüfen.

Hasselmann erkannte, dass selbst bei Abwesenheit eines Signals durch die Konstruktion des t-Tests im Mittel an 5 % aller Gitterpunkte fälschlicherweise eine signifikante Änderung angezeigt würde. Er plädierte für eine robustere Mustererkennung und schlug vor, Signal- und Rauschfelder als mehrdimensionale Vektorgrößen zu behandeln. Diese Felder sind durch geeignete mehrdimensionale gemeinsame Wahrscheinlichkeitsverteilungen charakterisiert, und die Signifikanzanalyse sollte sich auf dieses multivariate statistische Feld und nicht auf einzelne Gitterpunktstatistiken beziehen. Um dies zu erreichen, empfahl er die Verwendung konventioneller χ^2-Tests, die später durch den Hotelling-Test ersetzt wurden (Hanoschöck und Frankignoul 1985).

Multivariate Tests sind nur dann effektiv, wenn die Anzahl der Freiheitsgrade gering ist; andernfalls nimmt die Teststärke erheblich ab, sodass sie mehr oder weniger nutzlos werden. Erneut wird Hasselmanns Erkenntnis (1979a, 1988) relevant. Er schlug vor, dieses Problem durch eine Unterteilung des vollständigen

Phasenraums, der durch Klimavariablen an zahlreichen Gitterpunkten repräsentiert wird, zu adressieren. Die Analyse erfolgt dann in einem niedrigdimensionalen Unterraum, der durch eine lineare Basis aus „Vermutungsmustern" definiert ist, während die restlichen Informationen als irrelevantes Rauschen verworfen werden. Diese Vermutungsmuster können beispielsweise aus empirischen orthogonalen Funktionen (EOFs) oder aus anderen GCM-Experimenten konstruiert werden. Dieser Ansatz wird häufig bei der Behandlung der Komplexität des anthropogenen Klimawandels angewendet (siehe unten).

Hasselmanns Behauptung, dass eine Serie univariater Tests ungeeignet sei, erwies sich als etwas verfrüht. Dies wurde deutlich, als Livezey und Chen (1983) sowie von Storch (1982) eine andere Sichtweise vorschlugen. Sie regten an, die Anzahl der univariaten Ablehnungen als Zufallsvariable zu betrachten, wobei die Nullhypothese besagt, dass alle „lokalen" Ablehnungen falsch wären. Sind die Tests unabhängig, kann im „globalen" Test eine Binomialverteilung angewendet werden. Falls die Tests nicht unabhängig sind, kann versucht werden, die Anzahl der Freiheitsgrade in den multivariaten Daten zu schätzen (Livezey und Chen 1983). Diese Schätzung kann dann als „äquivalente Anzahl von Freiheitsgraden" in der Binomialverteilung verwendet werden. Dieses Vorgehen ist in der atmosphärischen Modellierung gängige Praxis geworden.

Anfang der 1990er Jahre setzte sich Klaus Hasselmann erfolgreich für die Einrichtung einer Arbeitsgruppe zum Thema „Detection and Attribution" beim US-Energieministerium ein. Diese Gruppe, bekannt als IDAG, hatte ihr Programm in Pennell et al. (1993) umrissen. Ein bedeutender Meilenstein dieser Initiative war die Veröffentlichung des umfassenden Übersichtsartikels von Barnett et al. (2005), der den Stand der Technik in diesem Bereich zusammenfasste.

2.4.1 Detection and Attribution

Bei der Untersuchung von Experimenten mit allgemeinen Zirkulationsmodellen (GCM) besteht die Hauptschwierigkeit darin, eine „signifikante" Antwort zu identifizieren, wie zuvor diskutiert. Sobald ein bemerkenswerter Effekt, der mit der eingeführten Änderung zusammenhängt, erkannt wurde, ist die Zuordnung zu einer Ursache einfach – es handelt sich um eine Folge der auferlegten Änderung. Dieser Prozess scheitert jedoch häufig bei der Analyse von Beobachtungsdaten. Wenn der Datensatz mögliche Signale enthält, die mit verschiedenen Faktoren zusammenhängen, wie etwa den Auswirkungen vorübergehender Landnutzungsänderungen und atmosphärischer Konzentrationen von Treibhausgasen und Aerosolen, wird die Zuordnung dieser Signale zu spezifischen Ursachen deutlich komplexer.

Der von Hasselmann (1979b, 1993) vorgeschlagene Ansatz der „Detection and Attribution" beruht auf der Annahme eines kleinen Unterraums, in dem sich die wesentlichen Dynamiken abspielen. Das Kürzel D&A steht für „Detektion nichtintern erzeugter Veränderungen" und „Attribution solcher Veränderungen auf die plausibelsten Ursachen".

Häufig stützen sich Behauptungen zur Identifikation und Zuschreibung des anthropogenen Klimawandels darauf, einen Trend als „signifikant" zu bezeichnen. Dieses Argument ist jedoch oft problematisch. Technisch gesehen ist es häufig unzutreffend, da die Tests in der Regel von seriell unabhängigen Daten ausgehen, was bei den meisten Datensätzen nicht der Fall ist. Darüber hinaus ist die Argumentation auch inhaltlich fehlerhaft, da ein Trend auch durch natürliche Ursachen entstehen kann, wie das Stochastische Klimamodell zeigt (vgl. Abschn. 2.3.2).

2.4.1.1 Detektion

Die Detektionsphase folgt dem Aufbau eines statistischen Hypothesentests, bei dem die Nullhypothese annimmt, dass die jüngste Veränderung aus einer Verteilung von Veränderungen in einem unbeeinflussten Klima stammt. Wird diese Hypothese mit geringem Fehlerrisiko verworfen, wird die Alternativhypothese akzeptiert. Nach dieser Alternativhypothese ist das Klima, das für die jüngste Veränderung verantwortlich ist, nicht unbeeinflusst, sondern durch einen externen Antrieb beeinflusst. Um die a-priori Wahrscheinlichkeit für eine erfolgreiche Zurückweisung der Nullhypothese zu erhöhen, ist eine deutliche Reduktion der Freiheitsgrade erforderlich. Dies führt erneut zu einem kleinen Signalraum und einem großen Rauschraum.

Praktisch wird der Signalraum durch eine begrenzte Anzahl erwarteter Reaktionen auf den vermuteten Antrieb definiert, wobei sich diese häufig auf erhöhte Treibhausgaskonzentrationen beziehen, wie sie von Klimamodellen vorgeschlagen werden.

Bei den ersten Versuchen, die globale anthropogene Erwärmung zu bewerten, unternahmen Madden und Ramanathan (1980) einen frühen Anlauf und standen vor Schwierigkeiten, „möglicherweise weil die vorhergesagte Erwärmung durch die thermische Trägheit der Ozeane um mehr als ein Jahrzehnt verzögert wird oder weil es eine kompensierende Abkühlung durch andere Faktoren gibt." Ein weiterer früher Versuch wurde von Karoly et al. (1994) unternommen. Rückblickend zeigen Analysen, dass eine Detektion in den 1980er Jahren möglich gewesen wäre, wenn man Veränderungen der globalen Breitentemperatur betrachtet hätte (Rybski et al. (2006), Abb. 2.8). Diese Annahme beruht auf der Zuverlässigkeit von rekonstruierten Temperaturverläufen der Nordhemisphäre auf Basis von Proxydaten – eine durchaus gewagte Annahme, wie in Abschn. 7.4.1 diskutiert.

Klaus Hasselmann schlug vor, die Effektivität des statistischen Tests zu erhöhen, indem das erwartete Signal-Rausch-Verhältnis optimiert wird. Die Idee bestand darin, Muster mit maximalem erwarteten Signal-Rausch-Verhältnis zu identifizieren – eine Methode, die als „optimale Fingerabdrucktechnik" bezeichnet wird und erstmals von (Hegerl et al. 1996) angewendet wurde. Diese Methode fand jedoch später nur noch begrenzt Anwendung, da das Signal, insbesondere bei thermischen Variablen, auch ohne diese Optimierung ausreichend stark war.

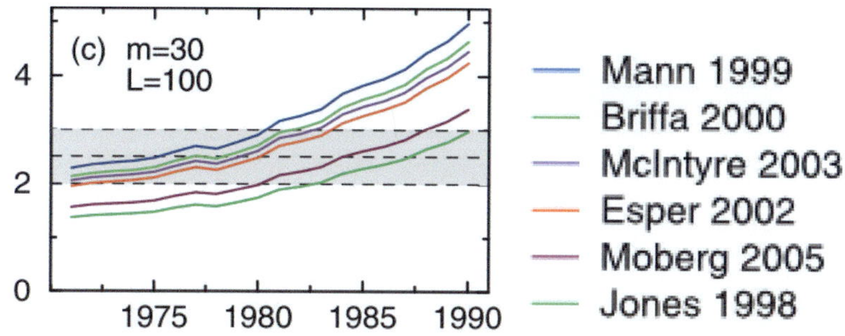

Abb. 2.8 Geglättete und standardisierte instrumentelle Temperaturentwicklungen der Nordhemisphäre. Dargestellt sind Differenzen zweier gleitender 30-Jahres-Mittelwerte. Die Bezeichnung „1990“ bezieht sich auf das jüngere Mittel, das den Zeitraum von 1976 bis 2005 abdeckt. Die Temperaturdaten sind normalisiert, indem sie durch die Standardabweichungen dieser Differenzen geteilt werden, wie sie aus verschiedenen rechts aufgeführten Proxydaten-Rekonstruktionen geschätzt wurden. Schwellenwerte von 2, 2,5 und 3 Standardabweichungen sind durch gestrichelte Linien markiert (Rybski et al. 2006)

2.4.1.2 Attribution

Hasselmanns Attributionsphase beinhaltet ebenfalls die Durchführung eines statistischen Hypothesentests, jedoch wird der „Erfolg“ nicht durch das Verwerfen der Nullhypothese bestimmt, sondern beruht auf deren Nicht-Verwerfung. Anders ausgedrückt: Die jüngste Veränderung stimmt mit einem durch eine spezifische Kombination externer Antriebe modifizierten Klima überein, wie es von Klimamodellen nahegelegt wird. Offensichtlich ist die Evidenz für die Attribution weniger robust als in der strengen Detektionsphase. Dies ist unvermeidlich, da nicht ausgeschlossen werden kann, dass ein bislang unbekannter Antrieb eine Rolle spielt.

Eine „Detektion“ dient als statistischer Nachweis der Ungültigkeit der Nullhypothese und zeigt an, dass ein Trend nicht mit natürlicher oder interner Variabilität vereinbar ist. Eine Attribution hingegen ist der Nachweis, dass ein beobachteter Trend mit einer als Reaktion auf spezifische Ursachen modellierten Veränderung übereinstimmt. Sie stellt eine Plausibilitätsaussage dar, keinen Gültigkeitsbeweis. Daher ist eine positive Attribution anpassungsfähig, falls neue Mechanismen im Zusammenhang mit der beobachteten „detektierten“ Veränderung eingeführt werden oder wenn Erwartungen an die Effekte aus Modellen angepasst werden müssen.

Das Konzept von Hasselmann wurde erstmals erfolgreich in einem MPI-Report dokumentiert (Hegerl et al. 1994), später in einer Fachzeitschrift veröffentlicht (Hegerl et al. 1996). Zeitgleich verfolgte eine Gruppe um Ben Santer und Tom Wigley ein ähnliches Ziel, nämlich die Detektion und Attribution der Veränderung der globalen Mitteltemperatur mithilfe von räumlicher Korrelation (Abweichung vom räumlichen Mittel) und Regression (Santer et al. 1995, 1996). Beide

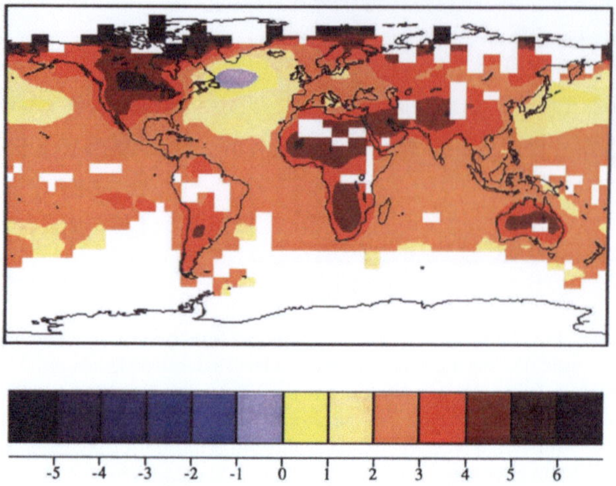

Abb. 2.9 Die normalisierte Differenz zwischen den Dekaden 2076–2085 und 1986–1995, abgeleitet aus einer Simulation namens „early industrial climate change“ (EIN). Das Muster ist auf Gitterpunkte beschränkt, für die seit 1949 aus Beobachtungen verlässliche Trends berechnet werden konnten (Hegerl et al. 1996). ©American Meteorological Society. Verwendung mit Genehmigung

Schlüsselfiguren, Gabriele Hegerl und Ben Santer, arbeiteten in diesem Zeitraum am MPI in Hamburg.

Im Folgenden konzentrieren wir uns auf die Arbeiten von Gabriele Hegerl.[10] In ihrer ersten Arbeit untersuchten Hegerl et al. (1994, 1996) ausschließlich durch Treibhausgase verursachte Veränderungen, mit einem Muster, wie es durch eine gekoppelte Simulation namens EIN („early industrial“) mit dem Hamburger Modell ECHAM/LSG vorgeschlagen wurde (Abb. 2.9, Cubasch et al. 1995). Das zentrale Diagramm ihrer Analyse ist als Abb. 2.10 abgedruckt.

Die „Detektionsvariable“ wird als Projektion auf ein Muster bereitgestellt, das entweder eine Erwartung des Effekts erhöhter Treibhausgaskonzentrationen oder ein optimiertes Muster darstellt (Hasselmann 1993). Das optimierte Muster wird als Rotation des erwarteten Signals in einem durch die ersten wenigen empirischen orthogonalen Funktionen (EOFs) aufgespannten niedrigdimensionalen Raum bestimmt, wobei das erwartete Signal-Rausch-Verhältnis maximiert wird. Um Verzerrungen zu vermeiden, werden die EOFs aus dem Hamburger ECHAM/LSG-Modell abgeleitet. Das Rauschniveau der Detektionsvariablen wird entweder aus Beobachtungsdaten oder aus einer erweiterten Simulation mit einem GFDL-Modell[11] (Stouffer et al.

[10] Siehe Interview unter http://www.hvonstorch.de/klima/Media/interviews/AS/hegerl.1102.pdf.

[11] Sowohl ECHAM/LSG als auch das GFDL-Modell verwendeten Flusskorrektur, siehe auch Kap. 5.

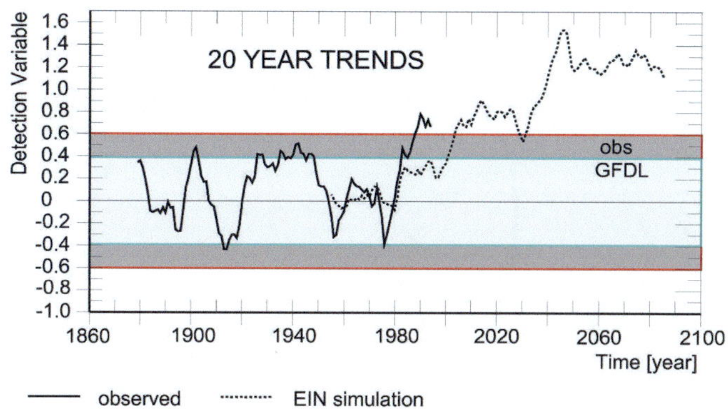

Abb. 2.10 Die Entwicklung der Detektionsvariablen wird anhand des optimierten Fingerabdruck-Musters für Beobachtungen (durchgezogene Linie) und der EIN-Simulation (gestrichelte Linie) für 20-Jahres-Trends dargestellt. Die Zeitachse entspricht dem Endjahr des Trends. Verschiedene Schattierungen zeigen die 95 %-Konfidenzintervalle, abgeleitet aus zwei Datensätzen zur Variabilität. Für den einseitigen Test (bei dem das Signal als positiv bekannt ist) gilt das Überschreiten des durch die grünen oder roten Linien markierten Bereichs als Nachweis zum Verwerfen der Nullhypothese. Diese Nullhypothese besagt, dass der Trend im Bereich der natürlichen Schwankungen liegt und mit einem Risiko von 2,5 % oder weniger verworfen werden kann.

1994) abgeleitet. Zur Bestimmung der „beobachteten Variabilität" wird das angenommene Signal von den Rohdaten subtrahiert.[12]

Die Detektionsvariable entfernt sich gegen Ende der Beobachtungsdaten vom Konsistenzkorridor mit der Nullhypothese eines fehlenden Signals. Dieses Ergebnis führte zur Feststellung einer erfolgreichen Detektion, vorausgesetzt, die natürliche Variabilität wurde realistisch abgeschätzt (Hegerl et al. 1996).

Zum Vergleich wurde auch die Entwicklung der Detektionsvariablen in der künstlichen Welt der EIN-Simulation betrachtet (gestrichelte Linie). Auch hier verlässt die Detektionsvariable den Konsistenzkorridor mit der Nullhypothese, wobei die Abweichung um das Jahr 2005 auftritt.

In dieser Konfiguration wurde die Analyse ausschließlich durch den Einfluss erhöhter atmosphärischer Treibhausgaskonzentrationen bestimmt. Folglich wurde der Trend der jüngeren Temperaturentwicklung als einziges nicht-natürliches Element in den Modellsimulationen identifiziert. Nach dem damaligen Wissensstand galt die Attribution der Erwärmung auf den Treibhauseffekt als gültig. Allerdings betonten Hegerl et al. (1996): *„Um die beobachtete Erwärmung jedoch eindeutig auf anthropogene Treibhausgase zurückzuführen, sind weitere Informationen über die Klimareaktion auf andere Antriebsmechanismen (z. B. Änderungen*

[12] Für detaillierte Informationen siehe Hegerl et al. (1996); das optimierte Muster ist dort ebenfalls abgebildet.

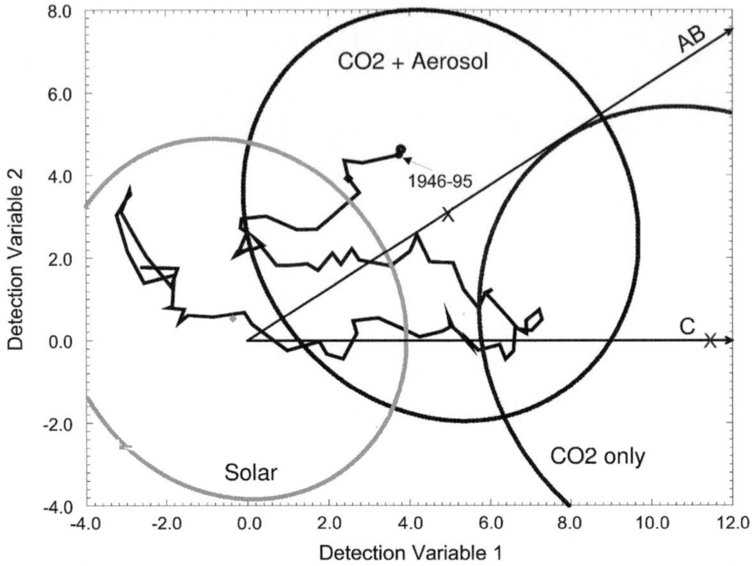

Abb. 2.11 Entwicklung von 50-Jahres-Trends der Lufttemperatur anhand der Projektionen entweder auf das reine Treibhausgassignal oder auf das kombinierte Treibhausgas-Aerosol-Signal (Hegerl et al. 1997)

der Sonnenstrahlung, vulkanische oder anthropogene Sulfataerosole) und deren Wechselwirkungen erforderlich.“

In ihrer zweiten grundlegenden Arbeit adressierten Hegerl et al. (1997) diesen Vorbehalt, indem sie eine multivariate Analyse unter Verwendung von Simulationen sowohl für Treibhausgassignale als auch für kombinierte Aerosol- und Treibhausgaseinflüsse durchführten. Die Entwicklung der zweidimensionalen Detektionsvariablen ist in Abb. 2.11 dargestellt. Die graue Ellipse umfasst die natürliche Variabilität, die als mit solarer und interner Aktivität verbunden angenommen wird. Der abschließende Trend in den Beobachtungen, bezeichnet mit *„1946–1995“,* liegt außerhalb der Ellipse und zeigt damit die Detektion eines nicht-natürlichen Trends. Dieser Trend ist mit einem reinen Treibhausgassignal nicht vereinbar, stimmt jedoch mit dem gleichzeitigen Vorliegen von Treibhausgas- und Aerosolantrieb überein. Der zuvor geäußerte Vorbehalt wurde somit zu Recht berücksichtigt.

Die D&A-Methodik hat sich in den letzten Jahren weiterentwickelt und wurde auf verschiedene Zustandsgrößen wie Temperatur, Niederschlag und Luftdruck angewendet (Barnett et al. 2005). Das D&A-Konzept spielte eine zentrale Rolle in der IPCC-Bewertung der Realität des menschengemachten Klimawandels (IPCC 1995).

2.4.2 *Jüngste regionale D&A-Studien in Hamburg*

In früheren Jahren verfolgten die Analysen überwiegend eine globale Perspektive, möglicherweise motiviert durch das politische Bedürfnis, die Realität des anthropogenen Klimawandels zu untermauern und die Dringlichkeit von Emissionsminderungen zu betonen. Dieses Ziel ist inzwischen erreicht; die Evidenz für den allgemeinen Temperaturanstieg infolge vergangener und fortlaufender Emissionen von Treibhausgasen ist weit verbreitet, und weitere Anstrengungen, diese Tatsache zu unterstreichen, gelten als unnötig. Es ist heute weithin anerkannt, dass eine Erklärung ohne Berücksichtigung des anthropogenen Treibhauseffekts nicht haltbar ist.

Nachdem die Emission von Treibhausgasen sowie Aerosolen (genauer: Gase, die zur Bildung von Aerosolen führen) geklärt war, ließ das öffentliche Interesse an D&A etwas nach. Der anthropogene Klimawandel ist zu einer anerkannten Tatsache geworden, ein Begriff, der keiner ausführlichen Erklärung in den Medien mehr bedarf. Dennoch ist ein neues Interesse an D&A regionaler und lokaler Veränderungen entstanden, da Anpassungen an unvermeidbare anthropogene Auswirkungen notwendig werden. Dieser neue Fokus hat die D&A-Herausforderung komplexer gemacht, da das Rauschniveau gestiegen ist und zusätzliche regionale oder lokale Einflussfaktoren wie Landnutzungsänderungen (einschließlich Entwaldung oder Urbanisierung) oder geografisch verstreute Aerosolquellen hinzukommen. Neue Fragestellungen sind entstanden, etwa ob es durch „Clean Air"-Politik zu einer regionalen Beschleunigung der Erwärmung kommen kann.

Im Folgenden präsentieren wir zwei Beispiele für Analysen, die die kombinierte regionale Auswirkung erhöhter Treibhausgaskonzentrationen und Landnutzungsänderungen in Nord-Südamerika untersuchen (Barkhordarian et al. 2018). Darüber hinaus beleuchten wir die Plausibilität einer verringerten Effizienz von Minderungsmaßnahmen in Nordeuropa, die vermutlich mit dem Ausstieg aus den Aerosolemissionen zusammenhängt. Die maßgebliche Forscherin in Hamburg auf diesem Gebiet ist Armineh Barkhordarian.

2.4.2.1 Abnehmende ASO-Niederschläge im tropischen Südamerika

Zwischen 1983 und 2012 wurde im tropischen Südamerika während der Monate August, September und Oktober (ASO) ein genereller Rückgang der Niederschläge beobachtet, wie die GPCP-Datenbank zeigt. Dieser Trend ist deutlich, mit Ausnahme lokaler Zunahmen im Nordosten Brasiliens, wie im linken Panel von Abb. 2.12 (links) dargestellt. Die Frage ist, ob dieser Trend auf interne Dynamik oder auf anthropogene Faktoren zurückzuführen ist.

Im Rahmen der Detection and Attribution (D&A)-Analyse werden Muster für die Auswirkungen erhöhter Treibhausgaskonzentrationen durch Mittelung der Ergebnisse von 29 CMIP5-Simulationen abgeleitet. Diese Simulationen umfassen 7 Modelle und werden explizit mit historisch gut durchmischten Treibhausgasen

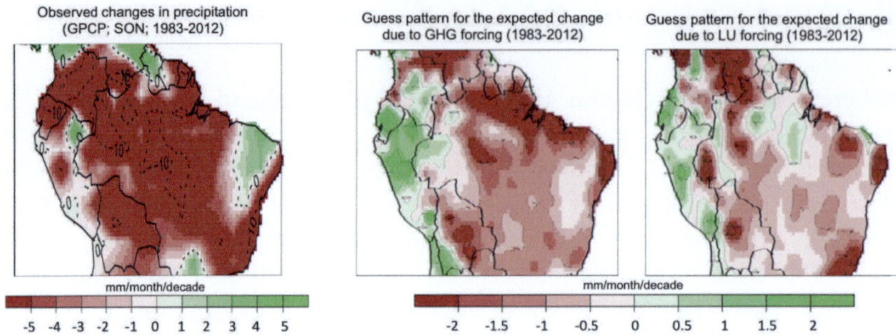

Abb. 2.12 *Links:* Trend der Veränderung der SON-Niederschläge im tropischen Südamerika von 1983 bis 2012 gemäß der GPCP-Datenbank. Die Farbskala zeigt die Ausprägung des Trends, von grün (+5 mm $Monat^{-1}$/Dekade) bis braun (−5 mm $Monat^{-1}$/Dekade). *Mitte und rechts:* Muster für die erwartete Veränderung infolge erhöhter Treibhausgaskonzentrationen (GHG) und Landnutzungsänderungen (LU). Die Farbskala zeigt die Ausprägung des Trends, von grün (+2 mm $Monat^{-1}$/Dekade) bis braun (−2 mm $Monat^{-1}$/Dekade). Nach Barkhordarian et al. (2018)

als Forcierung durchgeführt. Für die Bewertung des Einflusses von Landnutzungsänderungen werden entsprechende Muster aus 10 CMIP5-Simulationen mit 3 Modellen abgeleitet, bei denen ausschließlich Landnutzungsänderungen als Forcierung wirken (Abb. 2.12, Mitte und links).

In Abb. 2.13 (links) stellen die blauen Whisker das geschätzte 90 %-Intervall für die Projektion der beobachteten Veränderung auf die Treibhausgas-(GHG)- und Landnutzungs-(LU)-Muster dar. Bemerkenswert ist, dass keines der Intervalle den Wert Null einschließt, was darauf hindeutet, dass die beobachtete Veränderung nicht mit einem Nullbeitrag eines dieser beiden Faktoren vereinbar ist. Beide univariaten Intervalle umfassen den Wert 1, was darauf hindeutet, dass die beobachtete Veränderung jeweils auch durch einen der beiden Faktoren allein erklärt werden könnte.

Das Diagramm zeigt zudem eine schwarze bivariate 90 %-Ellipse, die die Regression auf GHG und LU illustriert, sowie die marginalen 90 %-Intervalle als schwarze Whisker. Auch hier deckt keines dieser Intervalle den Punkt (0,0) ab, was auf eine erfolgreiche Detektion eines unnatürlichen Faktors hinweist. Die Ellipse schließt auffällig den Punkt (1,1) ein, was als Konsistenz dahingehend interpretiert wird, dass beide Faktoren gemeinsam die beobachtete Veränderung besser repräsentieren als die Regression der einzelnen, in Blau dargestellten Faktoren.

Die Autoren stellten eine interessante Frage: Was bleibt übrig, wenn man die auf GHG und LU zurückgeführte Veränderung abzieht, und enthält dies ein nachweisbares Signal? In Abb. 2.13 (rechts) zeigen die roten Bereiche signifikante Veränderungen, wenn die Beiträge von GHG und LU univariat an allen Gitterpunkten abgezogen werden; dies betrifft etwa 8 % der Gesamtfläche. Dieser relativ geringe Anteil lokaler Ablehnungen steht im Einklang mit der Möglichkeit, dass alle lokalen Ablehnungen falsch-positiv sind, wie zuvor diskutiert (von Storch 1982).

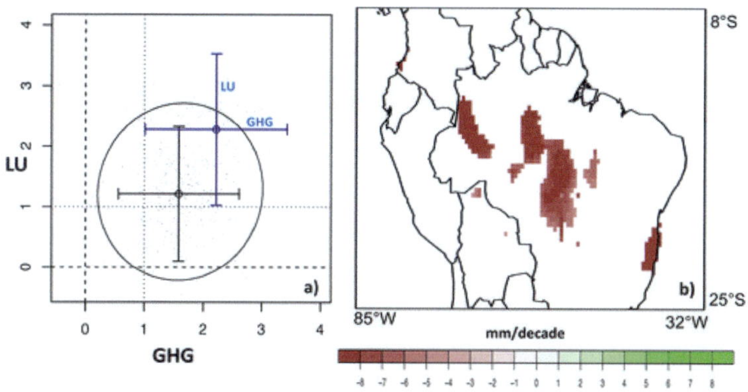

Abb. 2.13 *Links:* Die Ellipse zeigt das gemeinsame zweidimensionale 90 %-Unsicherheitsintervall für Treibhausgase (GHG) und Landnutzungsänderungen (LU), wenn beobachtete Daten gleichzeitig auf beide Muster (Abb. 2.12) im Zeitraum 1983–2012 regressiert werden. Die schwarzen und blauen Whisker kennzeichnen die marginalen bivariaten bzw. die separaten univariaten eindimensionalen Unsicherheitsintervalle auf dem 95. Perzentil für die beiden Signale. *Rechts:* Regionen, in denen nach Abzug des Effekts von GHG- und LU-Forcierung (auf 5 %-Niveau) weiterhin extern forcierte Veränderungen nachweisbar sind (Barkhordarian et al. 2018).

Dieses Beispiel ist bedeutsam, da es zeigt, dass ein regionaler anthropogener Faktor, nämlich die Landnutzungsänderung, diagnostiziert wird, das regionale Klima mit vergleichbarer Intensität zu der durch Treibhausgase verursachten globalen Erwärmung zu beeinflussen.

2.4.2.2 Unterschätzte sommerliche Erwärmung in der Ostseeregion

Den mittleren Trend der bodennahen Lufttemperatur in der Ostseeregion für den Zeitraum 1984–2013 untersuchten Barkhordarian et al. (2016). Die grauen Balken in Abb. 2.14 zeigen den Mittelwert zweier Analysen, nämlich CRU und EOBS. Braune Fehlerbalken markieren die Differenz zwischen beiden Datensätzen, die als blaue Fehlerbalken dargestellte Variabilität entspricht der 95 %-Unsicherheit, abgeleitet aus einer 1800-jährigen historischen Simulation. Offensichtlich sind die beiden Analysen sehr ähnlich, was sich in den sehr kurzen braunen Fehlerbalken widerspiegelt; die durch die historische Simulation angezeigte Variabilität ist jedoch groß, sodass die Veränderungen im borealen Winter (DJF) und Frühling (MAM) mit der Nullhypothese rein natürlicher Schwankungen vereinbar sind – im Gegensatz zu JJA und SON, bei denen die blauen Fehlerbalken den Nullwert nicht einschließen.

In Blau und Grün sind die Ensemblemittelwerte der Trends aus zwei Gruppen von Klimawandelsimulationen dargestellt, mit ihrer inneren Ensemble-Streuung als rote und schwarze Fehlerbalken. Der graue Balken liegt bei DJF und MAM

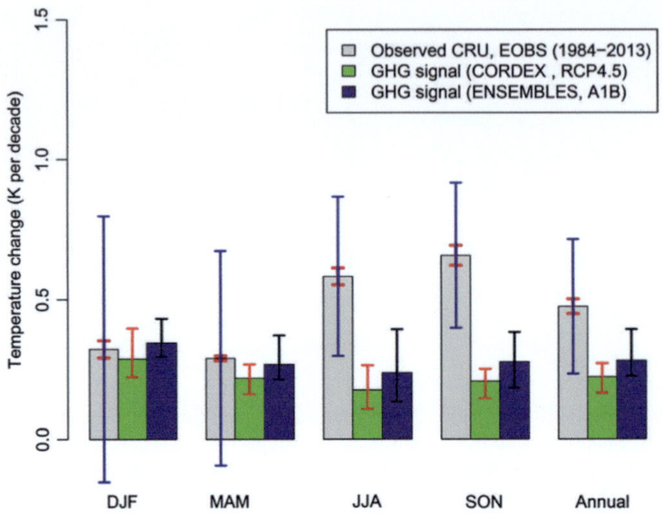

Abb. 2.14 Beobachtete Veränderungen der bodennahen Temperatur in der Ostseeregion von 1984 bis 2013, dargestellt durch die grauen Balken, im Vergleich zum mittleren Treibhausgassignal (GHG), geschätzt aus neun CORDEX-Simulationen auf Basis von RCP4.5 (grüne Balken) und zehn ENSEMBLES-Projektionen auf Basis von SRES A1B (blaue Balken). Die braunen Fehlerbalken zeigen die Spannweite der Trends in den beiden Datensätzen (CRU, EOBS), während die blauen Fehlerbalken den Unsicherheitsbereich (95. Perzentil) der beobachteten Trends aus 1800-jährigen historischen Modellsimulationen angeben. Zusätzlich illustrieren die roten und schwarzen Fehlerbalken die Streuung der Trends in neun RCP4.5- und zehn A1B-Klimaprojektionen. Kelvin/Dekade. Barkhordarian et al. (2016) CC BY-NC-ND 4.0

innerhalb der Modellbalken, jedoch nicht bei JJA und SON. Hier ist die simulierte Erwärmung im Sommer und Herbst deutlich geringer als die aus den Beobachtungen gefilterte Erwärmung.

Zusammenfassend legt die Analyse nahe, dass die beobachtete Erwärmung im Winter und Frühling zwar eng mit den Modellvorhersagen übereinstimmt, jedoch nicht zwingend anthropogenen Ursprungs sein muss. Dieses Ergebnis widerspricht jedoch nicht der Hypothese, dass erhöhte Treibhausgaskonzentrationen zu dieser Erwärmung beitragen. Die erhebliche tatsächliche Erwärmung im Sommer und Herbst hingegen übersteigt die von den Modellen projizierten Werte infolge erhöhter Treibhausgase. Während ein Teil dieser Erwärmung auf einen solchen Antrieb zurückzuführen sein könnte, stammt ein bedeutender Anteil vermutlich aus anderen Quellen. Eine spekulative Erklärung wäre die wirksame Reduktion von Aerosolen in der Troposphäre, was zu sauberer Luft geführt hat. **Dieser Wandel könnte sowohl zu einer spürbaren Verbesserung der Luftqualität als auch zu einem zusätzlichen Erwärmungstrend zwischen 1984 und 2013 geführt haben.**

Literatur

Barkhordarian A, von Storch H, Zorita E, Gómez-Navarro JJ (2016) An attempt to deconstruct recent climate change in the Baltic Sea basin. J Geophys Res Atmos 121(22):13,207–13,217. https://doi.org/10.1002/2015JD024648

Barkhordarian A, von Storch H, Behrangi A, Loikith PC, Mechoso CR, Detzer J (2018) Simultaneous regional detection of land-use changes and elevated GHG levels: The case of spring precipitation in tropical South America. Geophys Res Lett 45(12):6262–6271. https://doi.org/10.1029/2018GL078041

Barnett T, Zwiers F, Hengerl G, Allen M, Crowly T, Gillett N, Hasselmann K, Jones P, Santer B, Schnur R, Scott P, Taylor K, Tett S (2005) Detecting and attributing external influences on the climate system: A review of recent advances. J Clim 18(9):1291–1314. https://doi.org/10.1175/JCLI3329.1

Benincasa R, Liguori G, Pinardi N, von Storch H (2024) Internal and forced ocean variability in the Mediterranean Sea. EGUsphere 2024:1–15. https://doi.org/10.5194/egusphere-2023-3076

IPCC Second Assessment Climate Change (1995) https://archive.ipcc.ch/pdf/climate-changes-1995/ipcc-2nd-assessment/2nd-assessment-en.pdf

Chervin RM, Schneider SH (1976) On determining the statistical significance of climate experiments with general circulation models. J Atmos Sci 33(3):405 – 412. https://doi.org/10.1175/1520-0469(1976)033%3C0405:ODTSSO%3E2.0.CO;2

Chervin R, Gates W, Schneider S (1974) The effect of the time averaging on the noise level of climatological statistics generated by atmospheric general circulation models. J Atmos Sci 31:2216–2219

Cox MD (1987) An eddy-resolving numerical model of the ventilated thermocline: Time dependence. J Phys Oceanogr 17(7). https://doi.org/10.1175/1520-0485(1987)017%3C1044:AERNMO%3E2.0.CO;2

Cubasch U, Hegerl GC, Hellbach A, Höck H, Mikolajewicz U, Santer BD, Voss R (1995) A climate change simulation starting from 1935. Clim Dyn 11(2):71–84. https://doi.org/10.1007/BF00211674

Fleming J (2011) Beyond prediction to climate modeling and climate control: New perspectives from the papers of Harry Wexler, 1945-1962. In: Donner L, Schubert W, Somerville R (eds) The development of atmospheric general circulation models. Cambridge University Press

Frankignoul C, Hasselmann K (1977) Stochastic climate models, part II: Application to sea-surface temperature anomalies and thermocline variability. Tellus 29:289–305. https://doi.org/10.1111/j.2153-3490.1977.tb00740.x

Hannoschöck G, Frankignoul C (1985) Multivariate statistical analysis of a sea surface temperature anomaly experiment with the GISS general circulation model I. J Atmos Sci 42(13):1430 – 1450. https://doi.org/10.1175/1520-0469(1985)042%3C1430:MSAOAS%3E2.0.CO;2

Hasselmann K (1976) Stochastic climate models. Part I. Theory. Tellus 28:473–485

Hasselmann K (1979a) On the problem of multiple time scales in climate modeling. In: Developments in atmospheric science: man's impact on climate. Elsevier, S 43–55

Hasselmann K (1979b) On the signal-to-noise problem in atmospheric response studies. In: Shaw B (ed) Meteorology over the tropical oceans. Royal Met. Soc., Bracknell, Berkshire, England, S 251–259

Hasselmann K (1988) PIPs and POPs: The reduction of complex dynamical systems using principal interaction and oscillation patterns. J Geophys Res Atmos 93(D9):11015–11021. https://doi.org/10.1029/JD093iD09p11015

Hasselmann K (1993) Optimal fingerprints for the detection of time-dependent climate change. J Clim 6(10):1957–1971. https://doi.org/10.1175/1520-0442(1993)006%3C1957:OFFTDO%3E2.0.CO;2

Hegerl G, von Storch H, Hasselmann K, Santer B, Jones UC PD (1994) Detecting anthropogenic climate change with an optimal fingerprint method. MPI Report 142, Max-Planck-Institut für Meteorologie

Hegerl GC, von Storch H, Hasselmann K, Santer BD, Cubasch U, Jones PD (1996) Detecting greenhouse-gas-induced climate change with an optimal fingerprint method. J Clim 9(10):2281–2306. https://doi.org/10.1175/1520-0442(1996)009%3C2281:DGGICC%3E2.0.CO;2

Hegerl GC, Hasselmann K, Cubasch U, Mitchell JFB, Roeckner E, Voss R, Waszkewitz J (1997) Multi-fingerprint detection and attribution analysis of greenhouse gas, greenhouse gas-plus-aerosol and solar forced climate change. Clim Dyn 13(9):613–634. https://doi.org/10.1007/s003820050186

Hesse M (1970) Models and analogies in science. University of Notre Dame Press, Notre Dame

Holland WR, Haidvogel DB (1981) On the vacillation of an unstable baroclinic wave field in an eddy-resolving model of the oceanic general circulation. J Phys Oceanogr 11(4). https://doi.org/10.1175/1520-0485(1981)011%3C0557:OTVOAU%3E2.0.CO;2

Jenkins GM, Watts DG (1968) Spectral analysis and its applications. Holden-Day

Ji Y, Vernekar AD (1997) Simulation of the asian summer monsoons of 1987 and 1988 with a regional model nested in a global GCM. J Clim 10:1965–1979

Jochum M, Murtugudde R (2004) Internal variability of the tropical pacific ocean. Geophys Res Lett 31(14). https://doi.org/10.1029/2004GL020488

Jochum M, Malanotte-Rizzoli P, Busalacchi A (2004) Tropical instability waves in the atlantic ocean. Ocean Model 7(1):145–163. https://doi.org/10.1016/S1463-5003(03)00042-8

Karoly DJ, Cohen JA, Meehl GA, Mitchell JFB, Oort AH, Stouffer RJ, Wetherald RT (1994) An example of fingerprint detection of greenhouse climate change. Clim Dyn 10(1):97–105. https://doi.org/10.1007/BF00210339

Kushnir Y (1994) Interdecadal variations in north Atlantic Sea surface temperature and associated atmospheric conditions. J Clim 7(1):141–157. https://doi.org/10.1175/1520-0442(1994)007%3C0141:IVINAS%3E2.0.CO;2

Kwasniok F (2022) Linear inverse modeling of large-scale atmospheric flow using optimal mode decomposition. J Atmos Sci 79(9):2181–2204. https://doi.org/10.1175/JAS-D-21-0193.1

Lemke P (1977) Stochastic climate models, Part 3. Application to zonally averaged energy models. Tellus 29:385–392. https://doi.org/10.3402/tellusa.v29i5.11371

Lemke P, Trinkl EW, Hasselmann K (1980) Stochastic dynamic analysis of polar sea ice variability. J Phys Oceanogr 10(12):2100–2120. https://doi.org/10.1175/1520-0485(1980)010%3C2100:SDAOPS%3E2.0.CO;2

Lin L, von Storch H, Guo D, Tang S, Zheng P, Chen X (2022) The effect of tides on internal variability in the Bohai and Yellow Sea. Dyn Atmos Oceans 98:101301. https://doi.org/10.1016/j.dynatmoce.2022.101301

Livezey RE, Chen WY (1983) Statistical field significance and its determination by Monte Carlo techniques. Mon Weather Rev 111(1):46–59. https://doi.org/10.1175/1520-0493(1983)111%3C0046:SFSAID%3E2.0.CO;2

Madden RA, Ramanathan V (1980) Detecting climate change due to increasing carbon dioxide. Science 209(4458):763–768. https://doi.org/10.1126/science.209.4458.763

Mahajan S, Zhang R, Delworth TL (2011) Impact of the Atlantic meridional overturning circulation (AMOC) on Arctic surface air temperature and sea ice variability. J Clim 24(24):6573–6581. https://doi.org/10.1175/2011JCLI4002.1

Mikolajewicz U, Maier-Reimer E (1990) Internal secular variability in an ocean general circulation model. Clim Dyn 4(3):145–156. https://doi.org/10.1007/BF00209518

Mitchell JM (1976) An overview of climatic variability and its causal mechanisms. Q Res 6(4):481–493. https://doi.org/10.1016/0033-5894(76)90021-1

Müller P, von Storch H (2004) Computer modelling in atmospheric and oceanic sciences – building knowledge. Springer, Berlin

Navarra A (2022) Syukuro Manabe – recipient of the Nobel Prize in Physics 2021. Oxford University Press Research Encyclopedia of Climate Science

Penduff T, Close S, Molines JM, Barnier B, Bessières L, Maze G (2018a) Chaotic variability of ocean heat content: Climate-relevant features and observational implications. Oceanography 31. https://doi.org/10.5670/oceanog.2018.210

Penduff T, Sérazin G, Leroux S, Close S, Molines JM, Barnier B, Bessières L, Terray L, Maze G (2018b) Chaotic variability of ocean heat content: Climate-relevant features and observational implications. Oceanography. https://doi.org/10.5670/oceanog.2018.210

Pennell WT, Bamett TP, Hasselmann K, Holland W, Karl T, MacCracken GNM, Moss M, Pearman G, Rasmusson E, Santer B, Smith W, von Storch H, Switzer P, Zwiers FW (1993) The detection of anthropogenic climate change. In: Fifth Symposion on Global Change Studies. American Meteorological Society, S 17–22

Richardson LF, Lynch P (2007) Weather prediction by numerical process, 2nd edn. Cambridge Mathematical Library, Cambridge University Press. https://doi.org/10.1017/CBO9780511618291

Rinke A, Dethloff K (2000) On the sensitivity of a regional arctic climate model to initial and boundary conditions. Clim Res 14:101–113

Rybski D, Bunde A, Havlin S, von Storch H (2006) Long-term persistence in climate and the detection problem. Geophys Res Lett 33(6). https://doi.org/10.1029/2005GL025591

Santer BD, Taylor KE, Wigley TML, Penner JE, Jones PD, Cubasch U (1995) Towards the detection and attribution of an anthropogenic effect on climate. Clim Dyn 12(2):77–100. https://doi.org/10.1007/BF00223722

Santer BD, Taylor KE, Wigley TML, Johns TC, Jones PD, Karoly DJ, Mitchell JFB, Oort AH, Penner JE, Ramaswamy V, Schwarzkopf MD, Stouffer RJ, Tett S (1996) A search for human influences on the thermal structure of the atmosphere. Nature 382(6586):39–46. https://doi.org/10.1038/382039a0

Schünemann M, Kühl H (1993) Experimental investigations of the erosional behaviour of naturally formed mud from the Elbe estuary and the adjacent Wadden Sea, Germany. In: Mehta A (ed) Coastal and estuarine studies. American Geophysical Union, S 314–330

Shaw SN (1936) Manual of Meteorology. Volume II: Comparative Meteorology, 2nd edn. Cambridge University Press, S 472

Stouffer RJ, Manabe S, Vinnikov KY (1994) Model assessment of the role of natural variability in recent global warming. Nature 367(6464):634–636. https://doi.org/10.1038/367634a0

Tang S, von Storch H, Chen X (2020) Atmospherically forced regional ocean simulations of the South China Sea: Scale-dependency of the signal-to-noise ratio. J Phys Oceanogr 50:133–144. https://doi.org/10.1175/JPO-D-19-0144.1

von Storch H (1982) A remark on Chervin-Schneider's algorithm to test significance of climate experiments with GCM's. J Atmos Sci 39(1):187–189. https://doi.org/10.1175/1520-0469(1982)039%3C0187:AROCSA%3E2.0.CO;2

von Storch H (2001) Models between academia and applications. In: von Storch H, Flöser G (eds) Models in environmental research. Springer, Berlin, S 17–33. https://doi.org/10.1007/978-3-642-59563-9_2

von Storch JS (2004) On statistical dissipation in GCM-climate. Clim Dyn 23(1):1–15. https://doi.org/10.1007/s00382-004-0404-2

von Storch JS (2022a) On equilibrium fluctuations. Tellus A Dyn Meteorol Oceanogr. https://doi.org/10.16993/tellusa.25

von Storch (ed) H (2022b) From decoding turbulence to unveiling the fingerprint of climate change: the science of Klaus Hasselmann. Springer Publisher

von Storch H, Baumhefner DP (1991) Principal oscillation pattern analysis of the tropical 30- to 60-day oscillation. part II: The prediction of equatorial velocity potential and its skill. Clim Dyn 6(1):1–12. https://doi.org/10.1007/BF00210577

von Storch H, Heimbach P (2022) Klaus Hasselmann – recipient of the Nobel Prize in Physics 2021. Oxford University Press Research Encylopedia of Climate Science. https://doi.org/10.1093/acrefore/9780190228620.013.931

von Storch H, Xu J (1990) Principal oscillation pattern analysis of the 30- to 60-day oscillation in the tropical troposphere. Clim Dyn 4(3):175–190. https://doi.org/10.1007/BF00209520

von Storch H, Zwiers FW (1999) Statistical analysis in climate research. Cambridge University Press

von Storch H, Bruns T, Fischer-Bruns I, Hasselmann K (1988) Principal oscillation pattern analysis of the 30- to 60-day oscillation in general circulation model equatorial troposphere. J Geophys Res Atmos 93:11022–11036. https://doi.org/10.1029/JD093iD09p11022

von Storch H, Bürger G, Schnur R, von Storch JS (1995) Principal oscillation patterns: A review. J Clim 8(3):377–400. https://doi.org/10.1175/1520-0442(1995)008%3C0377:POPAR%3E2.0.CO;2

Weisse R, Heyen H, von Storch H (2000) Sensitivity of a regional atmospheric model to a sea state dependent roughness and the need of ensemble calculations. Mon Weather Rev 128:3631

Kapitel 3
Der Kohlenstoffkreislauf im Klimasystem

Martin Heimann, Martin Claussen, Eduardo Zorita, Robert Sausen und Hans von Storch

Zusammenfassung Die Betrachtung des globalen Kohlenstoffkreislaufs als Bestandteil des Klimasystems wurde bereits in den 1970er Jahren erkannt, doch seine vollständige Integration in Erdsystemmodelle erfolgte erst nach dem Jahr 2000. Wegweisende Beiträge aus Hamburg in den 1980er und 1990er Jahren förderten dieses Vorhaben maßgeblich. Dieses Kapitel beschreibt die Hamburger Bemühungen im Kontext der Geschichte der globalen Kohlenstoffkreislaufforschung im zwanzigsten Jahrhundert: Die Darstellung der wichtigsten ozeanischen und terrestrischen Kohlenstoffkreislaufprozesse in mechanistischer, dynamischer und geografisch expliziter Form zur Kopplung mit quasi-realistischen Klimamodellen sowie die Entwicklung einer Methodik zur Quantifizierung, Einschränkung und Optimierung dieser Modelle anhand globaler Beobachtungen.

3.1 Einleitung

Die „globalen biogeochemischen Kreisläufe" stellen eine interessante Komponente im Erdsystem dar. Sie beschreiben den Kreislauf zentraler Elemente (u. a. Kohlenstoff, Sauerstoff, Stickstoff, Phosphor) durch die verschiedenen Sphären des Erdsystems mittels physikalischer, chemischer und auch biologischer Prozesse, die ihrerseits von den jeweils herrschenden Wetter-, Klima- und Umweltbedingungen gesteuert werden. Einige dieser Elementkreisläufe spiegeln sich in der Atmosphäre durch wichtige Treibhausgase wider, z. B. Kohlendioxid (CO_2), Methan (CH_4) und Distickstoffoxid (N_2O), die den Strahlungshaushalt der Atmosphäre und damit das herrschende Klima beeinflussen. Diese Kreisläufe beinhalten somit potenzielle Rückkopplungen im Erdsystem, wie die enge Korrelation zwischen Zeitreihen der Treibhausgaskonzentrationen und entsprechenden Temperaturproxies, die in polaren Eiskernen über die glazialen Zyklen hinweg aufgezeichnet wurden, eindrucksvoll belegt (siehe Abb. 3.1).

Der globale Kohlenstoffkreislauf ist ein herausragendes Beispiel für einen biogeochemischen Kreislauf. In der Atmosphäre äußert er sich durch Kohlendioxid (CO_2), das durch den Gasaustausch zwischen Atmosphäre und Ozean mit gelöstem

H. von Storch et al., *Klimawissenschaftliche Konzepte aus Hamburg*,
https://doi.org/10.1007/978-3-032-04674-1_3

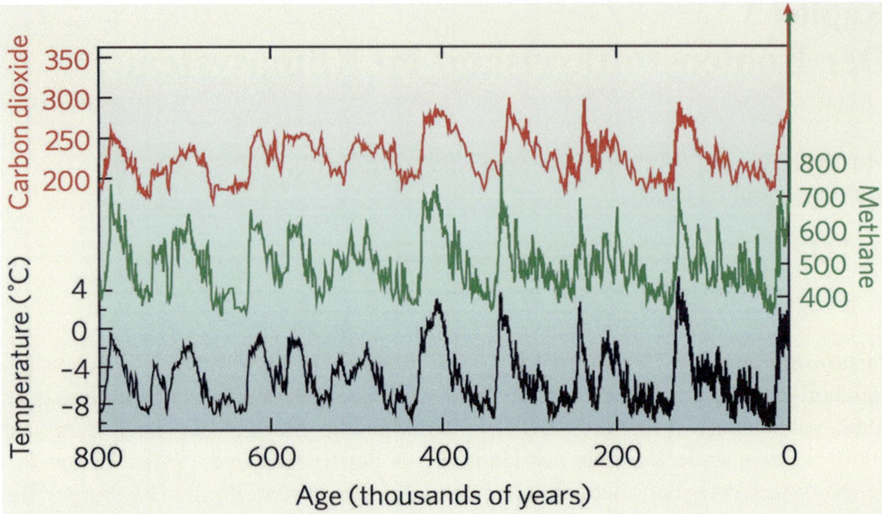

Abb. 3.1 Zusammenhang zwischen Temperatur und Treibhausgasen (CO_2, in ppm, Methan, in ppb) während der letzten 800.000 Jahre, bestimmt aus dem EPICA-Eiskernbohrkernprojekt (Brook 2008, Daten von Lüthi et al. 2008)

anorganischem Kohlenstoff sowie mit terrestrischem organischem Kohlenstoff in Pflanzen und Böden über Photosynthese und Atmung ausgetauscht wird. Auf Zeitskalen von Zehntausenden von Jahren und darüber hinaus erfolgt zudem ein Austausch mit der Lithosphäre durch Erosion, Sedimentbildung und Vulkanismus.

Seit 1750 (und möglicherweise auch schon in gewissem Maße davor) haben anthropogene Aktivitäten im Zuge der industriellen Revolution große Mengen an CO_2 in die Atmosphäre freigesetzt: vor allem durch die Verbrennung fossiler Energieträger (Kohle, Erdöl und Erdgas) sowie durch Landnutzungsänderungen (u. a. Entwaldung). Etwa die Hälfte dieses anthropogenen CO_2 hat sich in der Atmosphäre angereichert und die globale CO_2-Konzentration von etwa 280 ppm (parts per million) in vorindustrieller Zeit auf heute (2024) fast 420 ppm erhöht und damit maßgeblich zum jüngsten Anstieg des terrestrischen Treibhauseffekts und der damit verbundenen Erwärmung beigetragen. Die andere Hälfte des emittierten CO_2 wurde zu etwa gleichen Teilen von Ozean und Land aufgenommen.

Vor diesem Hintergrund ist das Verständnis der Dynamik des globalen Kohlenstoffkreislaufs im Erdsystem zu einer wichtigen wissenschaftlichen Herausforderung geworden. Zentrale Fragestellungen sind beispielsweise, wie die anthropogenen Kohlenstoffemissionen quantitativ zwischen Atmosphäre, Ozean und Land verteilt werden und wie sich diese Aufteilung in einer wärmeren Welt verändern könnte. Von Interesse ist auch die Stärke der Kopplung zwischen globalem Kohlenstoffkreislauf und Klimasystem auf Zeitskalen bis zu Hunderttausenden von Jahren, um die Schwankungen während der glazialen Zyklen besser zu verstehen. Schließlich stellt aus gesellschaftlicher Sicht das Verständnis der direkten menschlichen Einflüsse auf den globalen Kohlenstoffkreislauf, insbesondere durch die derzeit weltweit massiven Veränderungen der Landnutzung und -bewirtschaftung (u. a. Entwaldung, Landwirtschaft, Weidewirtschaft, Forstwirtschaft, Urbanisierung), eine enorme Aufgabe dar.

Modelle des globalen Kohlenstoffkreislaufs sind ein zentrales Instrument zur Beantwortung dieser Fragen. Sie beschreiben den Kohlenstoffkreislauf als eine Abfolge von Kohlenstoffspeichern, die durch Austauschflüsse miteinander verbunden sind, welche von Umweltfaktoren und menschlichen Einflüssen gesteuert werden. Die mathematischen Formeln hierfür leiten sich aus physikalischen, chemischen und biologischen Gesetzen ab oder, falls diese nicht verfügbar oder zu komplex sind, aus empirischen Studien, die als Parametrisierungen dargestellt werden. Offensichtlich erfordert eine vollständige Erfassung der Dynamik des Kohlenstoffkreislaufs im komplexen Erdsystem die Kopplung solcher Kohlenstoffreservoirmodelle in umfassende Erdsystemmodelle. Auf diesen Bedarf wurde bereits sehr deutlich bei einem visionären Workshop des Global Atmospheric Research Programme (GARP) im Jahr 1974 mit dem Titel „The physical basis of climate and climate modelling" hingewiesen, der von Bert Bolin geleitet und u. a. von Klaus Hasselmann organisiert wurde. In einem Bericht über das Treffen (GARP Joint Organizing Committee 1975) werden die verschiedenen Schritte zur Kopplung zunehmend komplexer Teilsysteme in ein globales Klimamodell skizziert. Ein grundlegendes Problem bei diesem Vorhaben besteht in den unterschiedlichen Zeitskalen dieser Teilsysteme, die Zeiträume abdecken, die entweder zu kurz oder zu lang sind, um explizit in einem einzelnen deterministischen numerischen Modell endlicher Größe behandelt zu werden, und daher durch statistisch basierte Parametrisierungen bzw. vorgegebene Randbedingungen repräsentiert werden müssen. Eine Vision, wie Modelle mit inhärent unterschiedlichen relevanten Zeitskalen gekoppelt werden können, wurde anschließend von Hasselmann (1979a) vorgestellt. Eine Skizze dieses Konzepts ist in Abb. 3.2 dargestellt und zeigt einige der wichtigsten Erdsystemkomponenten, darunter die „Biosphäre" (die unter anderem den globalen Kohlenstoffkreislauf umfasst), die berücksichtigt werden müssen. Dennoch dauerte es weitere 25 Jahre, bis der globale Kohlenstoffkreislauf vollständig in ein umfassendes Erdsystemmodell integriert wurde (Cox et al. 2000).

Dieses Kapitel bietet einen kurzen Überblick darüber, wie sich die Modellierung der Kohlenstoffkreislauf-Wissenschaft von einfachen Boxmodellen hin zur heutigen Generation umfassender, global gekoppelter Kohlenstoffkreislauf-Klimamodelle des Erdsystems entwickelt hat. Im Verlauf dieser Entwicklung spielte die Forschung in Hamburg eine zentrale, wegweisende Rolle: sowohl bei der Etablierung grundlegender Konzepte als auch bei der Entwicklung mechanistischer Kohlenstoffkreislauf-Module, die mit globalen Erdsystemmodellen gekoppelt werden konnten. Nach einem historischen Exkurs darüber, wie CO_2 als bedeutendes Treibhausgas in der Erdsystemforschung anerkannt wurde, werden einige der frühen Versuche beschrieben, den globalen Kohlenstoffkreislauf mit einfachen Boxmodellen zu modellieren. Anschließend werden die Entwicklungsschritte hin zum HAMburg Ocean Carbon Cycle Model (HAMOCC) sowie frühe Ansätze zur räumlich expliziten Modellierung des terrestrischen Kohlenstoff-

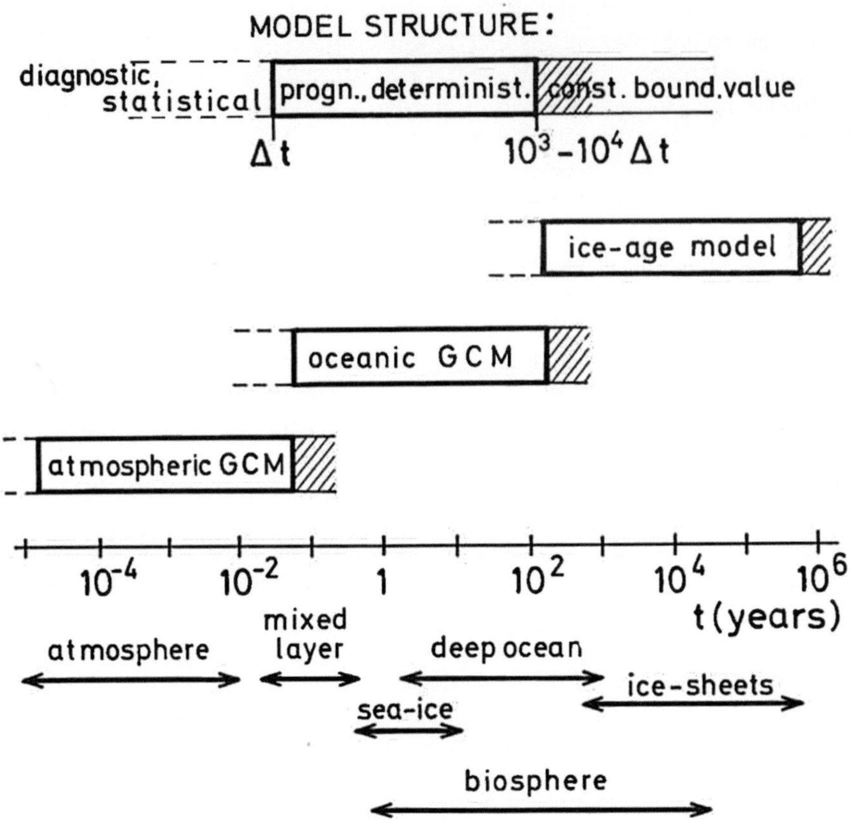

Abb. 3.2 Natürliche Zeitskalen von Erdsystemkomponenten (Hasselmann 1979a)

kreislaufs nachgezeichnet. Ein weiteres Kapitel befasst sich mit der Aufteilung zwischen Atmosphäre, Ozean und Land unter Verwendung von Impulsantwortfunktionen. Im folgenden Abschnitt werden teilweise in Hamburg entwickelte Konzepte vorgestellt, die atmosphärische biogeochemische Beobachtungen nutzen, um umfassende Modelle einzuengen und gegebenenfalls zu optimieren. Der abschließende Abschnitt skizziert den Weg zu den ersten prozessbasierten, global gekoppelten Kohlenstoffkreislauf-Klimamodellen.

3.2 Historischer Hintergrund

Der französische Mathematiker Joseph Fourier (1837) war der Erste, der erkannte, dass die milden Temperaturen an der Erdoberfläche – verglichen mit dem, was allein durch die Sonneneinstrahlung zu erwarten wäre – nur mit zusätzlicher

Wärmestrahlung aus der Atmosphäre erklärt werden können. Daher gilt er als Entdecker des terrestrischen Treibhauseffekts. Die Tatsache, dass bestimmte Gase der Atmosphäre, insbesondere Wasserdampf und CO_2, die Eigenschaft besitzen, thermische Strahlung zu absorbieren und zu emittieren, wurde erst 20 Jahre später von der Amerikanerin Eunice Newton Foote (1856) mithilfe eines einfachen Experiments entdeckt. Sie erkannte die Bedeutung dieser Entdeckung für das Erdklima klar: *„Eine Atmosphäre aus diesem Gas würde unserer Erde eine hohe Temperatur verleihen; und wenn, wie manche vermuten, die Luft in einer früheren Phase ihrer Geschichte einen höheren Anteil davon enthielt als heute, müsste zwangsläufig eine erhöhte Temperatur ... die Folge gewesen sein."* Die Arbeit von Foote fand leider keine weitere Beachtung und wurde erst kürzlich wiederentdeckt. Es war der Ire John Tyndall (1861), der drei Jahre später die Strahlungseigenschaften von CO_2 im Infrarotspektrum wiederentdeckte und systematisch untersuchte.

Die quantitative Beziehung zwischen der atmosphärischen CO_2-Konzentration und der Lufttemperatur in Bodennähe wurde erstmals von Svante Arrhenius (1896) berechnet. Für eine Verdopplung der CO_2-Konzentration ermittelte er einen globalen Temperaturanstieg in Bodennähe von +5 °°C bis +6 °°C.[1] Arrhenius beschäftigte sich in seiner Arbeit vor allem mit der Suche nach einer Ursache für die Eiszeitzyklen. Um herauszufinden, wie viel Kohlenstoff nötig wäre, um die atmosphärische CO_2-Konzentration zu verändern, wandte er sich an seinen Kollegen Arvid Gustav Högbom, einen Chemiker, der darauf hinwies, dass aufgrund der Karbonatchemie der Ozeane nur etwa 1/6 der emittierten Kohlenstoffmenge in der Atmosphäre verbleibt, während der Rest vom Weltozean aufgenommen und verdünnt wird. Auf dieser Grundlage schätzte Arrhenius die möglichen Auswirkungen anthropogener CO_2-Emissionen auf die atmosphärische CO_2-Konzentration und das Klima als sehr gering ein und hielt eine Nachweisbarkeit vermutlich erst nach mehr als 50 Jahren für möglich.

In den 1930er Jahren war es der Brite Guy Callendar (1938), der versuchte, die damals geringe Erwärmung der vorangegangenen Jahrzehnte mit einem Anstieg der atmosphärischen CO_2-Konzentration zu erklären. Er erkannte zutreffend, dass auf Zeitskalen von bis zu einigen Jahrhunderten nicht der gesamte Ozean für die Verdünnung des Kohlenstoffs relevant ist, sondern nur die obersten Schichten, und daher ein größerer Anteil des emittierten fossilen CO_2 in der Atmosphäre akkumulieren muss als von Arrhenius berechnet. Nach Callendars Schätzung sollte das atmosphärische CO_2 von 1900 bis 1938 um etwa 18 ppm zugenommen haben. Diese Berechnung untermauerte er mit veröffentlichten chemischen Messungen der atmosphärischen Luft aus verschiedenen Laboren des 19. und frühen 20. Jahrhunderts[2] Callendar war überzeugt, dass dieser Anstieg auf die Emissionen aus der Verbrennung fossiler Brennstoffe zurückzuführen ist.

---

[1] Dies liegt etwas über dem von IPCC im AR6 heute angegebenen *„sehr wahrscheinlichen Bereich"*: +2 °°C bis +5 °°C (AR6).

[2] Heute wissen wir aus Eisbohrkernmessungen, dass der Anstieg von CO_2 im von Callendar betrachteten Zeitraum tatsächlich etwa 14 ppm betrug.

In den 1950er Jahren erlangte das Thema Kohlendioxid und Klima neues Interesse, insbesondere im Hinblick auf anthropogene Störungen. Unter anderem lieferten Gilbert Plass (1956) sowie Roger Revelle und Hans Suess (1957) eine theoretische Grundlage für den Kohlenstoffaustausch zwischen Atmosphäre und Ozeanen und wiesen darauf hin, dass das atmosphärische CO_2 im Verlauf der industriellen Ära zugenommen hat, dies aufgrund menschlicher Aktivitäten weiterhin verstärkt tun wird und bis zum Ende des zwanzigsten Jahrhunderts zu einer erheblichen Erwärmung des Klimas führen wird.

Den direkten Nachweis für einen Anstieg des atmosphärischen CO_2 fernab von natürlichen und anthropogenen Quellen und Senken erbrachte Charles David Keeling (1960). Mithilfe eines Infrarotspektrometers, das auf dem Vulkan Mauna Loa auf Hawaii installiert war, konnte er zeigen, dass auf der Nordhalbkugel die CO_2-Konzentration saisonal schwankt, wie es aufgrund von Photosynthese und Atmung der nördlichen extratropischen Landbiosphäre zu erwarten ist. Durch regelmäßige Luftproben, die über mehrere Jahre am Südpol entnommen wurden, konnte er zudem eindeutig nachweisen, dass die CO_2-Konzentration tatsächlich weltweit ansteigt. Diese Messungen werden fortgeführt und zeigen seit 1958 einen stetigen, nahezu exponentiellen Anstieg des CO_2 auf heute (2024) fast 420 ppm, oft als die ikonische *„Keeling-Kurve"* bezeichnet, siehe Abb. 3.3.

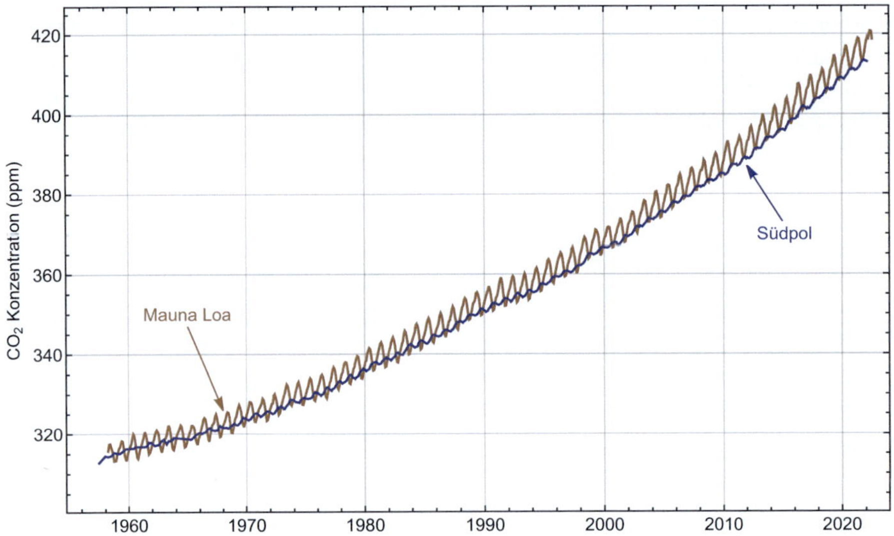

Abb. 3.3 CO_2-Konzentrationsmessungen aus direkten Messungen der atmosphärischen Luft am Mauna Loa und am Südpol. Neben der charakteristischen jährlichen Schwankung auf der Nordhalbkugel und dem massiven Anstiegstrend ist auch ein zunehmender Konzentrationsunterschied zwischen den beiden Stationen zu erkennen. Dies spiegelt die vorwiegend auf der Nordhalbkugel befindlichen industriellen Emissionen wider: Aufgrund der endlichen interhemisphärischen Durchmischungszeit der globalen Troposphäre (<1 Jahr) wird dieser Unterschied mit zunehmender Emissionsstärke größer (Daten vom Scripps Institution of Oceanography; https://scrippsco2.ucsd.edu; Keeling 2022)

Ende der 1960er Jahre und im darauffolgenden Jahrzehnt wurde weltweit ein Netz zusätzlicher Beobachtungsstationen eingerichtet: unter anderem durch die australische CSIRO Division of Atmospheric Physics (Garratt und Pearman 1973), das Geophysical Monitoring for Climatic Change-Programm der National Oceanic and Atmospheric Administration (Komhyr et al. 1985) sowie 1992 durch das deutsche Umweltbundesamt (UBA) auf dem Schauinsland. Nach 1980 wurde das globale Netzwerk durch die Bemühungen weiterer Institutionen weiter ausgebaut und im Rahmen des Global Atmosphere Watch (GAW)-Programms der Weltorganisation für Meteorologie koordiniert. Seit 2000 ist es zudem möglich, atmosphärisches CO_2 auch aus dem Weltraum zu beobachten (Säulenmessungen): zunächst mit dem SCIAMACHY-Instrument (Bovensmann et al. 1999), mit dem japanischen GOSAT (Yokota et al. 2004) und mit dem US-amerikanischen OCO-Instrument (Crisp et al. 2004).

3.3 Frühe Kohlenstoffkreislauf-Forschung

Konzeptionell lässt sich der globale Kohlenstoffkreislauf in eine „schnelle“ Komponente unterteilen, die aus Atmosphäre, Ozean und Landoberfläche (Vegetation und Böden) besteht, und eine „langsame“ Komponente, die den Austausch von Kohlenstoff zwischen der schnellen Komponente und den riesigen Kohlenstoffvorräten in der Lithosphäre durch Vulkanismus, Erosion und Sedimentbildung beschreibt. Für die Bewertung der Auswirkungen anthropogener Emissionen kann die „langsame“ Komponente vernachlässigt werden, da die entsprechenden Flussraten um zwei Größenordnungen kleiner sind als die Kohlenstoffaustausche zwischen den drei „schnellen“ Reservoirs. Frühe Kohlenstoffkreislauf-Modelle bestanden aus einer Reihe von Kohlenstoffreservoirs (Pools, Boxen), die durch Austauschflüsse miteinander verbunden und durch die Emissionen angetrieben wurden. Da Kohlenstoff eine konservative Größe ist, wird nur die Menge an Kohlenstoff (gegebenenfalls in unterschiedlichen chemischen Formen) verfolgt, und die entsprechenden Modellgleichungen haben die Form:

$$\frac{dN_i}{dt} = \sum_j \left\{ F_{j\to i}(t) - F_{i\to j}(t) \right\} + Q_i(t) \tag{3.1}$$

wobei N_i den Kohlenstoffgehalt im Reservoir i bezeichnet, $F_{j\to i}$ und $F_{i\to j}$ die Kohlenstoffflüsse vom Reservoir j zum Reservoir i oder umgekehrt darstellen, und $Q_i(t)$ die gesamten Quellen und Senken von Kohlenstoff im Reservoir i bezeichnet.

In dieser Darstellung werden die Austauschflüsse in hoch parametrisierten Formen angegeben, abhängig von der Kohlenstoffmenge im abgebenden Reservoir und möglicherweise von weiteren Umweltvariablen, z. B. der globalen mittleren bodennahen Lufttemperatur. Betrachtet man nur kleine Störungen um einen stationären globalen Kohlenstoffkreislauf, vereinfachen sich die Modelle zu einem linearen System gewöhnlicher Differentialgleichungen.[3] Zu den wichtigsten Kohlenstoffkreislauf-Modellen dieser Art gehörten beispielsweise die Modelle von Keeling (1973), Oeschger et al. (1975) und Bolin (1979).

Werden diese nahezu linearen Modelle mit exponentiell ansteigenden Emissionen aus fossilen Brennstoffen angetrieben, so sind sie nach entsprechender Kalibrierung allesamt in der Lage, den beobachteten Anstieg der atmosphärischen CO_2-Konzentration genau wiederzugeben. Um zwischen verschiedenen Modellkonfigurationen zu unterscheiden und gegebenenfalls einige Modellparameter zu justieren, galten Simulationen von Kohlenstoffisotopen, insbesondere Radiokohlenstoff oder dem stabilen $^{13}C/^{12}C$-Isotopenverhältnis, als wesentliche zusätzliche Modellüberprüfung. Offensichtlich fehlt diesen hoch parametrisierten, kalibrierten Box-Modellen eine prognostische Fähigkeit, sobald die Kohlenstoffemissionen von einem exponentiellen Anstieg abweichen oder sich die Umweltbedingungen ändern. Dies wurde bereits im oben genannten GARP-Bericht von 1975 deutlich festgestellt. Unzureichende Prozesskenntnisse, insbesondere hinsichtlich der Kohlenstoffaufnahme und -freisetzung an Land, verhinderten damals die Entwicklung umfassenderer Modelle. Daher wurde die Notwendigkeit empirischer Prozessstudien in einer Vielzahl terrestrischer und mariner Ökosysteme sowie umfassender globaler Beobachtungen nachdrücklich betont (GARP Joint Organizing Committee 1975).

Die globale Kohlenstoffkreislauf-Forschung ist multidisziplinär, und die Zusammenführung der Expertise aus verschiedenen wissenschaftlichen Disziplinen ist nicht einfach. Ein wichtiger früher deutscher/Hamburger Beitrag war ein internationales Symposium, das vom 21. bis 26. März 1977 in Ratzeburg stattfand. Es wurde von Egon T. Degens (Abb. 3.4) vom Geologisch-Paläontologischen Institut der Universität Hamburg gemeinsam mit Bert Bolin, Stephan Kempe und Pieter Ketner organisiert. Es nahmen 66 Wissenschaftlerinnen und Wissenschaftler aus aller Welt teil, die alle relevanten Fachgebiete abdeckten. Das Symposium bot einen umfassenden Überblick über den damaligen Stand des Wissens zum globalen Kohlenstoffkreislauf, und die Tagungsbeiträge wurden als Sonderbericht (Nr. 13) des Scientific Committee of Problems of the Environment (SCOPE, Bolin et al. 1979) veröffentlicht.

Der Ratzeburger Workshop gab weltweit zahlreiche wissenschaftliche Untersuchungen in Auftrag: Aufbau von Beobachtungsnetzwerken, Prozessstudien, Datensammlungen und förderte den Fortschritt in der Modellierung des Kohlenstoffkreislaufs. In Hamburg begannen Egon T. Degens und seine Mitarbeiter mit dem Aufbau einer umfassenden globalen Datenbank zu Kohlenstofftransporten durch die Flüsse der Erde, die die Kohlenstoffreservoirs an Land direkt mit denen im Meer verbinden. Bedauerlicherweise fand diese Pionierarbeit seinerzeit in der breiteren wissenschaftlichen Gemeinschaft wenig Beachtung und wurde erst nach

[3] Mit Ausnahme der bekannten Karbonatchemie des gelösten anorganischen Kohlenstoffs im Ozean, die eine schwache Nichtlinearität in das System einführt.

Abb. 3.4 Egon T. Degens. ©Foto von Stephan Kempe, Wikimedia (CC BY-SA 3.0)

2010 bedeutsam, als andere Gruppen die Hamburger Arbeiten aufgriffen und fortführten.

Der Ratzeburger Workshop betonte auch die Notwendigkeit, ein einheitliches Konzept für die Modellierung des Kohlenstoffkreislaufs im Erdsystem zu entwickeln. Ein erstes Treffen, das die wichtigsten Kohlenstoffkreislauf-Modellierer jener Zeit zusammenbrachte, fand im März 1979 in La Jolla statt, organisiert von Charles David Keeling und unter anderem Bert Bolin. Diese Initiative mündete in eine wegweisende Veröffentlichung, die den Stand der Kohlenstoffkreislauf-Modellierung als Sonderbericht (Nr. 16) des Scientific Committee of Problems of the Environment (SCOPE), herausgegeben von Bert Bolin (1981), darstellte. Dieses Buch skizzierte einen umfassenden Rahmen für den Aufbau eines globalen Kohlenstoffkreislauf-Modells, legte zu verwendende Parameterwerte fest und spezifizierte sogar die zu verwendende Notation für die Modellbeschreibung. Es enthielt zudem wichtige Datensätze (bzw. Verweise darauf), die für die Modellbewertung herangezogen werden sollten. Dieses einflussreiche Buch wurde in den 1980er und 1990er Jahren zur Bibel für Studierende der Kohlenstoffkreislauf-Modellierung.

3.4 Komplikationen

Bis Ende der 1970er Jahre wurde die globale Kohlenstoffkreislaufforschung hauptsächlich von einer kleinen Gruppe von Geochemikern, Ozeanographen und einigen Atmosphärenwissenschaftlern betrieben. Dies lag vor allem daran, dass die damaligen Kohlenstoffbilanzberechnungen, also die Umverteilung des emittierten fossilen CO_2, vor allem eine Aufnahme in Atmosphäre und Ozean annahmen, während die Landbiosphäre nur als „kleiner" Rest betrachtet wurde. Daher war die Aufteilung zwischen Atmosphäre und Ozean die zentrale wissenschaftliche Fragestellung, die mit neu verfügbaren ozeanographischen Daten angegangen wurde. Besonders nützlich erwies sich dabei das Eindringen radioaktiver Spurenstoffe wie Radiokohlenstoff und Tritium in den Ozean, die als Nebeneffekt der Atomwaffentests Anfang der 1960er Jahre freigesetzt worden waren. Das Forschungsfeld veränderte sich jedoch grundlegend nach zwei bedeutenden Entdeckungen.

1978 behauptete eine einflussreiche Veröffentlichung in Science von Woodwell und Kollegen (Woodwell et al. 1978), dass es neben dem CO_2 aus fossilen Brennstoffen auch erhebliche globale CO_2-Emissionen durch Landnutzungsänderungen geben müsse, vor allem durch Entwaldung in den Tropen. Ihre Schätzungen reichten tatsächlich bis zu 18 PgC/Jahr, also fast das Doppelte der heutigen (2023) gesamten globalen Emissionen! Sollte dies zutreffen, stellte sich eine große zusätzliche Frage: Wohin gelangt dann dieses zusätzliche CO_2, wenn man den beobachteten Anstieg in der Atmosphäre und die als gut bekannt geltende Aufnahme durch den Ozean berücksichtigt? Es musste also irgendwo eine *„fehlende Senke"* gefunden werden, um die globale Kohlenstoffbilanz auszugleichen.

Offensichtlich war ein Hauptkandidat für die *„fehlende Senke"* die Landbiosphäre, also die von Menschen nicht direkt beeinflusste Vegetation und Böden. Dies implizierte jedoch, dass Landpflanzen durch den steigenden atmosphärischen CO_2 Gehalt irgendwie angeregt werden müssten, mehr Kohlenstoff aufzunehmen (bezeichnet als „CO_2-Düngungseffekt") oder vielleicht durch ein wärmeres Klima. Damals standen die meisten terrestrischen Ökologen einem solchen Mechanismus skeptisch gegenüber, da angenommen wurde, dass das Pflanzenwachstum durch verfügbaren Raum, Klima und Nährstoffe begrenzt ist. Dennoch öffnete die Suche nach der *„fehlenden Senke"* die Kohlenstoffkreislaufforschung für zahlreiche neue Disziplinen: terrestrische Ökologie, Landwirtschaft, Fernerkundung der Vegetation usw. Sie führte auch zu einer Vielzahl von Feldexperimenten, um die Auswirkungen veränderter Umweltbedingungen auf die Vegetation über Zeiträume von mehreren Jahrzehnten zu untersuchen.

Eine zweite Entwicklung, die Ende der 1970er/Anfang der 1980er Jahre die Kohlenstoffkreislaufforschung erschütterte, war die Entdeckung deutlich niedrigerer atmosphärischer CO_2-Konzentrationen während der letzten Eiszeit, wie sie in Gasblasen aus grönländischen und antarktischen Eiskernen nachgewiesen wurden. 1980 präsentierten eine Schweizer (Berner et al. 1980) und eine französische Gruppe (Delmas et al. 1980) nahezu gleichzeitig den ersten Nachweis von CO_2-Konzentrationen während der letzten glazialen Kaltzeit (vor etwa 20.000 Jahren) von nur ~200 ppm, verglichen mit holozänen/vorindustriellen Werten von etwa ~280 ppm. In den folgenden Jahrzehnten wurde diese Entdeckung durch zahlreiche Studien bestätigt, die eine Zeitreihe der atmosphärischen CO_2-Konzentration über den letzten vollständigen glazialen Zyklus ergaben; siehe z. B. die antarktische Vostok-Aufzeichnung (Barnola et al. 1987). Der faszinierende Zusammenhang zwischen

Treibhausgasen und Klima wurde seither über die letzten 800.000 Jahre bestätigt (Abb. 3.1).

Solche Veränderungen konnten nur durch sich ändernde Umweltbedingungen verursacht werden und zeigten damit die Notwendigkeit einer mechanistischen Erklärung der Kohlenstoffkreislaufprozesse auf Zeitskalen von Jahrhunderten bis Jahrtausenden. Offensichtlich war hierfür die Entwicklung realistischer gekoppelter Klima-Kohlenstoffkreislauf-Modelle erforderlich. Diese Entdeckung führte zudem dazu, dass sich zahlreiche Paläowissenschaftler der globalen Kohlenstoffkreislaufforschung zuwandten.

3.5 Ozeanischer Kohlenstoffkreislauf in einem dynamischen allgemeinen Ozeanzirkulationsmodell

Die mechanistische Modellierung[4] des ozeanischen Kohlenstoffkreislaufs erfordert ein physikbasiertes allgemeines Ozeanzirkulationsmodell, in das die Komponenten des Kohlenstoffkreislaufs und deren Chemie als Tracer eingeführt werden. Wie in Abschn. 5.2 beschrieben, war es in Hamburg Ernst Maier-Reimer („EMR", Abb. 3.5), der die Entwicklung des globalen Large-Scale Geostrophic Ozeanmodells (LSG) vorantrieb, das sich ideal für langfristige Simulationen der Ozeanzirkulation unter vorgegebenen Oberflächenantriebsfeldern eignete. Parallel dazu entwickelte EMR die erste Version eines vollwertigen Ozeantracermodells: das *„HAMburg Ocean Carbon Cycle model"* (HAMOCC), das ein voll funktionsfähiges dynamisches LSG-Modell zur Beschreibung des physikalischen Ozeantransports und -mischung enthielt. HAMOCC integrierte schließlich als Tracer die verschiedenen anorganischen und organischen Kohlenstoffverbindungen des Ozeans, die wichtigsten Ozeannährstoffe und auch transiente Tracer wie Tritium, Radiokohlenstoff und Fluorchlorkohlenwasserstoffe.

In einer bahnbrechenden Erstveröffentlichung wurde das LSG-HAMOCC-Modell eingesetzt, um die Verteilung des anorganischen Kohlenstoffs im Ozean im stationären Zustand sowie die Aufnahme und Speicherung von anorganischem Kohlenstoff bei steigenden atmosphärischen CO_2-Konzentrationen zu simulieren (Maier-Reimer und Hasselmann 1987). Als Nebenergebnis zeigten die Autoren zudem, dass die globale Dynamik der CO_2-Aufnahme durch den Ozean unter solchen stationären Bedingungen tatsächlich mit früheren Boxmodell-Berechnungen übereinstimmte.[5] Dennoch eröffnete die dynamische 3D-Simulation eine Vielzahl neuer Möglichkeiten, das Verhalten des globalen Kohlenstoffkreislaufs zu untersuchen. Sie ermöglichte den Abgleich der Modellergebnisse mit einer großen

---

[4] Christoph Heinze hat zu diesem Abschnitt beigetragen.

[5] Eine Tatsache, die für EMR schwer zu akzeptieren war: Er war fest davon überzeugt, dass ein physikalisch basiertes Ozean-Kohlenstoffkreislaufmodell ein anderes dynamisches Verhalten zeigen müsste als einfache globale Boxmodelle.

Abb. 3.5 Ernst Maier-Reimer (1949–2013) in seinem Büro am MPI. ©MPI für Meteorologie

Abb. 3.6 Bob Bacastow (1930–2007). ©SIO Photographic Laboratory Collection. SAC 44. Special Collections & Archives, UC San Diego (https://library.ucsd.edu/dc/object/bb43698099)

Bandbreite verfügbarer chemischer und physikalischer ozeanischer Beobachtungen und erlaubte es, den ozeanischen Kohlenstoffkreislauf unter veränderten Bedingungen der Ozeanzirkulation und des Klimas zu studieren.

Dieses neue Modell zog zahlreiche Wissenschaftler aus dem Bereich des globalen Kohlenstoffkreislaufs an. Ein einflussreicher „Early Adopter" war Bob Bacastow (Abb. 3.6) vom Scripps Institution of Oceanography. Während eines Sabbaticals in Hamburg integrierten er und EMR erstmals organischen Kohlenstoff, Nährstoffe und Sauerstoff in das HAMOCC-Modell (Bacastow und Maier-Reimer 1990, 1991; Maier-Reimer und Bacastow 1990). Eine spätere Version, entwickelt gemeinsam mit Christoph Heinze, einem Schüler von EMR, umfasste zudem einen vollständigen Sedimentkreislauf (Heinze et al. 1991). Eine ikonische Grafik

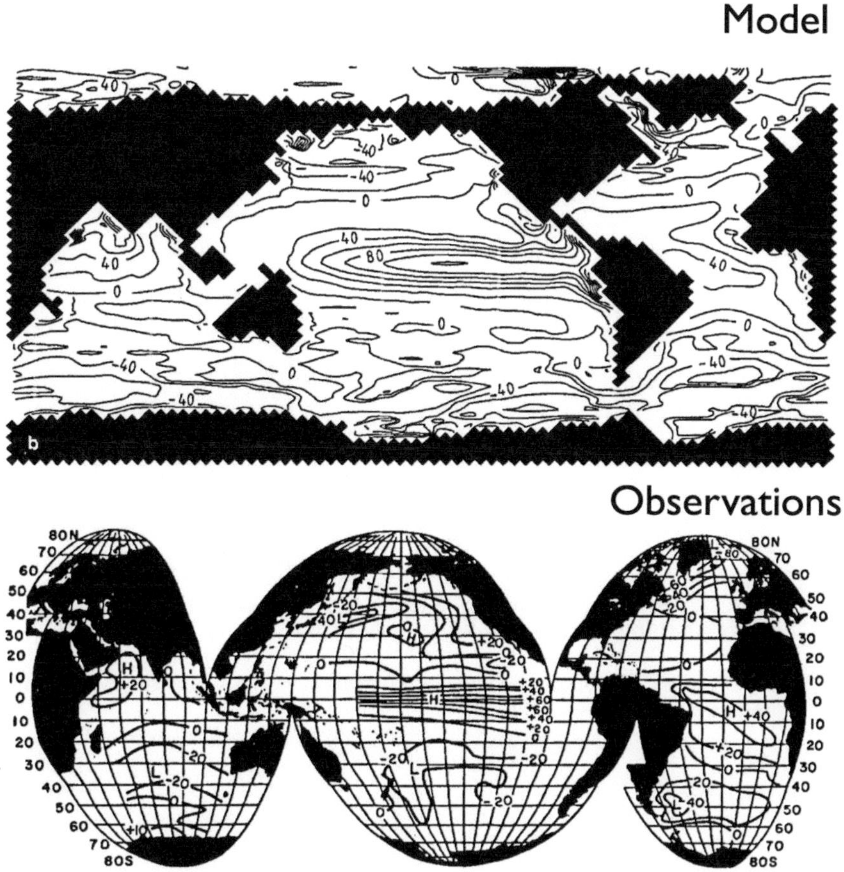

Abb. 3.7 Präindustrieller p CO_2 an der Meeresoberfläche (in μatm $\approx$ ppm, Abweichung vom globalen Mittel) simuliert mit HAMOCC und abgeschätzt aus Beobachtungen (Maier-Reimer und Hasselmann 1987). Die Konturen in der oberen Grafik wurden mit der berühmten Plot-Routine „FISLIN“ gezeichnet, die ebenfalls von EMR entwickelt wurde

aus einer frühen HAMOCC-Simulation ist in Abb. 3.7 dargestellt; sie wurde bereits in Maier-Reimer und Hasselmann (1987) veröffentlicht. Sie zeigt den simulierten präindustriellen Partialdruck von CO_2 (pCO_2) an der Meeresoberfläche im Vergleich zu den damals verfügbaren Beobachtungen. Eine zweite ikonische Abbildung stammt von Christoph Heinze und zeigt schematisch die drei ozeanischen „Kohlenstoffpumpen“, wie sie in HAMOCC implementiert sind (Abb. 3.8, Heinze et al. 1991).

Die Kombination aus LSG und HAMOCC war in den späten 1980er und frühen 1990er Jahren unschlagbar als Werkzeug zur Untersuchung physikalischer und biogeochemischer Dynamik im Ozean und spielte hinsichtlich Rechenleistung und Anwendbarkeit für Langzeit-Klimastudien in einer völlig anderen Liga als

Heinze et al.: Hamburg Carbon Cycle Model and pCO_2 Reduction

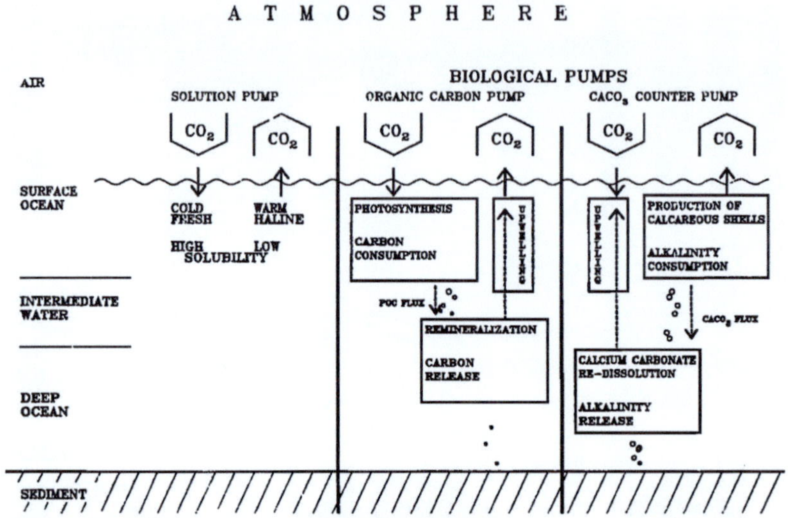

Fig. 1. Schematic diagram of the marine carbon pumps: the solution pump, the particulate organic carbon pump, and the $CaCO_3$ counter pump.

Abb. 3.8 Schematische Darstellung der drei ozeanischen „Kohlenstoffpumpen", wie sie in HAMOCC implementiert sind (Heinze et al. 1991)

Abb. 3.9 Wally Broecker (1931–2019). ©Fundación BBVA Frontiers of Knowledge Awards

OGCMs, die auf den vollständigen „primitiven" Gleichungen basierten. Dies lag auch daran, dass in HAMOCC die biologische Primärproduktion (Ursprung der biologischen Kohlenstoffpumpe) vollständig prognostisch bestimmt wurde und nicht durch Relaxation auf beobachtete Nährstofffelder, wie es bei anderen Modellen üblich war. Ein weiteres wesentliches Merkmal von LSG-HAMOCC war die exzellente numerische Massenerhaltung, die für stabile globale Kohlenstoffkreislauf-Simulationen selbst über 100.000 Jahre Modellintegration erforderlich war.

Wally Broecker (Abb. 3.9, Columbia University, Lamont-Doherty Earth Observatory, LDEO) zeigte großes Interesse an diesem Ozeanmodell, nachdem Klaus Hasselmann zuvor am LDEO eine Präsentation zu LSG-HAMOCC gehalten hatte, und besuchte Anfang 1987 das MPI für Meteorologie. Während Wallys Aufenthalt wurden – auch auf seinen Rat hin – einige entscheidende Verbesserungen am LSG-Modell vorgenommen, sodass Wally beim Anblick der verbesserten Tracersimulationen ausrief: „Wow, Ernst, du verdienst dafür den Nobelpreis…“. Die LSG- und HAMOCC-Modelle wurden in einer Reihe von Promotionsarbeiten eingesetzt und bildeten das Fundament für die Karrieren zahlreicher Wissenschaftler, die das Privileg hatten, diese wegweisenden Werkzeuge bereits als Studierende zu nutzen.

Mit dem LSG-HAMOCC-Modell war es nun möglich, das glaziale CO_2-Problem auf mechanistische Weise anzugehen: Durch die Durchführung mehrerer Sensitivitätsexperimente „in qualitativer Übereinstimmung mit marinen Beobachtungen“ zeigten Heinze et al. (1991), dass die Absenkung des atmosphärischen CO_2-Gehalts in einem Modell, das mit verfügbaren glazialen Paläoproxy-Daten übereinstimmt, eine erhebliche Herausforderung darstellt und nicht durch einen einzelnen Mechanismus allein erreicht werden kann. Dies ist im Wesentlichen auch heute noch die vorherrschende Sichtweise, wie sie beispielsweise im 5. Sachstandsbericht des IPCC zusammengefasst wird (siehe Abb. 6.5 in Ciais et al. 2014).

Eine weitere wegweisende Anwendung des LSG-HAMOCC-Modells war die erstmalige Untersuchung des ozeanischen Klimarückkopplungseffekts bei steigenden atmosphärischen CO_2-Konzentrationen, also wie eine sich verändernde Ozeanzirkulation im Zuge der Erwärmung das ozeanische CO_2-Aufnahmevermögen beeinflusst und somit auf die atmosphärische CO_2-Konzentration zurückwirkt (Maier-Reimer et al. 1996). Mit der Terminologie von Friedlingstein et al. (2003, 2006) lässt sich die Stärke einer Rückkopplung in einem Modell des gekoppelten Kohlenstoffkreislaufs–Erdsystems durch zwei Parameter charakterisieren:

$$\beta_i = \frac{\Delta N_i}{\Delta CO_2} \tag{3.2}$$

$$\gamma_i = \frac{\Delta N_i}{\Delta T} \tag{3.3}$$

wobei β_i die Änderung des Kohlenstoffs im Reservoir i bei einem Anstieg des atmosphärischen CO_2 um 1 ppm beschreibt („Kohlenstoff-Konzentrationsrückkopplung“), und γ_i die Änderung des Kohlenstoffbestands im Reservoir i bei einer globalen Temperaturerhöhung um 1 °°C quantifiziert („Kohlenstoff-Klima-Rückkopplung“). Beide Kennzahlen sind zeitskalenabhängig und hängen zudem in gewissem Maße vom gewählten Emissionsszenario ab, das in der Modellsimulation verwendet wird. Diese Rückkopplungsdiagnostik kann anhand von Simulationen aus den verschiedenen CMIPs (Climate Model Intercomparison Projects) bewertet werden, typischerweise ausgehend von den globalen Kohlenstoffkreislauf- und Klimaveränderungen vom vorindustriellen Zeitalter bis 2100. Im jüngsten Vergleichsprojekt (CMIP6) zeigen die Modelle Werte von $\beta_{\text{Ocean}} = 0{,}79 \pm 0{,}07$ PgC/ppm und $\gamma_{\text{Ocean}} = -17{,}2 \pm 5{,}0$ PgC/°C (Arora et al. 2020). Analysiert man die in

Maier-Reimer et al. (1996) veröffentlichten Änderungen der Kohlenstoffinventare, so lassen sich für LSG-HAMOCC Rückkopplungswerte von $\beta_{\mathrm{HAMOCC}} \approx 1{,}2$ PgC/ppm und $\gamma_{\mathrm{HAMOCC}} \approx -13{,}5$ PgC/°C abschätzen. Die frühe HAMOCC-Simulation weist somit eine etwas höhere ozeanische CO_2-Aufnahme auf, während ihre Kohlenstoff-Klima-Rückkopplung im Vergleich zu den aktuellen gekoppelten ESMs recht ähnlich ist.

3.6 Klima- und CO_2-getriebener dynamischer terrestrischer Kohlenstoffkreislauf: Erste Modellierungsansätze

Terrestrische Ökosysteme werden maßgeblich durch die jeweils vorherrschenden lokalen Umweltbedingungen geprägt. Daher erfordert die Beschreibung der Landbiosphäre in einem globalen Erdsystemmodell einen geografisch expliziten Ansatz, der bis Anfang der 1980er Jahre nicht existierte. In einer frühen Pionierstudie entwickelte Helmut Lieth von der Universität Osnabrück (Abb. 3.10) das „MIAMI-Modell“, in dem die Nettoprimärproduktion (NPP), also die Rate der photosynthetischen Kohlenstoffaufnahme, die als Biomasse in der Vegetation fixiert wird, als Funktion der lokalen jährlichen Mitteltemperatur und des Niederschlags beschrieben wird (Lieth 1975). Diese Beziehung wurde aus ökologischen „ersten Prinzipien“ abgeleitet und durch damals verfügbare Messungen aus vielen Regionen der Welt bestätigt. Mit globalen Feldern von Temperatur und Niederschlag wurde es möglich, die jährliche NPP auf einer Weltkarte vorherzusagen.

Gerd Esser (Abb. 3.11), der 1980 zur Arbeitsgruppe von Helmut Lieth stieß, erweiterte diesen Ansatz um klimabhängige Formulierungen für die Produktion und

Abb. 3.10 Helmut Lieth (1925–2015). ©Neue Osnabrücker Zeitung/Klaus Lindemann

Abb. 3.11 Gerd Esser. ©persönliche Mitteilung

den Abbau von Streu und Boden und schloss damit den terrestrischen Kohlenstoffkreislauf auf lokaler Ebene. Mit diesem Konzept entwickelte Gerd Esser das erste, räumlich explizite, „mechanistische" Modell des terrestrischen Kohlenstoffkreislaufs. Im Kern beschreibt dieses Modell, das als „Osnabrücker Biosphärenmodell" (OBM) bezeichnet wird, in jeder Gitterzelle den Kohlenstoffkreislauf mit nur vier Boxen: lebende Phytomasse, totes holziges Streu, totes krautiges Streu und organischer Bodenkohlenstoff. Die Kohlenstoffflüsse zwischen diesen Reservoirs werden durch das lokale Klima gesteuert (anfangs nur durch die lokale Jahrestemperatur und den Niederschlag). Weitere notwendige Eingangsdaten waren der lokale Bodentyp sowie der Anteil von Ackerland gegenüber natürlicher Vegetation. Ein zentraler Prozess, die Abhängigkeit der NPP als Funktion des atmosphärischen CO_2 (also des CO_2-Düngungseffekts), wird im OBM mit einer einfachen Formulierung parametrisiert, die auch die Bodenfruchtbarkeit als Ersatzgröße für eine potenzielle Nährstofflimitierung des Pflanzenwachstums berücksichtigt. Die verwendete, empirisch aus Feldbeobachtungen abgeleitete Formulierung ist grafisch in Abb. 3.12 dargestellt. Sie zeigt das erwartete Verhalten, d. h. das Wachstum wird durch höhere CO_2 auf logarithmische Weise gefördert und ebenso durch fruchtbarere Böden, wie durch einen dimensionslosen Bodenfruchtbarkeitsfaktor parametrisiert.

Das ursprüngliche OBM-Modell wurde auf einem globalen 2,5 mal 2,5 Grad Breiten-/Längengitter betrieben, angetrieben durch vorgegebene atmosphärische CO_2-Konzentration, globale Klimafelder und landesspezifische Agrarstatistiken der FAO (Esser 1984; Lieth und Esser 1985; Esser 1987). Spätere Versionen umfassten ein saisonal und interannual variables Klima einschließlich Luftfeuchtigkeit, zusätzliche Streufraktionen, Vegetationsbrände, eine umfassendere Beschreibung landwirtschaftlicher Techniken und wurden auf einem globalen 0,5 mal 0,5 Grad Breiten-/Längengitter betrieben. Diese Modellversion erhielt den Namen

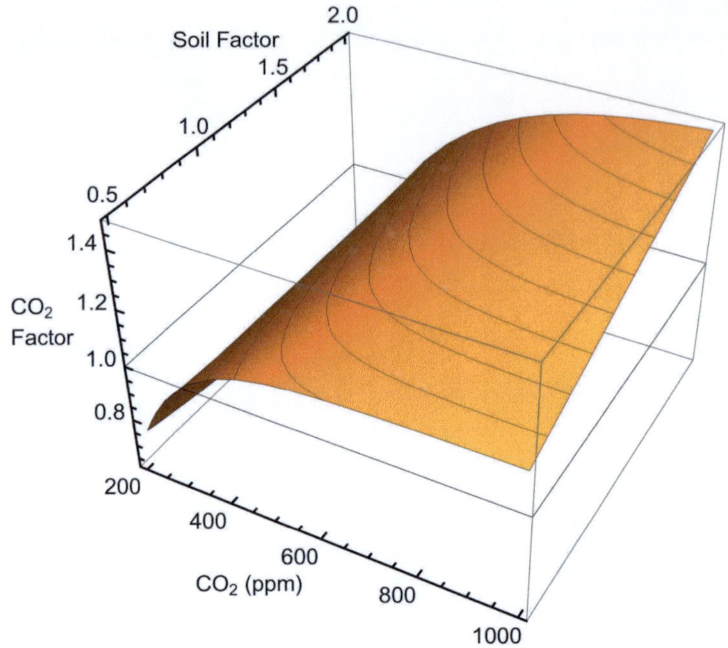

Abb. 3.12 NPP-Parametrisierung im Osnabrücker Biosphärenmodell als Funktion der CO_2-Konzentration und des Bodenfruchtbarkeitsfaktors (nachgezeichnet nach Esser 1991)

„High Resolution Biosphere Model" (HRBM, Esser 1995). Ein Flussdiagramm des frühen OBM ist in Abb. 3.13 dargestellt.

Offensichtlich weckte das Aufkommen eines räumlich expliziten Landkohlenstoffmodells, das durch Änderungen im Klima und atmosphärischen CO_2 angetrieben werden kann, großes Interesse in Hamburg. Klaus Hasselmann griff diese Möglichkeit sehr früh auf und lud die Osnabrücker Gruppe ein, sich an den Hamburger Bemühungen zum Aufbau einer vollständigen mechanistischen Kohlenstoffkreislaufbeschreibung im globalen Klimamodell zu beteiligen. Durch zahlreiche Aufenthalte von Gerd Esser in Hamburg konnten erste Schritte realisiert werden. Insbesondere wurde eine erste Version des vollständigen Atmosphäre-Ozean-Land-Kohlenstoffkreislaufs erreicht, indem im OBM das ursprüngliche Ozean-Box-Diffusionsmodell von Oeschger et al. (1975) durch eine vereinfachte Version von HAMOCC ersetzt wurde. Dies führte zu einem bahnbrechenden, ersten geografisch expliziten, offline betriebenen globalen Kohlenstoffkreislaufmodell, also einem intern konsistenten Kohlenstoffmodell mit vorgegebenem Klima (Ozeanzirkulation, Temperatur, Niederschlag).

Mit dem OBM-HAMOCC-Modell war es möglich, die globale Kohlenstoffbilanz zu adressieren, d. h. die Aufteilung der CO_2-Emissionen zwischen Anreicherung in der Atmosphäre, im Ozean und an Land. Aufgrund der stark para-

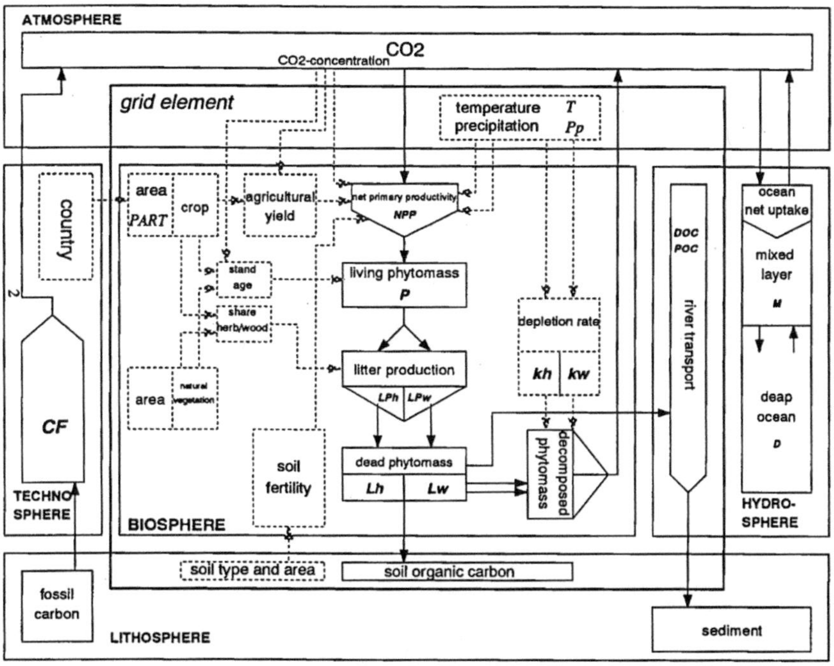

Abb. 3.13 Schematisches Flussdiagramm des Osnabrücker Biosphärenmodells (OBM, Esser 1987, 1991)

metrisierten Beschreibung der Prozesse im Landökosystem war es mit entsprechender Justierung einfach, den atmosphärischen CO_2-Anstieg, wie er beispielsweise auf Mauna Loa beobachtet wird, nachzubilden. Zu diesem Zweck bestätigte die OBM-Komponente lediglich frühere Boxmodell-Simulationen der Landbiosphäre. Die eigentliche Neuerung bestand jedoch in der räumlichen Darstellung, die die wichtigsten Standorte der modellierten Landkohlenstoffsenke vorhersagte. Da wesentliche Reaktionskonstanten des Modells von der lokalen Temperatur und dem Niederschlag abhingen, war es zudem möglich, die Klimasensitivität der modellierten terrestrischen Kohlenstoffaufnahme und -zersetzung zu untersuchen. Die Klimasensitivität der OBM-Modellkomponente erwies sich jedoch als eher gering: Ein vorgegebener global linearer Temperaturanstieg von +2°C über den historischen Zeitraum bis 1981 führte zu einer moderaten Verstärkung der terrestrischen Kohlenstoffaufnahme (Esser 1987). Auf Basis dieser Simulationen lässt sich tatsächlich abschätzen, dass der Kohlenstoff-Klima-Rückkopplungsparameter (siehe Gl. (3.3)) des OBM $\gamma_{\mathrm{OBM}} \approx +3$ PgC/°C beträgt. Dies steht in starkem Gegensatz zu aktuellen ESMs, die deutlich negative Werte aufweisen ($\gamma_{\mathrm{Land}} = -64 \pm 70$ PgC/°C, Arora et al. 2020, die jedoch aus Simulationen bis 2100 unter starker Klimaerwärmung berechnet wurden). Andererseits erwies sich der CO_2-Düngungseffekt im OBM als sehr stark und ergab $\beta_{\mathrm{OBM}} \approx 2{,}7$ PgC/ppm, deutlich stärker als in aktuellen Modellen auf dem Stand der Technik ($\beta_{\mathrm{Land}} = 1{,}2 \pm 0{,}5$ PgC/ppm, Arora et al. 2020). Allerdings berücksichtigen aktuelle Modelle mehrere zusätzliche Klima-Ökosystem-Rückkopplungsprozesse, die ihre Reaktionen wesentlich beeinflussen und die im OBM im Wesentlichen fehlten (siehe Abschn. 3.9).

Aufgrund der Klimasensitivität des OBM-Modells war es auch möglich, Veränderungen der Landkohlenstoffspeicherung vom letzten glazialen Maximum bis ins Holozän zu untersuchen. Esser und Lautenschlager (1994) trieben das OBM mit dem Klima aus einer frühen glazialen ECHAM-Simulation und dem entsprechend niedrigen glazialen atmosphärischen CO_2 an und verglichen die resultierenden Gleichgewichtswerte der Landkohlenstoffvorräte mit den entsprechenden Vorräten unter vorindustriellen Bedingungen. Eine Zusammenfassung der glazialen und heutigen (vorindustriellen) Gesamtkohlenstoffvorräte in Phytomasse, Streu und Böden ist in Abb. 3.14 dargestellt. Ein wichtiger Aspekt bei der Bewertung sind die berechneten glazialen organischen Kohlenstoffvorräte auf Landflächen, die während der Deglaziation durch den ansteigenden Meeresspiegel überflutet und somit verloren gehen. Die Größenordnung dieser Kohlenstoffpools ist in Abb. 3.14 in Klammern angegeben.

Wie erwartet dominiert der starke CO_2-Düngungseffekt im OBM die Reaktion: Er bewirkt, dass der niedrigere glaziale atmosphärische CO_2 zu einer deutlich geringeren Produktivität und damit zu kleineren Gleichgewichtswerten der terrestrischen Gesamtkohlenstoffvorräte führt, trotz der zusätzlichen Pools auf Landflächen, die während der anschließenden Deglaziation überflutet werden. Tatsächlich ergibt das Düngungsszenario einen Nettoanstieg des terrestrischen Kohlenstoffs während der

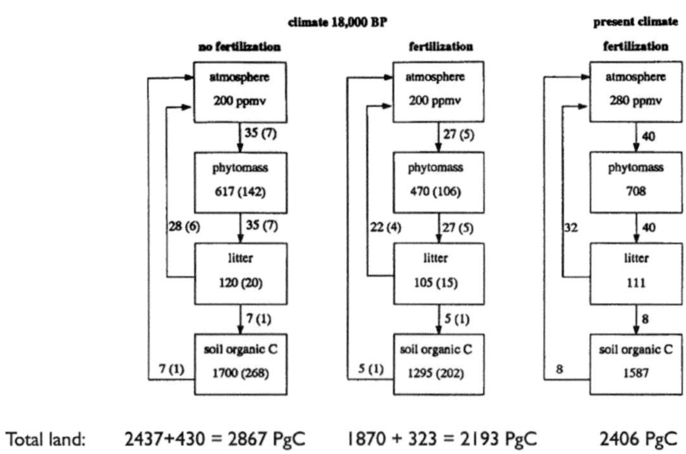

Abb. 3.14 Terrestrische Kohlenstoffvorräte unter glazialen und vorindustriellen Klimabedingungen (Esser und Lautenschlager 1994). Poolgrößen in PgC, Zahlen in Klammern geben die zusätzliche Kohlenstoffmenge auf Landflächen während glazialer Bedingungen an, die während des Übergangs ins Holozän anschließend überflutet werden

Deglaziation um etwa 213 PgC, was mit Eisbohrkern- und Sediment- ^{13}C-Stabilisotopendaten (Esser und Lautenschlager 1994) übereinstimmt. Dies entspricht auch dem aktuellen Verständnis (Müller und Joos 2020), obwohl im OBM-Modell wichtige Ökosystemprozesse fehlten, insbesondere Verschiebungen in der Verteilung der Landbiome, die während dieses Klimaübergangs relevant sind.

3.7 Synthese des globalen Kohlenstoffkreislaufs im Klimasystem

Die Verknüpfung zwischen Kohlenstoffemissionen -> globalem Kohlenstoffkreislauf -> atmosphärischem CO_2 -> Klimareaktion beinhaltet eine wesentliche Vereinfachung: Da CO_2 ein langlebiges atmosphärisches Spurengas ist, sind seine räumlichen Schwankungen sehr gering, sodass für die Berechnung des Strahlungsantriebs und der daraus resultierenden Klimaänderung bei vorgegebenen CO_2 -Emissionen im Wesentlichen nur Änderungen der global gemittelten Konzentration relevant sind. Solange Rückkopplungen zwischen Klima und Kohlenstoffkreislauf vernachlässigt werden, kann die atmosphärische CO_2-Konzentration als eine eindeutig bestimmte Funktion der Summe der Emissionen, modifiziert durch die direkte Reaktion des Kohlenstoffkreislaufs, also die Aufteilung der Emissionen auf Atmosphäre, Ozean und Landbiosphäre, betrachtet werden. Da diese Aufteilung von der Vorgeschichte des atmosphärischen CO_2 abhängt und solange der Kohlenstoffkreislauf als linear angenommen wird, lässt sich die CO_2-Konzentration $C(t)$ zum Zeitpunkt t mathematisch durch ein Faltungsintegral beschreiben:

$$C(t) = \int_{-\infty}^{t} h(\tau)Q(t-\tau)d\tau \tag{3.4}$$

wobei $Q(t-\tau)$ die globalen Emissionen zum Zeitpunkt $t-\tau$ beschreibt, also τ Jahre vor dem Zeitpunkt t, und $h(\tau)$ den Anteil einer anfänglichen Einheits-Emission angibt, der zum Zeitpunkt τ noch in der Atmosphäre verbleibt. $h(\tau)$ charakterisiert die Reaktion des globalen Kohlenstoffkreislaufs auf Emissionen und kann mit einem globalen Kohlenstoffkreislaufmodell leicht berechnet werden. Abb. 3.15 zeigt die mit dem ursprünglichen HAMOCC-Modell berechneten Impulsantwortfunktionen und zum Vergleich auch die entsprechende Impulsantwortfunktion des frühen Box-Diffusionsmodells (Maier-Reimer und Hasselmann 1987; Oeschger et al. 1975).

Diese Darstellung wurde in der Vergangenheit erfolgreich von der Kohlenstoffkreislauf-Forschungsgemeinschaft verwendet (Oeschger und Heimann 1983; Enting et al. 1994). Ist die $h(\tau)$ eines komplexen globalen Kohlenstoffkreislaufmodells bekannt, bietet Gl. (3.4) eine sehr effiziente Möglichkeit, die Dynamik des Kohlenstoffkreislaufs für beliebige Emissionsverläufe darzustellen, wie sie beispielsweise in stark aggregierten integrierten Bewertungsmodellen benötigt wird. Darüber hinaus ist die Darstellung (3.4) grundlegend für die Quantifizierung des globalen Er-

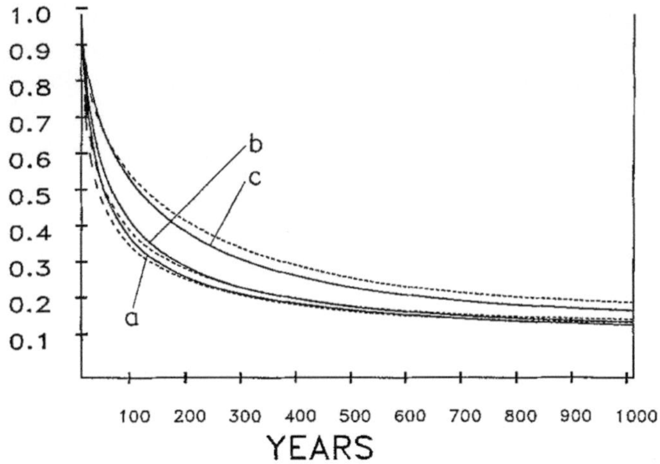

Abb. 3.15 Anteil des Kohlenstoffs, der nach einer anfänglichen Pulsemission in der Atmosphäre verbleibt. Die durchgezogenen Linien entsprechen unterschiedlichen Größen der anfänglichen Pulsemissionen: (a) 0,25x, (b) 2x, (c) 4x des vorindustriellen atmosphärischen Kohlenstoffgehalts (Maier-Reimer und Hasselmann 1987). Die gestrichelten Linien zeigen die Reaktion des Box-Diffusions-Kohlenstoffkreislaufmodells von Oeschger et al. (1975).

wärmungspotenzials (GWP, Shine et al. 1990), bei dem die Impulsantwortfunktion von CO_2 als Referenz verwendet wird. In den meisten IPCC-Berichten wurde hierfür die Impulsantwortfunktion des „Bern-Modells" verwendet (Schimel et al. 1996; Joos et al. 2013).

Gl. (3.4) geht von einem linearen Kohlenstoffkreislaufmodell aus, weshalb Nichtlinearitäten in der Dynamik die Darstellung mittels Impulsantwortfunktion erschweren. Glücklicherweise hat der globale Kohlenstoffkreislauf zumindest in den letzten sechs Jahrzehnten auf die anthropogene Störung in bemerkenswert stabiler Weise reagiert, was sich in der annähernden Konstanz der Airborne-Fraction[6] zeigt (z. B. Bennett et al. 2024). Schwache Nichtlinearitäten, wie etwa die Karbonatchemie der Ozeane, können einfach berücksichtigt werden, indem $h(\tau)$ für verschiedene Größen der Impulsinputs berechnet wird, wie auch in Abb. 3.15 dargestellt. Ein anderer Ansatz besteht darin, ein Basisszenario zu definieren und die Impulsantwortformulierung nur für kleine Abweichungen um diesen Basisfall herum anzuwenden (Enting et al. 1994). Es ist auch möglich, nur ein Teilsystem des Kohlenstoffkreislaufs mit Gl. (3.4) darzustellen und die Nichtlinearität explizit zu behandeln (Joos et al. 1996; Hooss et al. 2001). Eine Erweiterung des Impulsantwortfunktions-Frameworks wurde sogar genutzt, um umfassende ESMs ein-

[6] Üblicherweise definiert als der jährliche atmosphärische CO_2-Anstieg dividiert durch die jährlichen Gesamtemissionen.

schließlich Klima-Kohlenstoffkreislauf-Rückkopplungen zu vergleichen (Joos et al. 2013).

3.8 Rückschluss auf Quellen aus atmosphärischen Beobachtungen

Räumlich-zeitliche Schwankungen der atmosphärischen CO_2-Konzentration spiegeln Lage und Stärke der verschiedenen Kohlenstoffquellen und -senken an der Erdoberfläche wider. Diese können daher potenziell durch atmosphärische Beobachtungen eines globalen Netzwerks unter Verwendung eines Modells für atmosphärischen Transport und Durchmischung eingegrenzt und quantifiziert werden. Dies wiederum bietet die Möglichkeit, räumlich explizite, prozessbasierte globale Kohlenstoffkreislaufmodelle zu evaluieren und gegebenenfalls zu optimieren.

Frühe Ansätze gingen davon aus, dass atmosphärische Beobachtungen von CO_2 Integrale der Quellen widerspiegeln, die nur mit wenigen meridionalen Kugelfunktionen dargestellt werden können (Bolin und Keeling 1963; Junge und Czeplak 1968). Da es an ausreichenden meteorologischen Daten mangelte, musste in diesen Studien auch die Stärke des meridionalen atmosphärischen Transports aus den CO_2-Beobachtungen abgeschätzt werden. Später wurden hierfür Winde aus einem Klimamodell verwendet (Fung et al. 1983), und mit dem Aufkommen globaler atmosphärischer Datenassimilation in Wettermodellen wurde es möglich, den globalen, zeitabhängigen, dreidimensionalen Transport und die Durchmischung deutlich realistischer zu berechnen (Heimann et al. 1986; Heimann und Keeling 1989).

Erste Schätzungen auf Basis der verfügbaren Beobachtungen in den 1980er Jahren deuteten auf eine große Kohlenstoffsenke auf der Nordhalbkugel hin, die die dort vorherrschenden fossilen CO_2-Emissionen teilweise kompensierte. Diese Senke wurde entweder auf dem Land (Tans et al. 1990) oder auch teilweise im Atlantik (Keeling et al. 1989) verortet. Diese beiden Studien lösten in den 1990er Jahren zahlreiche Untersuchungen aus, um die Lage, Größe und Natur dieser „Nordhemisphärensenke“ besser zu bestimmen und zu verstehen. Sie zeigten zudem die Leistungsfähigkeit des „Top-down“-Ansatzes der atmosphärischen Inversion und führten zur Entwicklung zahlreicher Inversionssysteme sowie letztlich zu einem Modellvergleichsprojekt (TransCom, Law et al. 1996; Denning et al. 1999). In diesen Studien wird die Erde in einige großräumige Regionen unterteilt, deren Emissionen so skaliert werden, dass das aufsummierte simulierte atmosphärische Konzentrationsmuster mit den Beobachtungen übereinstimmt. Da der atmosphärische Transport von CO_2 linear ist, entspricht das Verfahren mathematisch einer multiplen linearen Regression.

Fan et al. (1998) kamen unter Verwendung von nur 3–4 globalen Regionen zu dem Schluss, dass die „Nordhemisphärensenke“ im Mittel der Jahre 1988–1992 vor allem auf dem nordamerikanischen Kontinent liegen müsse, während Eurasien nur eine sehr geringe Kohlenstoffsenke aufwies. Es zeigte sich jedoch, dass dieses

Ergebnis im Wesentlichen auf die Wahl einer sehr kleinen Anzahl großräumiger, anpassbarer Quellregionen zurückzuführen war. Mit einem neu entwickelten, hochaufgelösten Inversionssystem unter Verwendung einer Adjoint-Methode (Giering und Kaminski 1998; Kaminski et al. 1999a,b), entwickelt in Hamburg, konnten Kaminski und Heimann (2001) zeigen, dass sich mit geeigneten „a priori"-Bedingungen eine hypothetische Senke von 2 PgC/Jahr in Mitteleuropa konstruieren lässt, die ebenfalls vollständig mit den CO_2-Beobachtungen des globalen Netzwerks vereinbar ist (die sogenannte „Empire strikes back solution", siehe Abb. 3.16).

Dieses Ergebnis verdeutlichte die Unterbestimmtheit des Inversionsproblems und die Notwendigkeit einer sorgfältigen Bewertung jeglicher impliziter oder expliziter „a priori"-Informationen, die einem Inversionsergebnis zugrunde liegen. Die Verwendung großer Quellregionen reduziert die Anzahl der Unbekannten und stabilisiert die Inversion, führt jedoch andererseits zu einem „Aggregationsfehler" (Kaminski et al. 2001), da die angenommene, aber tatsächlich unbekannte kleinräumige Variabilitätsstruktur der Quellen innerhalb der Regionen nicht berücksichtigt wird. Wird dieser Fehler ignoriert, können in grob aufgelösten Inversionsansätzen erhebliche Verzerrungen entstehen. Die Verwendung einer hochaufgelösten, potenziell gitterpunktbasierten Darstellung der Quellfelder erhöht zwar die Anzahl der Unbekannten, erlaubt aber die explizite Vorgabe der „a priori"-Informationen, um die Lösung zu regularisieren (z. B. durch Definition räumlicher und/oder zeitlicher Korrelationen zwischen den verschiedenen Quell-Elementen).

Trotz dieser Schwierigkeiten hat sich der „Top-down"-Ansatz der atmosphärischen Inversion als leistungsfähige Methode zur Abschätzung globaler, regionaler und lokaler Quellen und Senken biogeochemischer Substanzen etabliert. So liefert beispielsweise das „Jena CarboScope" zeitlich variierende globale Karten der CO_2 -Flüsse zwischen Oberfläche und Atmosphäre, die routinemäßig mit den neuesten Beobachtungen des globalen Messnetzes aktualisiert werden (Roedenbeck et al. 2018a, b, 2020). Die Methode ist zudem zum Standardverfahren zur Evaluierung globaler Erdsystemmodelle oder Modellkomponenten geworden (z. B. Heimann et al. 1998). Die Methode wurde erweitert, um verschiedene Beobachtungstypen einzubeziehen, wie z. B. Isotopenzusammensetzung oder andere verwandte Substanzen zusätzlich zur CO_2-Konzentration, z. B. atmosphärischer Sauerstoff (Stephens et al. 1998). Darüber hinaus ist die „Top-down"-Methode unverzichtbar, um Flüsse zwischen Oberfläche und Atmosphäre aus Säulenmessungen von Satellitensensoren abzuleiten (Rayner und O'Brien 2001).

Ein alternativer Ansatz zur Behandlung der Unterbestimmtheit des Inversionsproblems besteht darin, nicht direkt die Flüsse zwischen Oberfläche und Atmosphäre zu bestimmen, sondern diese durch ein Oberflächenmodell zu repräsentieren und anschließend das atmosphärische Inversionssystem zur Optimierung einer endlichen Anzahl von Modellparametern zu verwenden (Rayner 2001). Dieser Ansatz führte zur Entwicklung von Carbon Cycle Data Assimilation Systems (CCDAS, Rayner et al. 2005). Während frühe Studien nur einfache Oberflächenmodelle mit wenigen Parametern optimierten, wurde dieser Ansatz inzwischen

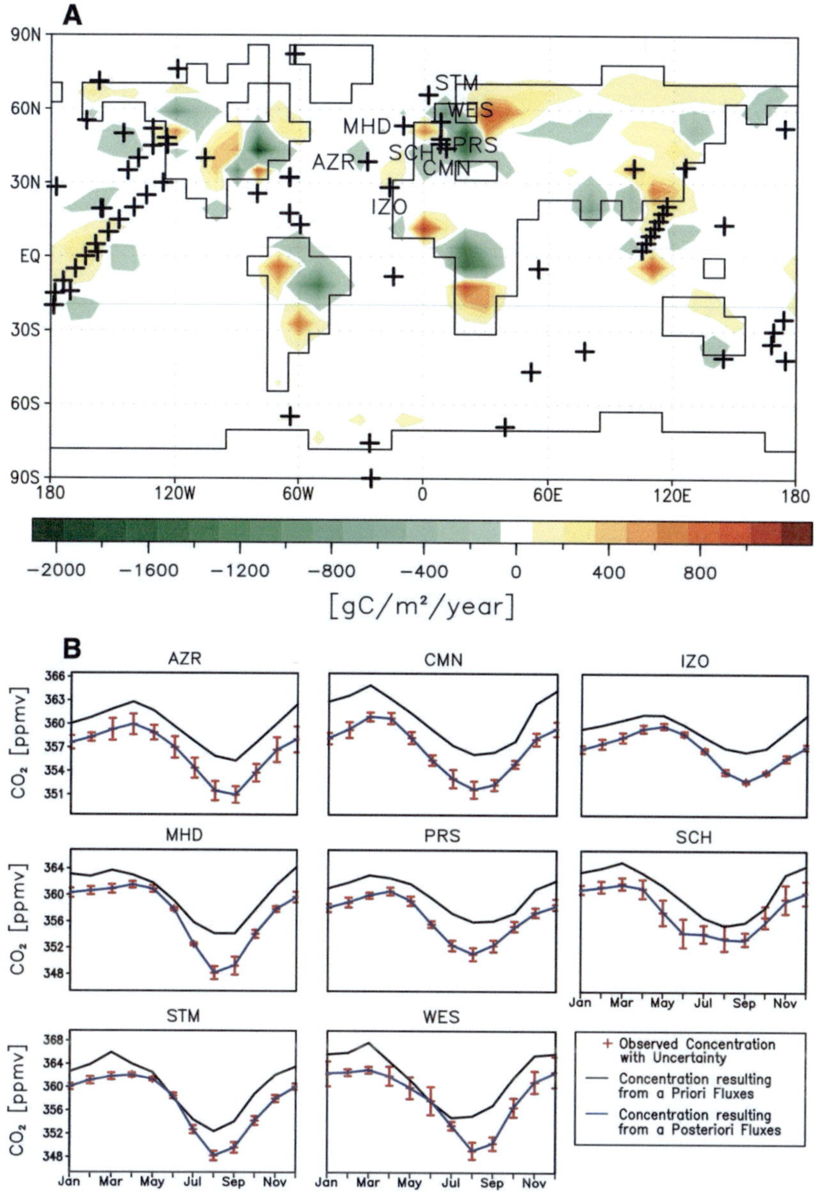

Abb. 3.16 (**a**) Hypothetisches Quell-Senken-Feld mit einer 2 PgC/Jahr CO_2-Senke in Mitteleuropa, die mit den atmosphärischen Beobachtungen des globalen Netzwerks für einige Stationen in Panel (**b**) übereinstimmt (die „Empire strikes back solution“, Kaminski und Heimann 2001)

auf vollständige, prozessbasierte Landoberflächenmodule von ESMs ausgeweitet (z. B. Schuermann et al. 2016).

3.9 Der Weg zu global gekoppelten Kohlenstoffkreislauf-Klimamodellen

Wie oben beschrieben, wurden in Hamburg und Osnabrück bereits in den 1980er Jahren erste wegweisende Schritte hin zu einer geografisch expliziten, klimareaktiven, prozessorientierten Darstellung des Ozean- und Landkohlenstoffkreislaufs unternommen. Dennoch war insbesondere die Beschreibung des Landkohlenstoffs noch nicht bereit, als umfassende Landkohlenstoffkreislauf-Komponente in ein voll entwickeltes ESM integriert zu werden, sodass vollständig gekoppelte Kohlenstoffkreislauf-Klimamodellsimulationen noch nicht möglich waren. Die sehr einfache Parametrisierung der Photosynthese ignorierte grundlegende physiologische Erkenntnisse, die in den 1980er Jahren verfügbar wurden (Farquhar et al. 1980), und das Modell fehlte es an vielen entscheidenden Prozessen, die die Dynamik terrestrischer Ökosysteme bestimmen. Insbesondere Pflanzengesellschaften sind stark von Wasser abhängig, daher erfordert jede realistische, physikalisch basierte Darstellung eine explizite Beschreibung des sehr schnellen Austauschs von Wasser und Energie zwischen Boden, Vegetation und Atmosphäre. Über längere Zeiträume können sich durch veränderte Umweltbedingungen Verschiebungen in der Verbreitung von Ökosystemen durch Pflanzensamenausbreitung ergeben. Darüber hinaus können Störungen wie Brände oder durch Insekten vermittelte Krankheiten die lokale Kohlenstoffspeicherung in Landökosystemen erheblich beeinträchtigen. Die Integration dieser fehlenden Prozesse in das Landoberflächenmodul eines ESM erforderte im Wesentlichen die Zusammenführung von drei Modellierungs-Communities, die bis Anfang der 1990er Jahre weitgehend unabhängig voneinander arbeiteten.

Landoberflächen-Parametrisierungen in atmosphärischen allgemeinen Zirkulationsmodellen haben von den 1960er bis zu den 1990er Jahren mehrere Generationen zunehmender Komplexität durchlaufen, um die Beschreibung der Flüsse von Strahlung, Wärme, Wasserdampf und Impuls zwischen Oberfläche und Atmosphäre zu verbessern (Sellers et al. 1997). Einen Meilenstein stellte das Simple Biosphere Model dar (Sellers et al. 1996a, b), das auch den Austausch von CO_2 unter Verwendung des Photosynthesemodells von Farquhar et al. (1980) einbezog, um die pflanzliche Steuerung des Flusses von Wasserdampf und CO_2 durch die Stomata der Blätter realistisch zu beschreiben. Das zentrale Ziel dieser Landoberflächen-Parametrisierung war jedoch eine verbesserte Darstellung lokaler biophysikalischer/biophysiologischer Rückkopplungen auf kurzen Zeitskalen. Daher enthielten diese Modelle weder explizite Vegetations- und Bodenkohlenstoffpools noch deren Dynamik unter sich ändernden Klimabedingungen. Ein ähnliches „Biosphere Energy-Transfer Hydrology scheme" (BETHY) wurde ebenfalls in Hamburg entwickelt (Knorr und Heimann 2001a,b).

Eine weitere Community befasste sich zu dieser Zeit mit der Untersuchung sogenannter biogeographischer Rückkopplungen, also der Auswirkungen veränderter Oberflächeneigenschaften infolge klimabedingter Vegetationsveränderungen. Um Vegetationsverschiebungen realistisch zu modellieren, muss der Wettbewerb zwischen verschiedenen Pflanzenarten berücksichtigt werden. Ein wesentlicher Fortschritt war das Konzept der „pflanzenfunktionellen Typen“ (PFT), also die Reduktion auf eine endliche Anzahl generischer Pflanzentypen mit vorgegebenen Umweltansprüchen (Klima, Böden). Ein wegweisendes Modell dieser Art war das BIOME 1.0 Modell (Prentice et al. 1992, siehe auch Abschn. 4.4). Diese biogeographischen Modelle waren diagnostisch, d. h. sie sagten im Wesentlichen die globale Vegetationsverteilung für ein vorgegebenes Klima voraus und enthielten keine Kohlenstoffkreislauf-Komponenten. Ein nächster logischer Schritt war es, sie dynamisch zu machen, also das Wachstum und den Zerfall der Vegetation einschließlich Störungen wie Feuer prozessorientiert zu beschreiben. Dies führte zur Entwicklung der „Dynamischen Globalen Vegetationsmodelle“ (DGVM), die notwendigerweise auch dynamische Kohlenstoffpools enthalten mussten. DGVMs erreichten jedoch erst Ende der 1990er und Anfang der 2000er Jahre ihre Reife (Brovkin et al. 1997; Sitch et al. 2003; Bonan et al. 2003; Krinner et al. 2005).

Eine umfassende Beschreibung der Landprozesse einschließlich interaktiver Kohlenstoffkreislauf-Komponenten als Oberflächenmodul innerhalb eines ESM erforderte daher die Zusammenführung der drei in Abb. 3.17 dargestellten Bereiche. Ein solches Schema bildete in Kombination mit einem gekoppelten Ozean-Zirkula-

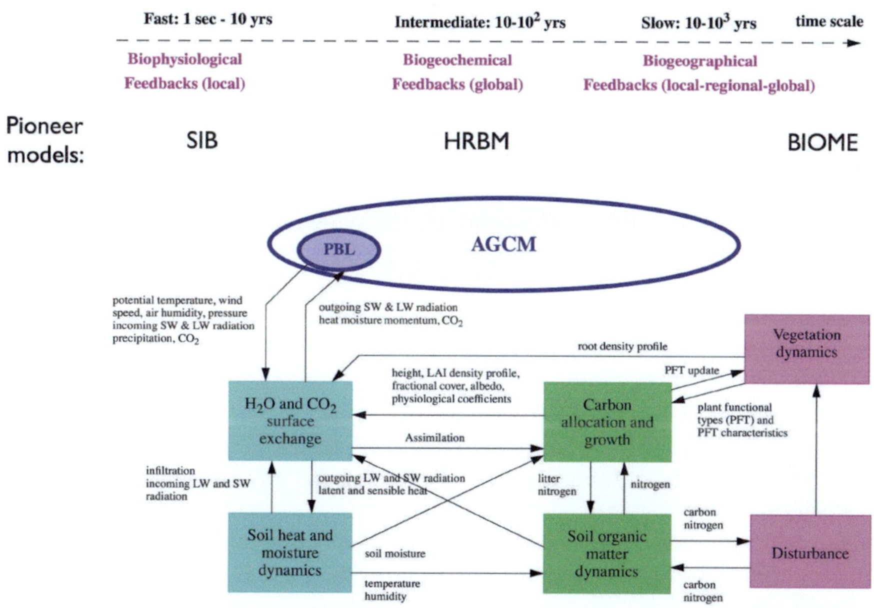

Abb. 3.17 Wesentliche Prozesse in Landoberflächenmodulen moderner umfassender ESMs (adaptiert nach Heimann 2001)

tions- und Ozean-Kohlenstoffkreislauf-Modul das ultimative Ziel, um ein prozessorientiertes, dynamisches, vollständig gekoppeltes Kohlenstoffkreislauf-Klimamodell (CCCM) zu realisieren. Ein solches Modell ermöglicht emissionsgetriebene Simulationen mit intern berechneten Klimarückkopplungen auf die Kohlenstoffaufnahme und -umverteilung im schnellen globalen Kohlenstoffkreislauf (Atmosphäre, Land, Ozean). Die erste Arbeitsgruppe, die dieses ambitionierte Ziel erreichte, war die Gruppe des UK Hadley Centre (Cox et al. 2000).

In Hamburg dauerte die Zusammenführung der drei Bereiche auf der Landseite etwas länger. Die Initiative zum Aufbau eines solchen Modells ging vom neu gegründeten Max-Planck-Institut für Biogeochemie in Jena aus. In einer gemeinsamen Zusammenarbeit, bei der Bausteine aus dem Biosphere Energy-Transfer Hydrology (BETHY) Scheme (Knorr und Heimann 2001a, b) und aus dem Lund-Potsdam-Jena (LPJ) DGVM (Sitch et al. 2003) verwendet wurden, entstand das „Jena Scheme for Biosphere-Atmosphere Coupling in Hamburg“ (JSBACH). Zusammen mit dem aktualisierten Ozean-Kohlenstoffkreislaufmodell HAMOCC5 stellten diese Module die wesentlichen Kohlenstoffkreislauf-Komponenten im Hamburger ESM der damaligen Zeit bereit (ECHAM5 + MPI-OM, Raddatz et al. 2007). Später wurden die biogeochemischen Kreisläufe synchron mit terrestrischen biogeophysikalischen Prozessen, Vegetationsdynamik und Landnutzung gekoppelt (Brovkin et al. 2009; Jungclaus et al. 2010).

3.10 Fazit

Die Kohlenstoffkreislaufforschung und -modellierung hat ihre Reife erreicht. Die meisten aktuellen, hochentwickelten Erdsystemmodelle (ESMs) beinhalten mittlerweile einen vollständig gekoppelten Kohlenstoffkreislauf. Klimamodell-Vergleichsprojekte umfassen spezifische Arbeitspakete (z. B. das Coupled Climate-Carbon Cycle Model Intercomparison Project, C ^{4}MIP, Jones et al. 2016), die auf die Bewertung der Kohlenstoffkreislauf-Komponenten abzielen, entweder offline oder als Teil des vollständig gekoppelten ESM. Emissionsgetriebene Szenarienberechnungen sind zum Standard geworden, um Klimaprojektionen für dieses Jahrhundert zu untersuchen. In diesem langfristigen Bemühen waren die Beiträge aus Hamburg in den letzten fünf Jahrzehnten, wie in den vorangegangenen Abschnitten mit Fokus auf die Zeit vor 2000 dargestellt, von großer Bedeutung. Hamburg entwickelte das weltweit erste gekoppelte Ozeanzirkulations-Kohlenstoffkreislaufmodell und trug gemeinsam mit Osnabrück eine erste räumlich explizite, klimareaktive Darstellung des terrestrischen Kohlenstoffkreislaufs bei. Die Hamburger Arbeiten waren zudem maßgeblich an der Integration atmosphärischer Beobachtungen in ESMs beteiligt, was zu umfassenden Kohlenstoffkreislauf-Datenassimilationssystemen führte.

Insgesamt hat sich, zumindest auf der Jahrhundertskala, die Reaktion erster Ordnung des globalen Kohlenstoffkreislaufs auf vorgegebene Emissionen seit den Untersuchungen mit einfachen Box-Modellen in den 1970er Jahren kaum verändert: Dies wird durch die nahezu konstante „airborne fraction“ in Beobachtungen und Modellsimulationen der letzten 60 Jahre bestätigt. Bisher erscheinen Klima-Rückkopplungen auf den Kohlenstoffkreislauf – abgesehen von kurzfristigen, interannuellen Schwankungen (z. B. ENSO) – zumindest auf globaler Ebene gering. Modellprojektionen in eine wärmere Zukunft divergieren jedoch insbesondere hinsichtlich der Kohlenstoffsenke an Land. Es wird erwartet, dass diese Senke nicht unbegrenzt wachsen kann, doch sowohl das Ausmaß der überschüssigen Kohlenstoffspeicherung an Land als auch die Frage, ob die Landsenke im späteren Verlauf dieses Jahrhunderts sogar zur Quelle werden könnte, sind weiterhin Gegenstand wissenschaftlicher Debatten (Arora et al. 2020).

Das Verständnis, die Quantifizierung und die Vorhersage des globalen Kohlenstoffkreislauf-Klimasystems sind nach wie vor weit von Perfektion entfernt. Zentrale Unsicherheiten betreffen insbesondere weiterhin den CO_2-Düngungseffekt der terrestrischen Vegetation (Walker et al. 2021), der zwar eindeutig existiert, dessen Ausmaß jedoch von einer Vielzahl steuernder Faktoren abhängt: Neben Klima und Wasser vor allem auch von verfügbaren Nährstoffen (Zaehle 2013). Auch verschiedene Aspekte des terrestrischen Kohlenstoffsystems sind in aktuellen CCCMs noch sehr unzureichend beschrieben. So enthalten beispielsweise Permafrostböden in hohen Breiten große Kohlenstoffvorräte, die in einem wärmeren Klima gefährdet sein könnten (Schuur et al. 2022). Zudem werden Landökosysteme meist nur mit wenigen pflanzenfunktionellen Typen abgebildet, wodurch eine biodiversitätsbedingte Widerstandsfähigkeit gegenüber Störungen möglicherweise unberücksichtigt bleibt. Störungen beeinflussen auch die Mortalitätsraten von Pflanzen und damit die Verweildauer des Kohlenstoffs im Ökosystem. Bedeutende Unsicherheiten bestehen zudem hinsichtlich der Auswirkungen von Veränderungen in der Ozeanzirkulation und -schichtung auf die Kohlenstoffaufnahme der Ozeane und die Modifikation der biologischen Kohlenstoffpumpen im Ozean. Am wichtigsten ist, dass Landnutzung und Landmanagement durch den Menschen zunehmend die terrestrischen Ökosysteme und deren Kohlenstoffspeicherkapazität dominieren. Dieser Faktor bestimmt maßgeblich die globale terrestrische Senke im 21. Jahrhundert. Die Berücksichtigung dieses Faktors in globalen ESMs steckt noch in den Kinderschuhen und sollte hohe Priorität erhalten (Pongratz et al. 2009).

Literatur

Arora VK, Katavouta A, Williams RG, Jones CD, Brovkin V, Friedlingstein P, Schwinger J, Bopp L, Boucher O, Cadule P, Chamberlain MA, Christian JR, Delire C, Fisher RA, Hajima T, Ilyina T, Joetzjer E, Kawamiya M, Koven CD, Krasting JP, Law RM, Lawrence DM, Lenton A, Lindsay K, Pongratz J, Raddatz T, Séférian R, Tachiiri K, Tjiputra JF, Wiltshire A, Wu T, Ziehn T (2020) Carbon–concentration and carbon–climate feedbacks in CMIP6 models and their comparison to CMIP5 models. Biogeosciences 17(16):4173–4222

Arrhenius SA (1896) On the influence of carbonic acid in the air upon the pemperature of the ground. Philos Mag J Sci 41(251):237–276

Bacastow R, Maier-Reimer E (1990) Ocean-circulation model of the carbon cycle. Clim Dyn 4(2):95–125

Bacastow R, Maier-Reimer E (1991) Dissolved organic carbon in modeling oceanic new production. Glob Biogeochem Cycles 5(1):71–85

Barnola JM, Raynaud D, Korotkevich YS, Lorius C (1987) Vostok ice core provides 160,000-year record of atmospheric CO_2. Nature 329(6138):408–414

Bennett BF, Salawitch RJ, McBride LA, Hope AP, Tribett WR (2024) Quantification of the airborne fraction of atmospheric CO_2 reveals stability in global carbon sinks over the past six decades. J Geophys Res Biogeosci 129(3), e2023JG007760

Berner W, Oeschger H, Stauffer B (1980) Information on the CO_2 cycle from ice core studies. Radiocarbon 22(2):227–235

Bolin B (1979) On the role of the atmosphere in biogeochemical cycles. Q J R Meteor Soc 105:25–42

Bolin B (ed) (1981) Carbon cycle modelling (SCOPE 16). Wiley. https://scope.dge.carnegiescience.edu/SCOPE_16/SCOPE_16.html. ISBN: 0 471 10051 X

Bolin B, Keeling CD (1963) Large-scale atmospheric mixing as deduced from the seasonal and meridional variation of atmospheric carbon dioxide. J Geophys Res Atmos 68(13):3899–3920

Bolin B, Degens ET, Kempe S, Ketner P (eds) (1979) SCOPE 13 – The global carbon cycle. Wiley. ISBN: 9780471997108. https://web.archive.org/web/20140518205209/http://www.scopenvironment.org/downloadpubs/scope13/contents.html

Bonan GB, Levis S, Sitch S, Vertenstein M, Oleson KW (2003) A dynamic global vegetation model for use with climate models: concepts and description of simulated vegetation dynamics. Glob Change Biol 9(11):1543–1566

Bovensmann H, Burrows JP, Buchwitz M, Frerick J, Noël S, Rozanov VV, Chance KV, Goede APH (1999) SCIAMACHY: Mission objectives and measurement modes. J Atmos Sci 56(2):127–150

Brook EJ (2008) Palaeoclimate windows on the greenhouse. Nature 453(7193):291–292

Brovkin V, Ganopolski A, Svirezhev Y (1997) A continuous climate-vegetation classification for use in climate-biosphere studies. Ecol Model 101(2–3):251–261

Brovkin V, Raddatz T, Reick CH, Claussen M, Gayler V (2009) Global biogeophysical interactions between forest and climate. Geophys Res Lett 36:L07405. https://doi.org/10.1029/2009GL037543

Callendar G (1938) The artificial production of carbon dioxide and its influence on temperature. Q J R Meteor Soc 64:223–240

Ciais P, Sabine C, Bala G, Bopp L, Brovkin V, Canadell J, Chhabra A, DeFries R, Galloway J, Heimann M, Jones C, Le Quèrè C, Myneni RB, Piao S, Thornton P (2014) Carbon and other biogeochemical cycles. In: Stocker T, Qin D, Plattner GK, Tingor M, Allen S, Boshung J, Nauels A, Xia Y, Bex V, Midgley P (eds) Climate change 2013 – the physical science basis: working group I Contribution to the fifth assessment report of the intergovernmental panel on climate change. Cambridge University Press, pp 465–570. https://doi.org/10.1017/CBO9781107415324.015

Cox P, Betts R, Jones C, Spall S, Totterdell I (2000) Acceleration of global warming due to carbon-cycle feedbacks in a coupled climate model. Nature 408(6809):184–187

Crisp D, Atlas RM, Breon F, Brown L, Burrows J, Ciais P, Connor B, Doney S, Fung IY, Jacob DJ, Miller C, O'Brien D, Pawson S, Randerson J, Rayner PJ, Salawitch R, Sander S, Sen B, Stephens G, Tans P, Toon G, Wennberg P, Wofsy S, Yung Y, Kuang Z, Chudasama B, Sprague G, Weiss B, Pollock R, Kenyon D, Schroll S (2004) The orbiting carbon observatory (OCO) mission. Adv Space Res-Series 34(4):700–709

Delmas R, Ascencio J, Legrand M (1980) Polar ice evidence that atmospheric CO_2 20,000yr BP was 50% of present. Nature 284(5752):155–157

Denning AS, Holzer M, Gurney K, Heimann M, Law R, Rayner PJ, Fung IY, Fan S, Taguchi S, Friedlingstein P, Balkanski Y, Taylor J, Maiss M, Levin I (1999) Three-dimensional transport and concentration of SF_6 – A model intercomparison study (TransCom 2). Tellus B 51(2):266–297

Enting I, Wigley T, Heimann M (1994) Future emissions and concentrations of carbon dioxide: Key ocean/atmosphere/land analyses, vol 31. CSIRO Division of Atmospheric Research, Melbourne

Esser G (1984) The significance of biospheric carbon pools and fluxes for the atmospheric CO_2: A proposed model structure. Prog Biometeorol 3:253–294

Esser G (1987) Sensitivity of global carbon pools and fluxes to human and potential climatic impacts. Tellus B 39B(3):245–260

Esser G (1991) Osnabrück Biosphere Model: structure, construction, results. In: Esser G, Overdieck D (eds) Modern ecology: basic and applied aspects. Elsevier, Amsterdam, pp 679–709

Esser G (1995) Contribution of monsoon Asia to the carbon budget of the biosphere, past and future. Vegetatio 121:175–188

Esser G, Lautenschlager M (1994) Estimating the change of carbon in the terrestrial biosphere from 18'000 BP to present using a carbon cycle model. Environ Pollut 83(1–2):45–53

Fan S, Gloor M, Mahlman J, Pacala S, Sarmiento J, Takahashi T, Tans P (1998) A large terrestrial carbon sink in North America implied by atmospheric and oceanic carbon dioxide data and models. Science 282(5388):442–446

Farquhar G, von Caemmerer S, Berry J (1980) A biochemical model of photosynthetic CO_2 assimilation in leaves of C3 species. Planta 149(1):78–90

Foote E (1856) Circumstances affecting the heat for the sun's rays. Am J Sci Arts 22:382–383

Fourier JBJ (1837) General remarks on the temperature of the earth and outer space. Am J Sci 32:1–20

Friedlingstein P, Dufresne J, Cox P, Rayner PJ (2003) How positive is the feedback between climate change and the carbon cycle. Tellus 55(2):692–700

Friedlingstein P, Cox P, Betts RA, Bopp L, von W Bloh, Brovkin V, Cadule P, Doney S, Eby M, Fung I (2006) Climate–carbon cycle feedback analysis: Results from the C4MIP model intercomparison. J Clim 19(14):3337–3353

Fung I, Prentice K, Matthews E, Lerner J, Russell G (1983) 3-dimensional tracer model study of atmospheric CO_2 – response to seasonal exchanges with the terrestrial biosphere. J Geophys Res 88(NC2):1281–1294

GARP Joint Organizing Committee (1975) The physical basis of climate and climate modelling. GARP Publication Series 16

Garratt JR, Pearman GI (1973) Large-scale CO_2 fluxes in the southern hemisphere troposphere. Nat Phys Sci 242(117):54–56

Giering R, Kaminski T (1998) Recipes for adjoint code construction. ACM Trans Math Softw 24(4):437–474

Hasselmann K (1979a) On the problem of multiple time scales in climate modeling. In: Developments in atmospheric science: man's impact on climate. Elsevier, pp 43–55

Heimann M (2001) Modeling and evaluating terrestrial biospheric exchanges of water, carbon dioxide, and oxygen in the global climate system. In: Bengtsson LO, Hammer CU (eds) Geosphere-biosphere interactions and climate. Cambridge University Press, Cambridge, pp 52–65

Heimann M, Keeling CD (1989) A three-dimensional model of atmospheric CO_2 transport based on observed winds: 2. Model description and simulated tracer experiments. AGU Geophys Monogr 55:237–275

Heimann M, Keeling CD, Fung IY (1986) Simulating the atmospheric carbon dioxide distribution with a three-dimensional tracer model. In: Trabalka JR, Reichle DE (eds) The changing carbon cycle: a global analysis. Springer, New York, pp 16–49

Heimann M, Esser G, Haxeltine A, Kaduk J, Kicklighter DW, Knorr W, Kohlmaier GH, McGuire AD, Melillo J, Moore B III, Otto RD, Prentice IC, Sauf W, Schloss A, Sitch S, Wittenberg U, Würth G (1998) Evaluation of terrestrial carbon cycle models through simulations of the seasonal cycle of atmospheric CO_2: First results of a model intercomparison study. Glob Biogeochem Cycles 12(1):1–24

Heinze C, Maier-Reimer E, Winn K (1991) Glacial pCO_2 reduction by the world ocean: Experiments with the Hamburg carbon cycle model. Paleoceanography 6(4):395–430

Hooss G, Voss R, Hasselmann K, Maier-Reimer E, Joos F (2001) A nonlinear impulse response model of the coupled carbon cycle-climate system (NICCS). Clim Dyn 18(3–4):189–202

Jones CD, Arora V, Friedlingstein P, Bopp L, Brovkin V, Dunne J, Graven H, Hoffman F, Ilyina T, John JG, Jung M, Kawamiya M, Koven C, Pongratz J, Raddatz T, Randerson JT, Zaehle S (2016) C4MIP – The coupled climate–carbon cycle model intercomparison project: experimental protocol for CMIP6. Geosci Model Dev 9(8):2853–2880

Joos F, Bruno M, Fink R, Siegenthaler U, Stocker T, LeQuéré C (1996) An efficient and accurate representation of complex oceanic and biospheric models of anthropogenic carbon uptake. Tellus B 48(3):397–417

Joos F, Roth R, Fuglestvedt JS, Peters GP, Enting IG, von W Bloh, Brovkin V, Burke EJ, Eby M, Edwards NR, Friedrich T, Frölicher TL, Halloran PR, Holden PB, Jones C, Kleinen T, Mackenzie FT, Matsumoto K, Meinshausen M, Plattner GK, Reisinger A, Segschneider J, Shaffer G, Steinacher M, Strassmann K, Tanaka K, Timmermann A, Weaver AJ (2013) Carbon dioxide and climate impulse response functions for the computation of greenhouse gas metrics: a multi-model analysis. Atmos Chem Phys 13(5):2793–2825

Jungclaus JH, Lorenz SJ, Timmreck C, Reick CH, Brovkin V, Six K, Segschneider J, Giorgetta MA, Crowley TJ, Pongratz J, Krivova NA, Vieira LE, Solanki SK, Klocke D, Botzet M, Esch M, Gayler V, Haak H, Raddatz TJ, Roeckner E, Schnur R, Widmann H, Claussen M, Stevens B, Marotzke J (2010) Climate and carbon-cycle variability over the last millennium. Clim Past 6(5):723–737

Junge CE, Czeplak G (1968) Some aspects of the seasonal variation of carbon dioxide and ozone. Tellus A Dyn Meteorol Oceanogr 20(3):422

Kaminski T, Heimann M (2001) Inverse modeling of atmospheric carbon dioxide fluxes. Science 294(5541):259–259

Kaminski T, Heimann M, Giering R (1999a) A coarse grid three-dimensional global inverse model of the atmospheric transport. I- adjoint model and jacobian matrix. J Geophys Res 104(D15):18555

Kaminski T, Heimann M, Giering R (1999b) A coarse grid threedimensional global inverse model of the atmospheric transport, 2, inversion of the transport of co in the 1980s. J Geophys Res 104(D15):18555–18581

Kaminski T, Rayner PJ, Heimann M, Enting I (2001) On aggregation errors in atmospheric transport inversions. J Geophys Res-Atmos 106(D5):4703–4715

Keeling CD (1960) The concentration and isotopic abundances of carbon dioxide in the atmosphere. Tellus 12(2):200–203

Keeling CD (1973) The carbon dioxide cycle: Reservoir models to depict the exchange of atmospheric carbon dioxide with the oceans and land plants. In: Rasool SI (ed) Chemistry of the lower atmosphere. Plenum Publishing Company, New York, pp 251–329

Keeling R (2022) Scripps CO_2 program. https://scrippsco2.ucsd.edu. Accessed: Nov 2022

Keeling CD, Piper S, Heimann M (1989) A three-dimensional model of atmospheric CO_2 transport based on observed winds: 4. mean annual gradients and interannual variations. AGU Geophys Monogr 55:305–363

Knorr W, Heimann M (2001a) Uncertainties in global terrestrial biosphere modeling: 1. A comprehensive sensitivity analysis with a new photosynthesis and energy balance scheme. Global Biogeochem Cycles 15(1):207–225

Knorr W, Heimann M (2001b) Uncertainties in global terrestrial biosphere modeling, Part II: Global constraints for a process-based vegetation model. Global Biogeochem Cycles 15(1):227–246

Komhyr WD, Gammon RH, Harris TB, Waterman LS, Conway TJ, Taylor WR, Thoning KW (1985) Global atmospheric CO_2 distribution and variations from 1968–1982 NOAA/GMCC CO_2 flask sample data. J Geophys Res Atmos 90(D3):5567–5596

Krinner G, Viovy N, de N Noblet-Ducoudré, Ogee J, Polcher J, Friedlingstein P, Ciais P, Sitch S, Prentice IC (2005) A dynamic global vegetation model for studies of the coupled atmosphere-biosphere system. Global Biogeochem Cycles 19(1):GB1015. https://doi.org/10.1029/2003GB002199

Law RM, Rayner PJ, Denning AS, Erickson D, Fung IY, Heimann M, Piper SC, Ramonet M, Taguchi S, Taylor JA, Trudinger CM, Watterson IG (1996) Variations in modeled atmospheric transport of carbon dioxide and the consequences for CO_2 inversions. Global Biogeochemical Cycles 10(4):783–796

Lieth H (1975) Modeling the primary productivity of the world. In: Lieth, Whittaker (eds) Primary productivity of the biosphere, Ecological studies 14. Springer, New York, pp 237–283

Lieth H, Esser G (1985) The attempt to simulate the global carbon flux from 1860 to 1981 using the Osnabrück Biosphere Model. In: Mitt. Geol.-Paläontolog. Inst. Univ. Hamburg, SCOPE/UNEP Sonderband, vol 58. University of Hamburg, Hamburg, pp 137–144

Lüthi D, Le M Floch, Bereiter B, Blunier T, Barnola JM, Siegenthaler U, Raynaud D, Jouzel J, Fischer H, Kawamura K, Stocker TF (2008) High-resolution carbon dioxide concentration record 650,000–800,000 years before present. Nature 453(7193):379–382

Maier-Reimer E, Bacastow R (1990) Modelling of geochemical tracers in the ocean. In: Schlesinger M (ed) Climate-Ocean Interaction. Kluwer Academic, Boston, pp 233–267

Maier-Reimer E, Hasselmann K (1987) Transport and storage of CO_2 in the ocean – an inorganic ocean-circulation carbon cycle model. Clim Dyn 2(2):63–90

Maier-Reimer E, Mikolajewicz U, Winguth A (1996) Future ocean uptake of CO_2 interaction between ocean circulation and biology. Clim Dyn 12(10):711–722

Müller J, Joos F (2020) Global peatland area and carbon dynamics from the last glacial maximum to the present – a process-based model investigation. Biogeosciences 17(21):5285–5308

Oeschger H, Heimann M (1983) Uncertainties of predictions of future atmospheric CO_2 concentrations. J Geophys Res Oceans 88(NC2):1258–1262

Oeschger H, Siegenthaler U, Schotterer U, Gugelmann A (1975) A box diffusion model to study the carbondioxide exchange in nature. Tellus B 17:168–192

Plass GN (1956) The carbon dioxide theory of climatic change. Tellus 8(2):140–154

Pongratz J, Reick CH, Raddatz T, Claussen M (2009) Effects of anthropogenic land cover change on the carbon cycle of the last millennium. Global Biogeochem Cycles 23(4):189

Prentice IC, Cramer W, Harrison SP, Leemans R, Monserud RA, Solomon AM (1992) A global biome model based on plant physiology and dominance, soil properties and climate. J Biogeogr 19, 117–134

Raddatz TJ, Reick CH, Knorr W, Kattge J, Roeckner E, Schnur R, Schnitzler KG, Wetzel P, Jungclaus J (2007) Will the tropical land biosphere dominate the climate–carbon cycle feedback during the twenty-first century. Clim Dyn 29(6):565–574

Rayner PJ (2001) Atmospheric perspectives on the ocean carbon cycle. In: Schulze ED, Heimann M, Harrison S, Holland E, Lloyd J, Prentice IC, Schimel D (eds) Global biogeochemical cycles in the climate system. Academic Press, San Diego, pp 285–294

Rayner PJ, O'Brien DM (2001) The utility of remotely sensed CO_2 concentration data in surface source inversions. Geophys Res Lett 28(1):175–178

Rayner PJ, Scholze M, Knorr W, Kaminski T, Giering R, Widmann H (2005) Two decades of terrestrial carbon fluxes from a carbon cycle data assimilation system (CCDAS). Global Biogeochem Cycles 19(2):n/a

Revelle R, Suess HE (1957) Carbon dioxide exchange between atmosphere and ocean and the question of an increase of atmospheric CO_2 during the past decades. Tellus 9(1):18–27

Roedenbeck C, Zaehle S, Keeling R, Heimann M (2018a) History of El Nino impacts on the global carbon cycle 1957-2017: a quantification from atmospheric CO_2 data. Philos Trans R Soc B Biol Sci 373(1760), 20170303

Roedenbeck C, Zaehle S, Keeling R, Heimann M (2018b) How does the terrestrial carbon exchange respond to inter-annual climatic variations? A quantification based on atmospheric CO_2 data. Biogeosciences 15(8):2481–2498

Roedenbeck C, Zaehle S, Keeling R, Heimann M (2020) The european carbon cycle response to heat and drought as seen from atmospheric co_2 data for 1999-2018. Philos Trans R Soc Lond B Biol Sci 375(1810):20190506

Schimel D, Alves AC De Oliveira, Enting IG, Heimann M, Joos F, Raynaud D, Wigley T, Prather M, Derwent RG, Ehhalt DH, Fraser P, Sanhueza E, Zhou XH, Jonas P, Charlson R, Rohde

H, Sadasivan S, Shine KP, Fouquart Y, Ramaswamy V, Solomon S, Srinivasan J, Albritton D, Isaksen ISA, Lal M, Wuebbles D (1996) Radiative forcing of climate change. In: Hougthon JT, Meira LG Filho, Callander BA, Kattenberg A, Maskell K (eds) Climate change 1995: the science of climate change. Cambridge University Press, Cambridge, pp 65–131

Schuermann GJ, Kaminski T, Koestler C, Carvalhais N, Vossbeck M, Kattge J, Giering R, Roedenbeck C, Heimann M, Zaehle S (2016) Constraining a land-surface model with multiple observations by application of the MPI-Carbon Cycle Data Assimilation System v1.0. Geosci Model Dev 9:2999–3026

Schuur EA, Abbott BW, Commane R, Ernakovich J, Euskirchen E, Hugelius G, Grosse G, Jones M, Koven C, Leshyk V, Lawrence D, Loranty MM, Mauritz M, Olefeldt D, Natali S, Rodenhizer H, Salmon V, Schädel C, Strauss J, Treat C, Turetsky M (2022) Permafrost and climate change: Carbon cycle feedbacks from the warming Arctic. Annu Rev Environ Resour 47(1):343–371

Sellers P, Randall D, Collatz G, Berry J, Field C, Dazlich D, Zhang C, Collelo G, Bounoua L (1996a) A revised land surface parameterization (SiB2) for atmospheric GCMs. Part I: Model formulation. J Clim 9(4):676–705

Sellers PJ, Tucker CJ, Collatz GJ, Los SO, Justice CO, Dazlich DA, Randall DA (1996b) A revised land surface parameterization (SiB2) for atmospheric GCMs. Part II: The generation of global fields of terrestrial biophysical parameters from satellite data. J Clim 9(4):706–737

Sellers PJ, Dickinson RE, Randall DA, Betts AK, Hall FG, Berry JA, Collatz GJ, Denning AS, Mooney HA, Nobre CA, Sato N, Field CB, Henderson-Sellers A (1997) Modeling the exchanges of energy, water, and carbon between continents and the atmosphere. Science 275(5299):502–509

Shine KP, Derwent RG, Wuebbles D, Morcrette JJ (1990) Radiative forcing of climate. In: Hougthon JT, Jenkins GJ, Ephraums JJ (eds) Climate change: The IPCC scientific assessment. Cambridge University Press, Cambridge, pp 41–68

Sitch S, Smith B, Prentice I, Arneth A, Bondeau A, Cramer W, Kaplan JO, Levis S, Lucht W, Sykes M, Thonicke K, Venevsky S (2003) Evaluation of ecosystem dynamics, plant geography and terrestrial carbon cycling in the LPJ dynamic global vegetation model. Global Change Biol 9(2):161–185

Stephens BB, Keeling RF, Heimann M, Six KD, Murnane R, Caldeira K (1998) Testing global ocean carbon cycle models using measurements of atmospheric O_2 and CO_2 concentration. Global Biogeochem Cycles 12(2):213–230

Tans P, Fung IY, Takahashi T (1990) Observational contrains on the global atmospheric CO_2 budget. Science 247(4949):1431–1438

Tyndall J (1861) The Bakerian Lecture: On the absorption and radiation of heat by gases and vapours, and on the physical connexion of radiation, absorption, and conduction. Philos Trans R Soc Lond 151:1–36

Walker AP, De Kauwe MG, Bastos A, Belmecheri S, Georgiou K, Keeling RF, McMahon SM, Medlyn BE, Moore DJP, Norby RJ, Zaehle S, Anderson-Teixeira KJ, Battipaglia G, Brienen RJW, Cabugao KG, Cailleret M, Campbell E, Canadell JG, Ciais P, Craig ME, Ellsworth DS, Farquhar GD, Fatichi S, Fisher JB, Frank DC, Graven H, Gu L, Haverd V, Heilman K, Heimann M, Hungate BA, Iversen CM, Joos F, Jiang M, Keenan TF, Knauer J, Körner C, Leshyk VO, Leuzinger S, Liu Y, MacBean N, Malhi Y, McVicar TR, Penuelas J, Pongratz J, Powell AS, Riutta T, Sabot MEB, Schleucher J, Sitch S, Smith WK, Sulman B, Taylor B, Terrer C, Torn MS, Treseder KK, Trugman AT, Trumbore SE, Mantgem PJ, Voelker SL, Whelan ME, Zuidema PA (2021) Integrating the evidence for a terrestrial carbon sink caused by increasing atmospheric CO_2. New Phytologist 229:2413

Woodwell G, Whittaker R, Reiners W, Likens G, Delwiche C, Botkin D (1978) The biota and the world carbon budget. Science 199(4325):141–146

Yokota T, Oguma H, Morino I, Higurashi A, Aoki T, Inoue G (2004) Test measurements by a BBM of the nadir-looking SWIR FTS aboard GOSAT to monitor CO_2 column density from space. In: Tsay SC, Yokota T, Ahn MH (eds) Passive optical remote sensing of the atmosphere and clouds IV, SPIE, p 19

Zaehle S (2013) Terrestrial nitrogen – carbon cycle interactions at the global scale. Philos Trans R Soc B-Biol Sci 368:20130125. https://doi.org/10.1098/rstb.2013.0125

Kapitel 4
Mehrfache Gleichgewichte in Klimamodellen

Martin Claussen, Hans von Storch, Martin Heimann, Robert Sausen und Eduardo Zorita

Zusammenfassung In den 1960er und 1970er Jahren wurde die Dynamik des globalen Klimasystems mithilfe von Modellen untersucht, die einen hohen Grad an Idealisierung aufwiesen. In seinem bahnbrechenden Artikel in Tellus im Jahr 1976 stellte Klaus Hasselmann die Frage, ob diese Modelle nur deshalb abrupte Übergänge zeigten, weil sie die Dynamik des Klimasystems zu stark vereinfachten und die natürliche Klimavariabilität nicht abbildeten. In diesem Kapitel wird Hasselmanns Annahme daher erneut überprüft. Zu diesem Zweck werden drei Beispiele für multiple Gleichgewichtszustände und schnelle Übergänge im Klimasystem diskutiert: Snowball Earth, die atlantische meridionale Umwälzzirkulation und die Wechselwirkung zwischen Klima und Vegetation. Die Diskussion dieser Beispiele beginnt mit Vorhersagen aus idealisierten Modellen, gefolgt von Hinweisen auf abrupte Übergänge, die in paläoklimatischen Proxydaten gefunden wurden und die Suche nach instabilen Rückkopplungen mithilfe komplexer Modelle anregten. Klimawissenschaftler, die in Hamburg tätig waren, haben zu all diesen Beispielen bedeutende Beiträge geleistet.

4.1 Instabile Rückkopplungsmodelle – nur ein Artefakt?

In seiner bahnbrechenden Arbeit über stochastische Klimamodelle schrieb Klaus Hasselmann (1976): *Ein grundlegendes Problem instabiler Rückkopplungsmodelle (abgesehen von – oder möglicherweise gerade wegen – ihrem hohen Grad an Idealisierung) besteht darin, dass sie Klimaschwankungen als Flip-Flop-Übergänge vorhersagen und daher das beobachtete kontinuierliche Spektrum der Klimavariabilität nicht reproduzieren können.* Zu der Zeit, als Hasselmann diese Aussage traf, waren die meisten Modelle zur Untersuchung der Dynamik des globalen Klimasystems stark vereinfachte, sogenannte Energiebilanzmodelle (siehe unten). Diese Modelle zeigten keine freie Klimavariabilität, es sei denn, es wurde ein stochastisches Rauschen als Ersatz für Wettervariabilität vorgegeben. Würden dann im Umkehrschluss komplexe Modelle mit geringem Idealisierungsgrad, auch *quasi-realistische Modelle* genannt, die eine mehr oder weniger realistische

H. von Storch et al., *Klimawissenschaftliche Konzepte aus Hamburg*,
https://doi.org/10.1007/978-3-032-04674-1_4

Wetter- und Klimavariabilität abbilden, keine Flip-Flop-Übergänge oder Mehrfachgleichgewichtslösungen für denselben Klimazustand zeigen? Diese Frage, die Klimamodellierer seither beschäftigt (Valdes 2011), wird in diesem Kapitel untersucht.

Ende der 1970er und Anfang der 1980er Jahre verfolgte Hasselmann gemeinsam mit Günter Fischer, Professor für Theoretische Meteorologie, und Jürgen Sündermann, Professor für Ozeanographie an der Universität Hamburg, die Entwicklung komplexer, quasi-realistischer Modelle an seinem Institut weiter (siehe Kap. 1).[1] Einige Beiträge zum Thema Mehrfachgleichgewichte und Flip-Flop-Übergänge in komplexen Modellen, die international Beachtung fanden, stammen von Wissenschaftlerinnen und Wissenschaftlern aus Hamburg und werden im Folgenden hervorgehoben.

Das Kapitel konzentriert sich auf drei Fallbeispiele. Zunächst werden Mehrfachgleichgewichte im Zusammenhang mit extremen globalen Temperaturübergängen diskutiert, die zu einem Wechsel zwischen einer vollständig vereisten Erde und einer Erde ohne Eisschilde führen. Das zweite Beispiel beleuchtet Mehrfachgleichgewichte und schnelle Übergänge in der ozeanischen Zirkulation, insbesondere der Atlantischen Umwälzzirkulation (AMOC). Das dritte Beispiel fokussiert auf Mehrfachgleichgewichte im Zusammenhang mit Klima-Vegetations-Interaktionen. Alle Beispiele folgen demselben Aufbau: Sie beginnen mit Vorhersagen durch Modelle geringer Komplexität, diskutieren kurz paläoklimatische Belege für Flip-Flop-Übergänge in der Natur und richten den Fokus dann auf erste Versuche mit quasi-realistischen Modellen. Für jedes Beispiel wird am Ende ein kurzer Ausblick auf die weitere Entwicklung gegeben.

4.2 Schneeball-Erde

Wahrscheinlich unabhängig voneinander entwickelten Michail Budyko (1969) und William Sellers (1969) stark idealisierte Modelle der Energiebilanz des Erdklimas, um den Ursprung der quartären Eiszeitzyklen zu verstehen. In ihren Modellen wurde die über einen Zonengürtel zwischen zwei Breitengraden gemittelte Temperatur T auf Grundlage der Energieerhaltung berechnet durch:

$$c\frac{\partial T}{\partial t} = Q(1-\alpha(T)) - I(T) + A(T - T_p) \tag{4.1}$$

[1] Persönlich angemerkt: Als ich 1985 meine Postdoc-Stelle in der Arbeitsgruppe von Klaus Hasselmann verließ, fragte mich Klaus Hasselmann nach meinen Forschungsplänen. Ich antwortete, dass ich versuchen würde, die Idee stochastischer Klimamodelle auf atmosphärische Grenzschichtströmungen über zufällig variierenden, heterogenen Oberflächen anzuwenden. Klaus Hasselmann schlug vor, ich solle mich lieber der komplexen Modellierung widmen, um das Problem realistischer anzugehen – ein Ratschlag, dem ich gefolgt bin.

wobei c die spezifische Wärmekapazität der relevanten Klimakomponenten ist, Q die netto, jahreszeitlich gemittelte Einstrahlung an einem bestimmten Breitengrad. α ist die Albedo, also das Verhältnis der einfallenden zur ausgehenden Sonnenstrahlung am oberen Rand der Atmosphäre. I ist die ausgehende Wärmestrahlung von Oberfläche und Atmosphäre, und A bezeichnet die Konvergenz des meridionalen Wärmetransports zwischen zwei Breitengürteln. Die Albedo α wird als temperaturabhängig angenommen; bei hohen Temperaturen, also in einem warmen Breitengürtel, wird angenommen, dass die Erdoberfläche eisfrei ist. Die Albedo ist dann gering. Umgekehrt ist bei niedrigen Temperaturen die Albedo hoch, und die einfallende Sonnenstrahlung wird stärker reflektiert als in einem Breitengürtel mit niedrigem Albedo. Diese Abhängigkeit $\alpha(T)$ ist der entscheidende Eis-Albedo-Effekt, der ein stark nichtlineares Verhalten des Modellsystems auslöst. Der Einfachheit halber wird der Advektionsterm A des Wärmetransports als Funktion der lokalen Temperatur T und der planetaren bzw. global gemittelten Temperatur T_p angenommen: $A \sim (T - T_p)$; hat ein Breitengürtel eine höhere Temperatur als der globale Mittelwert, so wird Wärme in andere Breitengürtel transportiert und *vice versa*. Im globalen Mittel verschwindet der Wärmetransport zwischen den Breitengürteln. Die stationäre planetare Temperatur T_p ist dann eine Funktion der global gemittelten Einstrahlung, der Albedos und der Wärmestrahlung.

$$0 = Q_p(1 - \alpha(T_p)) - I(T_p) \tag{4.2}$$

Budyko (1969) und Sellers (1969) entdeckten eine kritische Schwelle – heute griffiger als *Kipppunkt*[2] bezeichnet – im Bereich der Insolation um $\Delta Q_p/Q_p \approx -0{,}015$, jenseits derer die Erde vollständig vereisen würde (siehe Abb. 4.1). Weitere Analysen zeigen, dass aufgrund des nichtlinearen Eis-Albedo-Rückkopplungseffekts mehrere Gleichgewichtszustände der planetaren Temperatur T_p existieren, zwischen denen T_p springt, wenn eine Erhöhung oder Verringerung von Q bestimmte Schwellenwerte überschreitet.

Damals bezeichnete Budyko (1969) dieses Verhalten als *Klimakatastrophe*. Er schrieb: *Aus dieser Sicht erscheint die Quartärgeschichte der Erde als eine Periode einer heraufziehenden Klimakatastrophe, durch die die Existenz höherer Lebensformen auf unserem Planeten ausgelöscht werden könnte.* Andererseits waren sich Budyko und Sellers der möglichen Einwirkung des Menschen auf das Klimasystem durchaus bewusst. Sellers (1969) bemerkte: *So sollte die menschliche Aktivität, wenn sie unvermindert anhält, schließlich zur Beseitigung der Eiskappen führen … es ist unmöglich zu sagen, wie lange es dauern wird, bis diese Erwärmung eintritt – möglicherweise nur 100 Jahre oder auch bis zu 1000 Jahre.*

Der Begriff *Klimakatastrophe* wird allgemein, insbesondere in den Medien, als Katastrophe für die Menschheit verstanden. In der Wissenschaft bezieht sich

[2] Der Begriff Kipppunkt wurde Ende der 1950er Jahre in soziologischen Studien geprägt. Der eigentliche Durchbruch des Begriffs erfolgte mit der Veröffentlichung von Malcolm Gladwells Buch „The Tipping Point – How Little Things Can Make a Big Difference". In die Klimawissenschaft hielt der Begriff Anfang der 2000er Jahre Einzug (Van Nes et al. 2016).

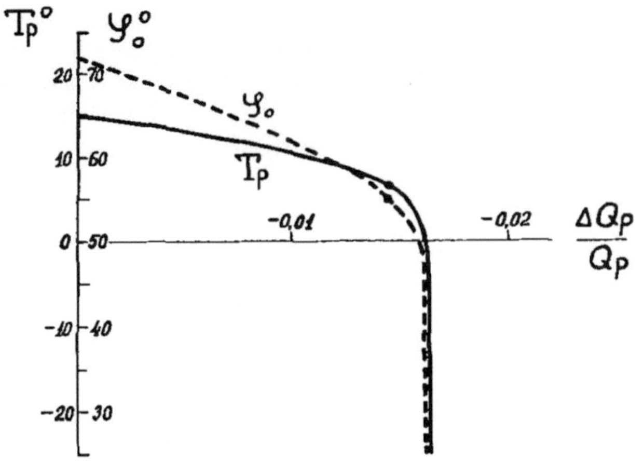

Abb. 4.1 Abhängigkeit der Erdtemperatur T_p und der Eisrandlage ϕ_o von kleinen, negativen Schwankungen ΔQ_p der planetaren Einstrahlung Q_p. Mit abnehmender Einstrahlung sinkt die planetare Temperatur T_p (vertikale Achse, linke Skala in Grad Celsius) und die Eisrandlage ϕ_o (vertikale Achse, rechte Skala in Grad nördlicher Breite) verschiebt sich nach Süden, bis eine Schwelle in $\Delta Q_p/Q_p$ überschritten wird und die Temperatur abrupt abfällt, während die Eisrandlage rasch in Richtung Äquator wandert. Die Abbildung wurde mit freundlicher Genehmigung von *Tellus A* aus Budyko (1969) übernommen.

der Begriff auf die mathematische Katastrophentheorie, die in den 1960er Jahren von René Thom, Vladimir Arnold und anderen entwickelt wurde. Klaus Fraedrich, Professor für theoretische Meteorologie in Berlin und später in Hamburg, untersuchte diese Art von schnellen Veränderungen im Energiehaushalt der Erde weiter, indem er die Wärmestrahlung $I(T, CO_2)$ nicht nur von der Temperatur T – und damit von einem variablen Treibhauseffekt durch Wasserdampf, der wiederum implizit temperaturabhängig ist – abhängig machte, sondern auch von der CO_2-Konzentration in der Atmosphäre, dem sogenannten *trockenen Treibhauseffekt* (Fraedrich 1979).

Peter Lemke, Doktorand in Hasselmanns Abteilung, nutzte Energiehaushaltsmodelle vom Budyko-Sellers-Typ, um den Einfluss von Wetterrauschen auf das Spektrum der Temperaturvariabilität im dekadischen bis multi-millennaren Bereich zu untersuchen (Lemke 1977) (siehe auch Abschn. 2.2.2). Er ergänzte die Energiebilanz um einen Term mit vorgegebenem stochastischem Rauschen S':

$$c\frac{\partial T}{\partial t} = \langle Q(1-\alpha(T))\rangle - \langle I(T)\rangle + \langle A(T, T_p)\rangle + S' \tag{4.3}$$

Damit ist die Temperatur T keine deterministische Variable wie in den Modellen von Budyko und Sellers, sondern eine zufällig schwankende Größe. Lemke (1977) stellte fest, dass sein stochastisches Energiebilanzmodell die rekonstruierten Spektren von T erklären konnte. Darüber hinaus zeigte er, dass sein Modell eine ähnliche Sensitivität von T_p gegenüber kleinen Störungen ΔQ_p in der Einstrahlung aufweist, wie sie auch in den Modellen von Budyko und Sellers beobachtet wird.

Insbesondere existierte ein kritischer Wert des Eis-Albedo-Rückkopplungseffekts, jenseits dessen die spektrale Antwort unendlich wird. Dies war der erste Hinweis darauf, dass Flip-Flop-Übergänge nicht nur ein Artefakt deterministischer Energiebilanzmodelle sind. Da jedoch das stochastische Wetterrauschen vorgegeben werden musste, blieb offen, ob Lemkes Modell nicht doch zu einfach war, um den Flip-Flop-Übergang als Modellartefakt auszuschließen.

Basierend auf einer Idee von Grath Paltridge (1975) erhöhte Hartmut Grassl (1981) die Komplexität der Energiebilanzmodelle, indem er den Advektionsterm A in Gl. (4.1) mit der Entropieänderung $Q/T_{sun}(1-\alpha)+I/T$ im Klimasystem verknüpfte (T_{sun} ist die Temperatur der Photosphäre der Sonne). Grassl stellte fest, dass *die resultierenden Sensitivitäten teilweise mit denen ähnlicher Energiebilanz-Klimamodelle übereinstimmen, teilweise aber auch abweichen. Die Abweichung ist besonders groß, wenn ein Eis-Albedo-Rückkopplungseffekt berücksichtigt wird. Der Rückkopplungseffekt wird stark abgeschwächt, da sich die Wolkenbedeckung in hohen Breiten gegenläufig auswirkt.* Diese Aussage legt nahe, dass Flip-Flop-Übergänge mit zunehmender Modellkomplexität verschwinden könnten.

Der erste Versuch, die Sensitivität des Klimas gegenüber Änderungen der Sonneneinstrahlung in einem komplexen numerischen Modell zu untersuchen, wurde 1975 von Richard Wetherald und Syukuro Manabe unternommen (Wetherald und Manabe 1975). Das numerische Modell umfasste einen begrenzten Bereich von 60° Längengraden mit periodischen Randbedingungen und einer stark idealisierten Topographie. Ein ozeanischer Wärmetransport wurde nicht berücksichtigt, und die Wolkenbedeckung war fest vorgegeben. Wetherald und Manabe stellten eine hohe Sensitivität des modellierten hydrologischen Kreislaufs gegenüber einer kleinen Störung der Einstrahlung fest, beobachteten jedoch keinen raschen Übergang zu einer sehr kalten Erde, selbst wenn die Einstrahlung um $\Delta Q_p/Q_p \approx -0{,}4$ gesenkt wurde – eine deutlich größere Störung als die von Budyko (1969) gefundene kritische Schwelle der Einstrahlung. Allerdings untersuchten Wetherald und Manabe (1975) die Dynamik einer *White Earth-Lösung*. Sie initialisierten ihr Modell mit einer hohen planetaren Albedo von $\alpha_p = 0{,}7$ und einer isothermen Atmosphäre bei einer Temperatur von $T = 222\,\mathrm{K}$. Sie beobachteten, dass ihr Modell auf einem sehr niedrigen Temperaturniveau verharrte, und schlossen daraus, dass die White Earth-Lösung ein alternativer Klimazustand unter heutiger Sonneneinstrahlung sein könnte.

Die Forschung gewann an Dynamik, als Geologinnen und Geologen eindeutige Hinweise auf eine globale Vereisung der Erde, die sogenannte *Snowball Earth,* veröffentlichten (z. B. Kirschvink 1992; Hoffman und Schrag 2002). Heute wissen wir, dass die Erde vor mehreren hundert Millionen Jahren mindestens zweimal – zwischen 710 und 660 Millionen Jahren sowie zwischen 645 und 635 Millionen Jahren – vollständig oder nahezu vollständig von Eis und Schnee bedeckt war. Die ältere und längere Snowball-Phase wird als *Sturtium* bezeichnet, die spätere, kürzere als *Marinoikum,* benannt nach der Sturt Gorge und den Marino Rocks bei Adelaide, Südaustralien, wo erstmals Hinweise auf eine Vereisung tropischer Regionen gefunden wurden. Eine aktuelle Übersicht findet sich bei Hoffman et al. (2017).

Das interessanteste Merkmal in den geologischen Archiven schienen die scharfen Grenzen zwischen extrem kaltem und extrem heißem Klima zu sein. Offensichtlich waren extreme und geologisch abrupte Flip-Flop-Übergänge der planetaren Temperatur nicht nur ein theoretisches Konstrukt einfacher Klimamodelle, sondern traten vermutlich tatsächlich auf. Der Flip-Flop-Übergang wurde auf das Zusammenspiel von Verwitterung von CO_2 an Silikatgesteinen und Ausgasung von CO_2 durch vulkanische Aktivität zurückgeführt. Es wurde angenommen, dass eine Änderung der Kontinentalkonfiguration – vermutlich der Zerfall des frühen Superkontinents Rodinia in kleinere, äquatornahe Kontinente – die Verwitterung von CO_2 so stark erhöht haben könnte, dass die CO_2-Konzentration drastisch abgenommen hätte. Diese Störung des Energiehaushalts des Erdklimas könnte innerhalb weniger tausend Jahre einen raschen Übergang in eine Snowball Earth ausgelöst haben – im Vergleich zur Zeitskala der Verwitterung von CO_2 von etwa hunderttausend Jahren sicherlich abrupt. Nach vollständiger Vereisung wäre der hydrologische Kreislauf der Erde zusammengebrochen, und jegliche Verwitterung von CO_2 hätte aufgehört. Nur die kontinuierliche Ausgasung von CO_2 aus dem Erdinneren hätte weiter stattgefunden, sodass schließlich – nach mehreren Millionen Jahren – die Snowball Earth innerhalb weniger tausend Jahre durch einen Super-Treibhauseffekt infolge der extrem hohen CO_2-Konzentration in der Atmosphäre wieder abschmolz.

Dieses geologische Konzept lässt sich anschaulich darstellen, indem ein einfaches dynamisches System definiert wird, in dem die Veränderung der atmosphärischen CO_2-Konzentration in der Luft von einer (der Einfachheit halber) konstanten vulkanischen Ausgasung sowie einem Kohlenstofffluss durch Verwitterung von Silikatgesteinen abhängt, der wiederum von CO_2 und der planetaren Temperatur beeinflusst wird. Letztere wiederum wird durch die Energiebilanz der Erde bestimmt, wie in Gl. (4.2) definiert. Auch hier wird angenommen, dass die planetare Albedo von der planetaren Temperatur $\alpha_p = \alpha_p(T_P)$ abhängt und die ausgehende Wärmestrahlung $I = I(T_p, CO_2)$ eine Funktion der Temperatur T_p und der CO_2-Konzentration ist, wie auch im Modell von Fraedrich (Fraedrich 1979). Bei entsprechender Parametrierung erzeugt dieses einfache Modell sogenannte Snowball-Earth-Flip-Flop-Übergänge, wie in Abb. 4.2 dargestellt. Die Ergebnisse der Simulationen hängen jedoch selbstverständlich von zahlreichen Parametern ab, insbesondere von der vorgegebenen Albedo-Parametrisierung. Daher dient dieses einfache Modell eher als Konzeptnachweis denn als realistische Beschreibung der Sturtischen und Marinoischen Snowball-Earth-Ereignisse.

Durch den Einsatz von Modellen mittlerer Komplexität, entweder zonal-symmetrischer Modelle (Stone und Yao 2004), des zweidimensionalen Modells CLIMBER (Donnadieu et al. 2004) oder eines vereinfachten Erdsystemmodells (Lucarini et al. 2010), wurden weitere Versuche unternommen, die Dynamik oder die Gleichgewichtszustände der Snowball-Earth zu untersuchen. Marotzke und Botzet (2007) waren die Ersten, die die Sensitivität eines quasi-realistischen Modells gegenüber extremen Änderungen der Solarkonstanten testeten, indem sie eine frühe Version des MPI-ESM (Max-Planck-Institut – Erdsystemmodell) verwendeten. Marotzke und Botzet (2007) stellten fest, dass bei nahezu vollständigem Abschalten des solaren Energieflusses das Modell einen raschen

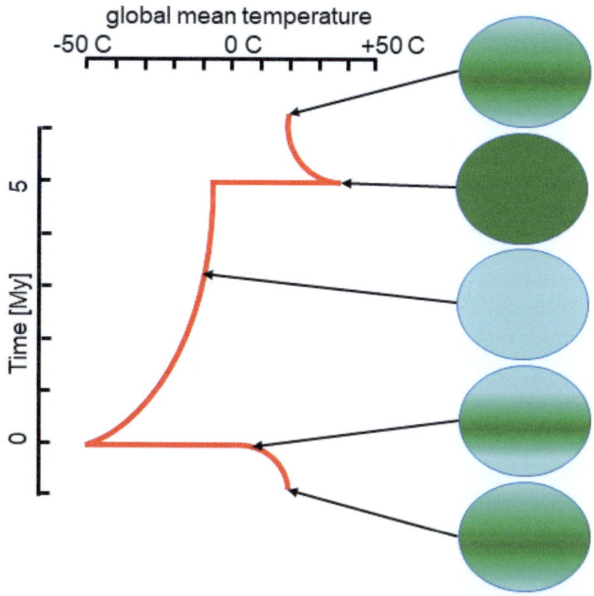

Abb. 4.2 Skizze der Ergebnisse eines deterministischen, null-dimensionalen Energiebilanzmodells, d. h. eines Modells ohne Klimarauschen, gekoppelt mit einem einfachen globalen Kohlenstoffkreislaufmodell, das die Temperatur einer Snowball Earth simuliert (rote Kurve, Zeitachse nach oben verlaufend). Die Eisbedeckung ist rechts skizziert; eine vollständig grüne Kugel steht für eine eisfreie Erde, eine hellblaue Kugel für eine vollständig vergletscherte Erde. Teilweise Vergletscherung wird durch grün-blaue Streifen angezeigt. Die Skizze ist nach Hoffman und Schrag (2002) mit Modifikationen angepasst.

Übergang in einen Zustand mit weltweit unter dem Gefrierpunkt liegenden Oberflächentemperaturen und einem global vollständig von Meereis bedeckten Ozean innerhalb von etwa 19 Jahren prognostiziert. Das ist natürlich keine Überraschung, sondern ein Beweis für ein gut funktionierendes Klimasystemmodell, das mit extremen Randbedingungen umgehen kann. Die Autoren versuchten, die modellierte Snowball Earth durch erneutes Einschalten der Sonne aus ihrem gefrorenen Zustand zu befreien. Doch wie bereits von Wetherald und Manabe (1975) vermutet, erwies sich der Snowball-Zustand in diesem MPI-ESM als stabiles Klima-Gleichgewicht (siehe Abb. 4.3). Selbst ein vorgegebener Anstieg des atmosphärischen CO_2 auf das Zehnfache des heutigen Wertes ließ die simulierte Snowball Earth nicht abschmelzen. Eine rasche Rückkehr zu einer grünen Erde innerhalb weniger Simulationsjahre trat erst ein, als die CO_2-Konzentration auf das Hundertfache des heutigen Wertes gesetzt wurde. Diese Simulation beantwortete eindeutig die Frage, dass auch quasi-realistische Klimamodelle multiple Snowball-Zustände und abrupte Übergänge zwischen Zuständen erzeugen können.

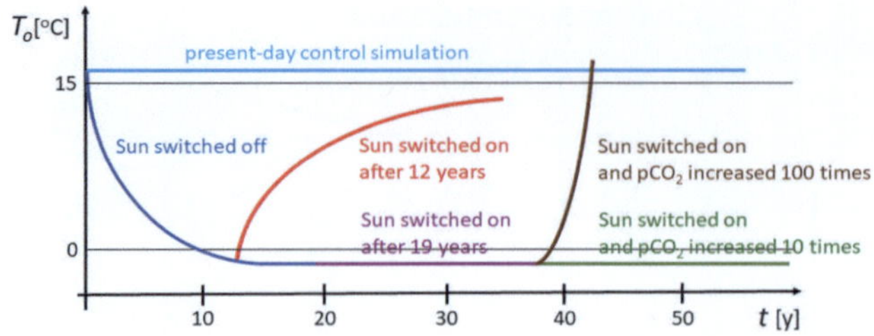

Abb. 4.3 Skizze der Zeitreihe der simulierten globalen mittleren Ozeantemperatur in 30 m Tiefe. Hellblau zeigt die Kontrollsimulation des heutigen Klimas, Dunkelblau: Die Solarkonstante wird auf 0,1 Promille ihres heutigen Wertes von $S_0 = 1365$ W/m^2 reduziert, Magenta: Nach 19 Jahren stark reduzierter Solarkonstante wird die Solarkonstante für das erste Jahr auf 682,5 W/m^2 und danach auf 1365 W/m^2 erhöht, Rot: Die Solarkonstante wird bereits nach 12 Jahren auf ihren heutigen Wert S_0 gesetzt, Braun: Nach 15 Jahren im Snowball-Earth-Zustand wird die CO_2-Konzentration auf das Hundertfache des heutigen Wertes gesetzt, Grün: wie Braun, aber die CO_2 -Konzentration wird nur auf das Zehnfache des heutigen Wertes gesetzt. Diese Skizze ist einer Abbildung aus Marotzke und Botzet (2007) entnommen. Bitte beachten Sie, dass es sich hierbei lediglich um eine Skizze der Originalabbildung handelt. Die Originalabbildung zeigt zudem die Temperaturschwankungen.

Die Geschichte geht weiter. Die Studie von Marotzke und Botzet (2007) löste eine Reihe von Folgeuntersuchungen mit weiterentwickelten Versionen des MPI-ESM (z. B. Voigt et al. 2011; Voigt und Abbot 2012) sowie mit einer neueren Modellgeneration, dem ICON-ESM (z. B. Ramme und Marotzke 2022), aus. Besonders bemerkenswert ist die Studie von Ramme und Marotzke (2022), da hier erstmals ein vollständiger Snowball-Earth-Zyklus – wenn auch nur mit dynamischem Meereis, aber ohne dynamische Eisschilde – simuliert wurde. Die Studie konzentriert sich auf den Einfluss der ozeanischen Zirkulation und der marinen Biogeochemie auf den Übergang von der marinoischen Snowball Earth in den nachfolgenden Super-Treibhaus-Zustand. Damit lieferten die Autoren physikalisch und chemisch konsistente Randbedingungen, innerhalb derer geologische Befunde interpretiert werden müssen. Offensichtlich sind Klimamodelle längst nicht mehr nur zur Untersuchung langfristiger Gleichgewichtsreaktionen des Klimas auf vorgegebene Störungen geeignet, wie es Hoffman et al. (2017) annahmen, sondern auch zur Erforschung von Klimaübergängen im Jahrtausendmaßstab und großskaligen Extremereignissen. Und die Geschichte geht weiter. Einige Klimamodelle mittlerer Komplexität (z. B. Calov et al. 2005) oder hoher Komplexität (z. B. Vizcaíno et al. 2008) zeigen multiple Klimazustände einschließlich dynamischer Inlandeisschilde. Es ist daher denkbar, dass die realistische Dynamik der Snowball Earth bald in ihrer ganzen Komplexität numerisch untersucht werden kann.

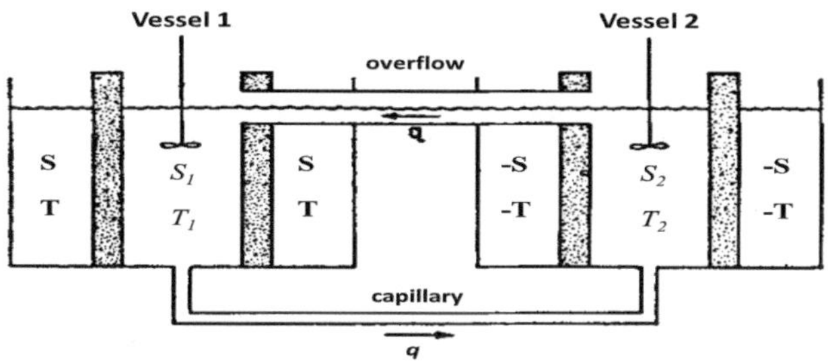

Abb. 4.4 Aufbau des Zwei-Gefäße-Experiments nach Stommel (1961). Zwei Gefäße, die eine Flüssigkeit mit Temperatur und Salzgehalt T_1, S_1 und T_2, S_2 enthalten, sind in äußere Gefäße mit konstanten Temperaturen **T, S** und **−T, −S** eingebettet. Die inneren und äußeren Gefäße sind durch poröse Wände voneinander getrennt. Aufgrund der Temperatur- und Salzgehaltsunterschiede zwischen den inneren Gefäßen wird ein kapillarer Fluss q induziert. Die Flüssigkeit in den inneren Gefäßen wird gerührt, um innerhalb jedes inneren Gefäßes eine homogene Temperatur und Salinität zu gewährleisten. Diese Abbildung wurde mit Änderungen aus Stommel (1961) mit Genehmigung von *Tellus A* übernommen.

4.3 Atlantische meridionale Umwälzzirkulation

Dieser Abschnitt beginnt ebenfalls mit einer Prognose. Stommel (1961) untersuchte die Zirkulation von Wasser zwischen zwei verbundenen Gefäßen. Jedes Gefäß befindet sich in einem größeren Behälter mit konstanter, aber unterschiedlicher Temperatur $\mathbf{T}, -\mathbf{T}$ und Salinität $\mathbf{S}, -\mathbf{S}$ (siehe Abb. 4.4). Durch poröse Wände können Temperatur und Salzgehalt aus den äußeren Gefäßen in das Wasser der verbundenen Gefäße diffundieren. Die Temperatur und der Salzgehalt der inneren, verbundenen Gefäße (Gefäß 1 und Gefäß 2) werden mit T_1, T_2 und S_1, S_2 bezeichnet. Das Wasser in den inneren Gefäßen wird gerührt, um eine homogene Temperatur und Salinität in den jeweiligen Gefäßen aufrechtzuerhalten. Stommel konzentrierte sich auf symmetrische Formen des Problems und nahm daher an, dass $T_1 = T, T_2 = -T$ und $S_1 = S, S_2 = -S$ gelten. Aufgrund der Temperatur- und Salzunterschiede zwischen den inneren Gefäßen existiert ein Wasserfluss q, der durch die Erhaltung von Wärme und Masse beschrieben wird:

$$\frac{dT}{dt} = c(T - \mathbf{T})) - |2q|T \tag{4.4}$$

$$\frac{dS}{dt} = d(S - \mathbf{S})) - |2q|S \tag{4.5}$$

wobei c und d die Übertragungskoeffizienten für Wärme bzw. Salz sind.

Dieses numerische Experiment zeigte drei Gleichgewichtszustände: Zwei Zustände (in Abb. 4.5 mit **a** und **c** bezeichnet) wirken als Attraktoren, während der Zustand (**b**) ein Repellor ist. Stommel (1961) stellte fest, dass der Massenfluss q *manchmal in zwei verschiedenen stabilen Regimen auftritt und möglicherweise bestimmten Eigenschaften der ozeanischen Zirkulation analog ist.*

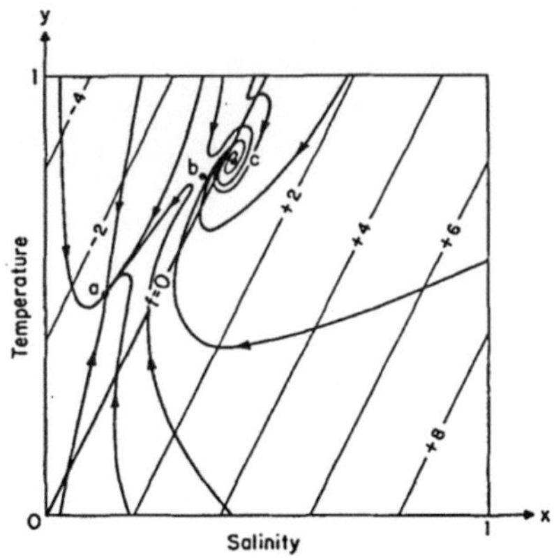

Abb. 4.5 Phasendiagramm des Zwei-Gefäße-Problems nach Stommel (1961). Die y-Achse zeigt eine dimensionslose Temperatur, die x-Achse eine dimensionslose Salinität. Einige Integralkurven sind skizziert, um die Dynamik und insbesondere verschiedene Gleichgewichtszustände darzustellen: einen stabilen Fixpunkt **a**, einen instabilen (Sattel-)Knoten **b** und einen stabilen Spiralpunkt **c**. Diese Abbildung wurde mit Genehmigung von *Tellus A* aus Stommel (1961) übernommen.

Wie im Fall der Snowball Earth zog Stommels Vorhersage großes Interesse von Klimamodellierern auf sich, als Hans Oeschger (Siegenthaler et al. 1984) und Willy Dansgaard (Dansgaard et al. 1982) rasche Temperaturschwankungen im Gerzensee in der Schweiz sowie in einem Eiskern aus Grönland entdeckten. Weitere Hinweise auf mehrere schnelle Übergänge zwischen relativ warmen Phasen (sogenannte Interstadiale) und relativ kalten Phasen (sogenannte Stadiale) in Grönland während des letzten glazialen Zyklus wurden gefunden (z. B. Grootes et al. 1993). Die Spuren von Stadialen und Interstadialen lassen sich nicht nur in grönländischen Eiskernen, sondern in den meisten Paläoklima-Archiven der Nordhalbkugel und der südlichen Tropen nachweisen, siehe Voelker et al. (2002). Aufgrund ihrer Bedeutung werden die Interstadiale heute als Dansgaard-Oeschger-Ereignisse bezeichnet. Einige der extremen Kälteereignisse stehen im Zusammenhang mit großen Kalbungsereignissen von Eisbergen aus den Eisschilden Nordamerikas. Die Eisberge transportierten große Mengen an Gesteinsschutt, der in marinen Sedimenten im östlichen Atlantik von Hartmut Heinrich nachgewiesen wurde. Die Entdeckung der heute sogenannten „Heinrich-Ereignisse" ist ein weiterer bedeutender Beitrag eines Wissenschaftlers aus Hamburg (siehe Abschn. 7.3).

Als die ersten Hinweise auf rasche Temperaturänderungen in den grönländischen Eiskernen entdeckt wurden, vermuteten Klimaforscher, dass diese in irgendeiner Weise mit einer Instabilität der thermohalinen Zirkulation im Atlantik zusammenhängen könnten. *Verfügt das Ozean-Atmosphäre-System über mehr als einen stabilen Betriebsmodus?* fragten Wallace Broecker, Dorothy Peteet und David Rind (1985), was eine Reihe von Studien mit Modellen mittlerer Komplexität anregte (z. B. Marotzke et al. 1988).

Die Suche nach mehreren Zuständen in den komplexen numerischen Modellen der globalen Ozeanzirkulation begann ebenfalls in den 1980er Jahren. Bryan (1986) verwendete ein Modell mit idealisierter Ozeanbecken-Geometrie. Das Becken umfasste einen 60 ° breiten Sektor der Kugel, der sich von Pol zu Pol erstreckte, mit flachem Boden in 5 km Tiefe und ohne Meereis. Frank Bryan fand Gleichgewichtszustände der thermohalinen Zirkulation, die je nach anfänglicher Störung der Salzverteilung symmetrisch oder asymmetrisch zum Äquator waren. Unabhängig voneinander gingen Manabe und Stouffer (1988) sowie Maier-Reimer und Mikolajewicz (1989) das Problem erstmals mit quasi-realistischen Zirkulationsmodellen an. Manabe und Stouffer koppelte Atmosphären- und Ozeanzirkulationsmodelle, wobei eine Flusskorrektur verwendet wurde, um ein Abdriften des gekoppelten Modells in unrealistische Zustände zu verhindern. Die Ergebnisse ihrer Simulationen zeigen zwei deutlich stabile Gleichgewichtszustände: einen mit einer starken AMOC (Atlantische meridionale Umwälzzirkulation) und einen ohne großskalige AMOC, sondern nur mit einer sehr schwachen AMOC im nördlichen tropischen Atlantik.

Maier-Reimer und Mikolajewicz (1989) (eine ausführlichere Diskussion findet sich bei Maier-Reimer et al. 1993) untersuchten die Sensitivität ihres komplexen Ozeanzirkulationsmodells gegenüber kleinen Störungen des Süßwasserflusses an verschiedenen Orten der nordamerikanischen Atlantikküste. Je nach Ort und Menge des in den Nordatlantik eingebrachten Süßwassers fanden sie entweder eine marginale Reaktion oder einen raschen Übergang in einen neuen Zustand, wie am meridionalen Wärmetransport des Nordatlantiks zu erkennen ist (siehe Abb. 4.6). Bemerkenswert ist, dass das Ozeanmodell von Maier-Reimer und Mikolajewicz (1989) eine realistische Reaktion der AMOC auf Süßwasserstörungen zu zeigen

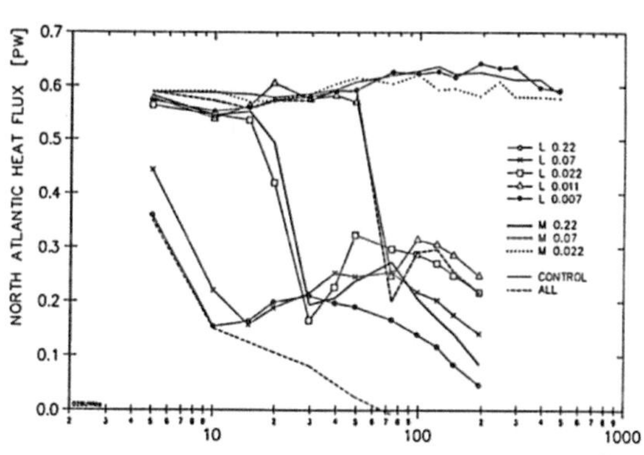

Abb. 4.6 Simulierte Zeitreihen des nordatlantischen Wärmetransports in sogenannten „Water Hosing"-Experimenten. *L* und *M* bezeichnen die Einleitung von Süßwasser am Sankt-Lorenz-Strom bzw. am Mississippi. Die Zahlen geben die Stärke des Süßwassereintrags in Sverdrup an $[10^6\ m^3/s]$. „All" bezeichnet das Experiment mit dem sechsfachen mittleren Entfestigungswert. Die Abbildung stammt aus Maier-Reimer und Mikolajewicz (1989) (Copyright Max-Planck-Institut für Meteorologie, Hamburg)

scheint, wenn man ihre Experimente mit Schätzungen aus paläoklimatischen Rekonstruktionen der sogenannten Jüngeren Dryas vergleicht. Letzteres Ereignis war eine Kälteperiode zwischen etwa 12.900 und 11.700 Jahren vor heute, also vor Beginn der aktuellen Warmzeit, des Holozäns. Die von Valdes (2011) aufgestellte These, dass komplexe, quasi-realistische Modelle auf Stabilität ausgelegt seien und zu unempfindlich auf realistische Störungen des Systems reagieren, scheint für das Ozeanmodell von Maier-Reimer und Mikolajewicz (1989) nicht zuzutreffen.

Die Geschichte geht weiter. Weitere Studien mit quasi-realistischen Modellen widmen sich der Frage nach schnellen Umstrukturierungen der AMOC (z. B. Liu et al. 2009; Kapsch et al. 2022). Einige Modelle beziehen sogar die Eisschilddynamik ein, um die Wechselwirkungen zwischen Eisschilden, Ozeanzirkulation und Klima während Heinrich-Ereignissen zu untersuchen, beispielsweise Ziemen et al. (2019).

4.4 Klima-Vegetations-Interaktion

Das dritte Beispiel beginnt mit einer Vorhersage, die etwas versteckt ist. Watson und Lovelock (1983) wollten zeigen, dass die Biosphäre mit ihrer Umwelt *durch und für die Biosphäre* interagieren kann. Die Biosphäre würde nicht nur von ihrer Umwelt beeinflusst, sondern könnte diese auch selbst verändern und so optimale Bedingungen für ihr Wachstum schaffen. Selbst unter sich ändernden äußeren Randbedingungen würde die Wechselwirkung zwischen Biosphäre und Umwelt mehr oder weniger homöostatische Bedingungen erzeugen. In einem wärmeren Klima würde die Biosphäre beispielsweise dazu tendieren, ihre Umgebung abzukühlen, um optimale Wachstumsbedingungen zu erhalten, und *umgekehrt* würde sie in einem kühleren Klima versuchen, die Umgebung zu erwärmen. Watsons und Lovelocks Arbeit konzentrierte sich daher auf die Erklärung von Homöostase – also im Grunde das Gegenteil von abrupten Veränderungen und multiplen Gleichgewichtszuständen.

Um zu zeigen, dass die Klima-Biosphären-Homöostase nicht auf einer teleologischen Voraussicht der Biosphäre beruht, sondern als Folge stabilisierender physikalischer Rückkopplungsprozesse entsteht, entwickelten Watson und Lovelock (1983) ein einfaches Klima-Vegetationsmodell. Das Modell kombiniert ein Klimamodell mit einem dynamischen Vegetationsmodell. Watson und Lovelock nannten ihr Modell „Daisyworld“, um zu betonen, dass es lediglich den Effekt stabilisierender Rückkopplungen in einer stark idealisierten Welt demonstrieren sollte. Das Modell war nicht als realistische Beschreibung unseres Erdsystems gedacht. Das Klima der Daisyworld wurde analog zur Energiebilanz der Erde nach Gl. (4.2) berechnet:

$$0 = Q_p(1 - \alpha_p) - I(T_p) \tag{4.6}$$

wobei Q_p die netto einfallende kurzwellige Strahlung ist und T_p deren Temperatur bezeichnet. Die planetare Albedo von Daisyworld α_p und die ausgehende Wärmestrahlung $I(T_p)$ werden als linear abhängig von den lokalen Albedowerten und lokalen Temperaturen angenommen:

$$\alpha_p = \sum_i V_i \alpha_i$$

$$T_p = \sum_i V_i T_i$$

wobei V_i die Anteile $V_i, i = 0, 1, 2, \ldots$ der Daisyworld-Oberfläche sind, die entweder von nacktem Boden ($i = 0$) oder von Vegetation eines bestimmten Typs ($i = 1, 2, \ldots$) bedeckt sind. Das ursprüngliche Daisyworld-Modell verwendete eine oder zwei verschiedene Pflanzentypen, *Gänseblümchen* mit einer Albedo α_1, der niedriger ist als die Albedo α_0 des nackten Bodens, und *Gänseblümchen* mit einer Albedo α_2, der höher ist als α_0.

Der Vegetationsteil des Modells von Watson und Lovelock basierte auf dem 1926 von Vito Volterra entwickelten Modell konkurrierender Arten, das wiederum auf einem von Alfred Lotka 1911 vorgeschlagenen Modell autokatalytischer chemischer Reaktionen beruhte. Die sogenannten Lotka-Volterra-Gleichungen für Daisyworld lauten:

$$\frac{dV_i}{dt} = V_i \left[\left(1 - \sum_{j=1}^{N} V_i \right) \beta(T_i) - \gamma \right] \tag{4.7}$$

wobei $\beta(T_i)$ eine Wachstumsfunktion ist, die einen Maximalwert besitzt, d. h. eine Temperatur des optimalen Wachstums, und die als positive Funktion zwischen zwei Temperaturwerten definiert ist, innerhalb derer Pflanzen existieren können, und außerhalb davon null ist. γ ist eine konstante Sterberate.

Die Lotka-Volterra-Gleichungen sind dafür bekannt, dass sie mehrere Gleichgewichtszustände oder Fixpunkte liefern, von denen einige stabil, andere instabil sind. Das Modell von Watson und Lovelock sollte daher abrupte Übergänge zeigen, die aus dem Verlust der Stabilität eines der Gleichgewichtszustände resultieren. Dieses Verhalten wurde beispielsweise von Weber (2001) untersucht. Das Bifurkationsdiagramm ist in Abb. 4.7 dargestellt.

Die rote Gerade in Abb. 4.7 zeigt die planetare Temperatur T_p einer unbelebten Daisyworld. Die Temperatur T_p des unbelebten Planeten steigt monoton mit der Einstrahlung L. Im Bereich zwischen L_2 und L_5, wenn sowohl Pflanzen mit niedrigem als auch mit hohem Albedo existieren können, ändert sich T_p nur geringfügig mit zunehmender Einstrahlung (dicke grüne Linie); sie nimmt sogar leicht ab. Dies ist die von Watson und Lovelock (1983) vorgeschlagene und beschriebene Homöostase.

Aus dynamischer Sicht sind die gestrichelten und gepunkteten Linien interessanter, da sie die nicht-trivialen instabilen und stabilen Gleichgewichte $V_i \neq 0$

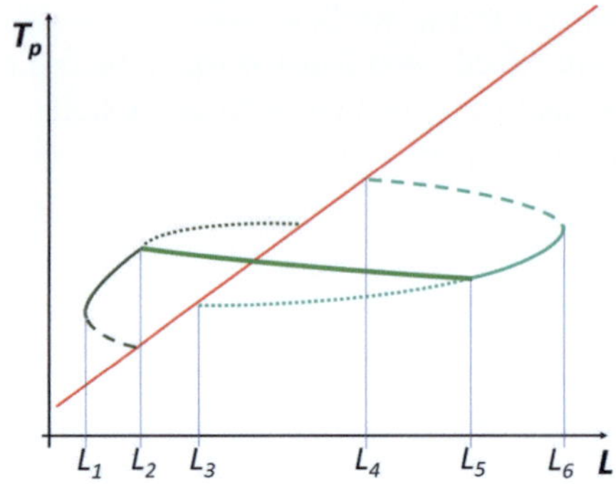

Abb. 4.7 Stabile und instabile Gleichgewichtslösungen der Vegetationsbedeckung im Daisyworld-Modell, analysiert von Weber (2001). Die Gleichgewichtstemperatur als Funktion der solaren Leuchtkraft: keine Gänseblümchen (rote Linie), Gänseblümchen mit niedrigem und hohem Albedo (dicke grüne Linie), nur Gänseblümchen mit niedrigem Albedo (gepunktete und gestrichelte dunkelgrüne Linie) und nur Gänseblümchen mit hohem Albedo (gepunktete und gestrichelte hellgrüne Linie). Stabile Zustände sind durch durchgezogene und gepunktete Linien gekennzeichnet. Diese Abbildung wurde mit Änderungen nach Weber (2001) neu gezeichnet.

von Gänseblümchen mit niedriger bzw. hoher Albedo darstellen. Bei geringer Einstrahlung $L < L_1$ können keine Gänseblümchen existieren, da das Klima zu kalt ist, als dass Gänseblümchen wachsen könnten. Steigt die Einstrahlung über L_1 , existieren drei Gleichgewichtszustände für Gänseblümchen mit niedrigem Albedo: der triviale Zustand $V_1 = 0$ mit $T_1 = T_p$ des unbelebten Planeten (rote Linie) und zwei nicht-triviale Zustände $V_1 \neq 0$ mit $T_1 > T_p$. Einer der nicht-trivialen Zustände ist stabil (dunkelgrüne Kurve), der andere ist gegenüber infinitesimal kleinen Störungen instabil (gestrichelte dunkelgrüne Kurve). Letzterer wirkt als Repellor zwischen den beiden stabilen Zuständen. Daher treten Gänseblümchen mit niedriger Albedo abrupt bei einer Einstrahlung von $L = L_1$ auf, sofern aus irgendeinem Grund eine ausreichende Menge an Samen von Gänseblümchen mit niedriger Albedo vorhanden ist. Andernfalls, wenn keine ausreichende Samenmenge vorhanden ist, erfolgt das plötzliche Auftreten von Gänseblümchen mit niedriger Albedo erst bei einem höheren Einstrahlungswert $L = L_2$. Bei höheren Einstrahlungswerten zwischen L_2 und L_5 können sowohl Pflanzen mit niedriger als auch mit hoher Albedo auf Daisyworld wachsen, bis oberhalb von Einstrahlungswerten von L_5 das Klima für Gänseblümchen mit niedriger Albedo zu heiß wird und nur noch Gänseblümchen mit hoher Albedo verbleiben, da sie die Strahlung besser reflektieren und somit das lokale Klima kühlen. Würden ausschließlich Gänseblümchen mit niedriger Albedo wachsen, würde die Temperatur der gepunkteten dunkelgrünen Kurve folgen. Umgekehrt würden bei ausschließlicher Verfügbarkeit von Gänseblümchen mit hoher Albedo diese bei Einstrahlungswerten von $L = L_3$ allmählich erscheinen (gepunktete hellgrüne Kurve). Oberhalb von L_5 treten drei Lösungen für Gänseblümchen mit hoher Albedo auf, bis die Einstrahlung zu stark wird ($L > L_6$) und alle Gänseblümchen verschwinden.

Beginnt Daisyworld mit starker Einstrahlung $L > L_6$ und nimmt die Einstrahlung anschließend ab, so treten bei einer Einstrahlung von $L < L_6$ drei Lösungen für die Vegetation von Daisyworld auf, wobei eine abrupte Kolonisierung durch Gänseblümchen mit hoher Albedo möglich ist. Die Dynamik verläuft dabei in umgekehrter Richtung wie oben beschrieben.

Daher können Gänseblümchen auf Daisyworld plötzlich erscheinen, wenn das Leben dort beginnt, und am Ende der Lebensspanne der Biosphäre von Daisyworld ebenso abrupt wieder verschwinden. Das Daisyworld-Modell legt nahe, dass nicht nur eine Homöostase existiert, sondern auch abrupte Klima- und Vegetationsänderungen allein durch die Wechselwirkungen innerhalb und zugunsten der Biosphäre auftreten können.

Gilt dieses *Gleichnis von Daisyworld* (Watson und Lovelock 1983) auch für komplexere Klima-Vegetations-Modelle, die die reale Welt beschreiben? Grundsätzlich ja. Unabhängig von der Daisyworld-Diskussion fand Claussen (1997) multiple Klima-Vegetations-Gleichgewichtszustände, als er das quasi-realistische Modell der atmosphärischen Zirkulation ECHAM (Deutsches Klimarechenzentrum et al. 1992) mit einem diagnostischen Vegetationsmodell, dem Modell BIOME 1.0 (Prentice et al. 1992), koppelte. Wurden die Klima-Biom-Simulationen mit Kontinenten gestartet, die entweder mit heutigen Biomen oder mit Wüsten bedeckt waren, so ergab sich eine Lösung, die der heutigen Klima- und Biomenverteilung sehr nahekam. Wurde jedoch mit einer Bedeckung aller Kontinente durch heutige Vegetation, aber mit tropischem Wald in der Sahara und Sahel initialisiert, resultierte eine Lösung mit einer deutlich grüneren Sahara als heute, die überwiegend von xerophytischen Sträuchern und Savanne bedeckt ist (Abb. 4.8 obere Reihe, rechtes Bild). Weitere Experimente mit unterschiedlichen Anfangszuständen der Vegetationsbedeckung auf allen Kontinenten zeigten, dass multiple Gleichgewichtszustände nur in der Region Sahara/Sahel auftraten (Claussen 1998). Das Auftreten multipler Gleichgewichte in dieser Region ist zu einem großen Teil auf eine Störung des vertikalen Strahlungsbudgets der Subtropen zurückzuführen, die durch den großen Unterschied in der Albedo zwischen hellen Wüsten und relativ dunkler Vegetation verursacht wird, siehe Charney (1975) und Claussen (1997).

Nachdem Claussen (1997) über multiple Klima-Vegetations-Zustände berichtet hatte, folgten weitere Studien. Wang und Eltahir (2000) koppelten ein zonal-symmetrisches Modell der tropischen Atmosphäre mit einem dynamischen Vegetationsmodell und fanden Bistabilität. Ebenso entdeckten Oyama und Nobre (2003) multiple Gleichgewichtszustände von tropischem Wald gegenüber Caatinga, einer xerischen Strauch- und Dornwaldlandschaft, sowie Savanne in Amazonien.

Kleidon et al. (2007) kritisierten das Auftreten multipler Klima-Biom-Gleichgewichte, da die Verwendung diskretisierter Vegetation oder Biome zwangsläufig zu einer Menge diskreter Lösungen ohne ein kontinuierliches Lösungsspektrum dazwischen führt. Diese Aussage ist sicherlich zutreffend. Dennoch scheinen multiple Klima-Vegetations-Gleichgewichte auch bei Verwendung eines Modells mit kontinuierlicher Vegetation möglich zu sein – wie im Folgenden gezeigt wird.

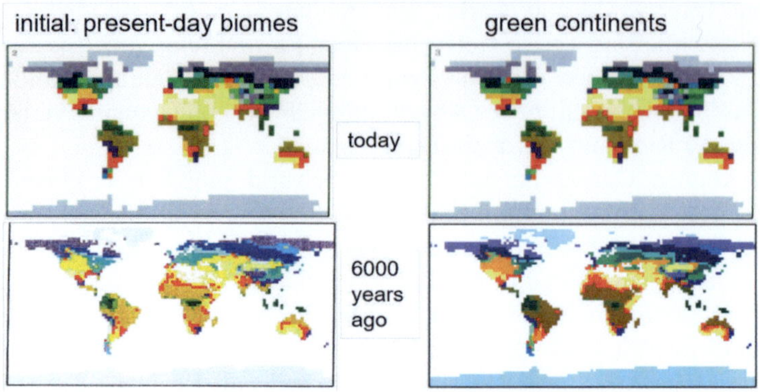

Abb. 4.8 Simulierte multiple Klima-Vegetations-Zustände im heutigen Klima (obere Reihe) und ein „grüner" Klima-Vegetations-Zustand im Klima des mittleren Holozäns, vor etwa 6000 Jahren (untere Reihe). Die Simulationen wurden von Claussen (1997) für das heutige Klima und von Claussen und Gayler (1997) für das mittelholozäne Klima mit demselben Modell der atmosphärischen Zirkulation, gekoppelt an das BIOME-1-Modell von Prentice et al. (1992), durchgeführt. Die Abbildungen auf der linken Seite zeigen Gleichgewichtszustände bei Initialisierung mit heutiger Biomenbedeckung, die auf der rechten Seite mit tropischem Wald in der Sahara und Sahel. Die Abbildungen stammen aus Claussen (1997)und Claussen und Gayler (1997) mit freundlicher Genehmigung von *Springer Nature*

Die Geschichte der multiplen Klima-Vegetations-Gleichgewichte wurde noch interessanter, als Claussen und Gayler (1997) bei Simulationen für die Einstrahlungsbedingungen, wie sie vor etwa 6000 Jahren herrschten, unabhängig von den Anfangsbedingungen nur eine Lösung mit einer *grünen Sahara* fanden (Abb. 4.8 untere Reihe). Während des mittleren Holozäns, etwa zwischen 8200 und 4200 Jahren vor heute, unterschieden sich das Perihel der Erdumlaufbahn und die Neigung der Erdachse von den heutigen Werten, was zu einer stärkeren Einstrahlung auf der Nordhalbkugel während der borealen Sommermonate und einer schwächeren Einstrahlung im borealen Winter führte. Der Unterschied in der Mannigfaltigkeit der Gleichgewichtslösungen als Funktion der Einstrahlung deutet auf das Vorhandensein eines Schwellenwerts in der orbitalen Anregung und die Möglichkeit eines abrupten Übergangs zwischen einer *grünen Sahara* und der heutigen Sahara hin, wie von Brovkin et al. (1998) gezeigt wurde.

Brovkin et al. (1998) entwickelten ein einfaches dynamisches System zur Klima-Vegetations-Wechselwirkung in ariden und semiariden Regionen. Das Modell nimmt an, dass sich die Vegetation auf eine Gleichgewichts-Vegetationsbedeckung V^* innerhalb einer Zeitskala τ einzustellen versucht. V^* hängt ausschließlich vom Niederschlag P ab, und umgekehrt ändert sich der Niederschlag mit der Vegetation, wie es im Sahara/Sahel-Gebiet der Fall ist:

$$\frac{dV}{dt} = \frac{V - V^*(P)}{\tau} \tag{4.8}$$

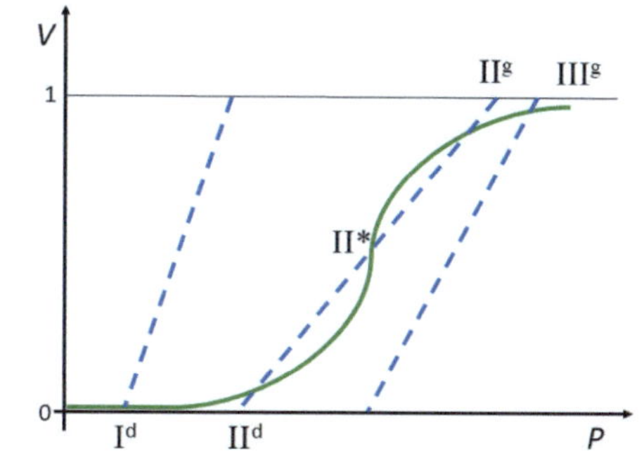

Abb. 4.9 Schematische Darstellung des Modells von Brovkin et al. (1998). Die durchgezogene Kurve zeigt die Abhängigkeit der Gleichgewichtsvegetation $V*$ vom jährlichen mittleren Niederschlag P. Die gestrichelte Linie stellt das lineare Modell des Niederschlags P^* als Funktion der Vegetationsbedeckung V dar. Die Fälle I und III entsprechen Gleichgewichtslösungen: Wüste I^d bzw. grün III^g; die Fälle II entsprechen dem stabilen Wüsten- II^d und dem grünen II^g Gleichgewicht, und II^* der instabilen Lösung. Diese Abbildung wurde mit Änderungen nach Brovkin et al. (1998) neu gezeichnet.

$$P^*(V) = P_0 + bV(t) \tag{4.9}$$

wobei V^* die Vegetationsbedeckung im Gleichgewicht mit dem Niederschlag ist. Die Funktion $V^* = V^*(P)$ ist stetig und monoton. P_0 bezeichnet einen großräumigen Hintergrundniederschlag, der von externen Parametern abhängen kann, jedoch nicht vom regionalen Klima.

Durch die Anpassung der Parameter des einfachen Klima-Vegetations-Modells an die Ergebnisse des quasi-realistischen Modells für heutige Bedingungen (Claussen 1997) und für das mittlere Holozän (Claussen und Gayler 1997) fanden Brovkin et al. (1998) das in Abb. 4.9 dargestellte Bifurkationsdiagramm und schlussfolgerten, dass ein abrupter Übergang von der holozänen *grünen Sahara* zur heutigen Sahara zwischen 6000 und 4000 Jahren vor heute stattgefunden haben sollte.

Mit dem CLIMBER-2-Modell, einem globalen Modell mittlerer Komplexität, das die Dynamik von Atmosphäre, Ozean und Vegetation bei grober geografischer Auflösung koppelt, fanden Claussen et al. (1999) ebenfalls mehrere Klima-Vegetations-Zustände in der Sahara/Sahel-Region sowie einen raschen Übergang zu den heutigen Wüstenbedingungen vor etwa 5500 Jahren. Das CLIMBER-2-Modell wurde als statistisch-dynamisches Modell konzipiert, in dem Wettervariabilität nicht existiert. Daher wurden Störungen in der simulierten Vegetationsbedeckung künstlich in das Modell eingebracht, um zu zeigen, dass das Auftreten mehrerer Gleichgewichtszustände in CLIMBER-2 nicht nur auf das Fehlen von Klimarauschen zurückzuführen ist.

Ein Jahr nach der Vorhersage einer raschen Ausbreitung der Sahara im mittleren Holozän stellten deMenocal et al. (2000) einen abrupten Anstieg der Staubkonzentration innerhalb von nur 300 Jahren fest, zentriert um 5500 Jahre vor

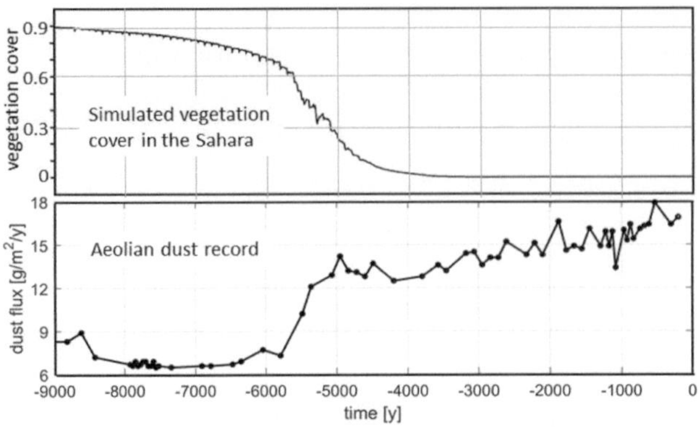

Abb. 4.10 Mit dem Modell mittlerer Komplexität CLIMBER-2 (Claussen et al. 1999) simulierte Vegetationsbedeckung (obere Abbildung) und der marine Datensatz 658C zur Variabilität des westafrikanischen äolischen Staubeintrags (untere Abbildung). Zu beachten ist, dass die Skala der unteren Abbildung invertiert ist, um die Ähnlichkeit zwischen den vorhergesagten Vegetationsänderungen und den rekonstruierten Staubveränderungen hervorzuheben. Diese Abbildung wurde mit Änderungen nach Claussen et al. (1999) neu gezeichnet, die äolischen Staubdaten stammen von deMenocal et al. (2000)

heute, in marinen Sedimentkernen vor der westafrikanischen Atlantikküste (Abb. 4.10). Dieser paläoklimatische Befund wurde als Bestätigung der Vorhersage eines Zusammenbruchs der afrikanischen Feuchtphase gewertet (deMenocal et al. 2000).

Doch glücklicherweise geht die Geschichte weiter. Die scheinbare Bestätigung eines Zusammenbruchs der afrikanischen Feuchtphase und der *grünen Sahara* auf Basis der Vorhersage multipler Klima-Vegetations-Gleichgewichtszustände wurde schon bald von Kröpelin et al. (2008) in Frage gestellt. Sie beobachteten vielmehr einen allmählichen Rückgang der Vegetation in Sedimenten des Lake Yoa im Ounianga Kébir in der zentralen Sahara. Auch dies war natürlich nicht das Ende der Geschichte. Durch die Auswertung aller verfügbaren Paläodaten in Nordafrika fanden Shanahan et al. (2015) ein zeitlich gestaffeltes Ende der afrikanischen Feuchtphase, das im Norden früher einsetzte als im Süden und im Osten früher als im Westen. Rasche Vegetationsveränderungen wurden nur an wenigen Standorten festgestellt. Nachfolgende Studien mit dem quasi-realistischen MPI-ESM konnten nicht nur eine Erklärung für den zeitlich gestaffelten Übergang der Sahara im mittleren Holozän liefern (Dallmeyer et al. 2020), sondern auch den Zusammenhang zwischen dem abrupten Anstieg des Staubflusses und den schnellen Landschaftsveränderungen in Teilen der westlichen Sahara aufzeigen (Egerer et al. 2018). Offenbar tritt ein *Zusammenbruch* der gesamten grünen Sahara (Brierley et al. 2018) nur in einfachen Modellen oder in Modellen mit geringer geografischer Auflösung wie CLIMBER-2 auf, in denen die Sahara nur durch ein Gitterfeld repräsentiert wird.

Auch dies ist nicht das Ende der Geschichte. Die meisten komplexen Erdsystemmodelle verwenden Vegetationsmodelle mit einer recht groben Klassifizierung verschiedener Pflanzentypen. Dadurch wird die natürliche funktionelle Pflanzenvielfalt stark unterschätzt. In einigen Regionen wie der Sahara im mittleren Holozän gibt es keine modernen Entsprechungen für Pflanzengesellschaften (Watrin et al. 2009). Daher kann die Vegetation in solchen Regionen mit den derzeitigen Modellen nur eingeschränkt beschrieben werden. Noch wichtiger ist, dass die funktionelle Pflanzenvielfalt einen starken Einfluss auf die Klima-Vegetations-Interaktion hat. In Modellen mit hoher funktioneller Pflanzenvielfalt kann das Auftreten mehrerer Gleichgewichtszustände verschwinden (Claussen et al. 2013).

4.5 Abschließende Bemerkungen

Mehrfache Klima-Gleichgewichtszustände, abrupte Übergänge, Klimakatastrophen und Kipppunkte haben Klimaforscher seit ihrer erstmaligen Entdeckung in Theorien und Modellen der 1960er Jahre und später in paläoklimatischen Rekonstruktionen fasziniert. Klaus Hasselmann äußerte Skepsis gegenüber den *instabilen Rückkopplungsmodellen,* die angeblich *dazu neigen, klimatische Schwankungen als „Flip-Flop-Übergänge" vorherzusagen und daher das beobachtete kontinuierliche Spektrum klimatischer Variabilität nicht wiedergeben können* (Hasselmann 1976). Die Untersuchung quasi-realistischer Modelle des Klimasystems der Erde hat Hasselmanns skeptische Bemerkung aus dem Jahr 1976 im Wesentlichen widerlegt. Das Auftreten mehrerer Zustände im Zusammenhang mit Snowball-Earth-Szenarien wurde bestätigt (Abschn. 4.2), was zu einer neuen Ära komplexer Snowball-Earth-Modellierung führte und realistischere, physikalisch und geochemisch konsistente Rahmenbedingungen für die Interpretation geologischer Befunde schuf. Ernst Maier-Reimer war der Erste, der schnelle Übergänge in der AMOC simulierte, ausgelöst durch kleine Störungen im Süßwasserfluss (Abschn. 4.3). Und der Nachweis mehrerer Gleichgewichtszustände in komplexen Klima-Vegetationsmodellen (Abschn. 4.4) führte zu einer neuen Sichtweise auf die Dynamik von Klima und Biosphäre. Natürlich ist die Entwicklung damit nicht abgeschlossen. Selbst quasi-realistische, sogenannte State-of-the-Art-Modelle sind im Vergleich zu den vielen Freiheitsgraden, die das natürliche Klimasystem aufweist, Modelle mit einem *hohen Grad an Idealisierung.* Daher werden globale Klima- und Erdsystemmodelle mit sehr hoher Auflösung von wenigen Kilometern weiterentwickelt (z. B. Hohenegger et al. 2023). Solche *digitalen Zwillinge* des natürlichen Klimasystems der Erde werden voraussichtlich neue Einblicke in kleinskalige Prozesse liefern, die auf globaler Ebene relevant sind (z. B. Vogel et al. 2022). Ob diese Modelle das Bild von multiplen Gleichgewichtszuständen und schnellen Übergängen im Klimasystem der Erde verändern werden, bleibt abzuwarten.

Literatur

Brierley C, Manning K, Maslin M (2018) Pastoralism may have delayed the end of the green Sahara. Nat Commun 9(1):4018

Broecker WS, Peteet DM, Rind D (1985) Does the ocean–atmosphere system have more than one stable mode of operation? Nature 315(6014):21–26

Brovkin V, Claussen M, Petoukhov V, Ganopolski A (1998) On the stability of the atmosphere-vegetation system in the Sahara/Sahel region. J Geophys Res: Atmos 103(D24):31613–31624

Bryan F (1986) High-latitude salinity effects and interhemispheric thermohaline circulations. Nature 323(6086):301–304

Budyko MI (1969) The effect of solar radiation variations on the climate of the earth. Tellus 21(5):611–619

Calov R, Ganopolski A, Claussen M, Petoukhov V, Greve R (2005) Transient simulation of the last glacial inception. Part I: glacial inception as a bifurcation in the climate system. Clim Dyn 24:545–561

Charney JG (1975) Dynamics of deserts and drought in the Sahel. Q J R Meteorol Soc 101(428):193–202

Claussen M (1997) Modeling bio-geophysical feedback in the African and Indian monsoon region. Clim Dyn 13:247–257

Claussen M (1998) On multiple solutions of the atmosphere–vegetation system in present-day climate. Glob Change Biol 4(5):549–559

Claussen M, Gayler V (1997) The greening of the Sahara during the mid-Holocene: results of an interactive atmosphere-biome model. Glob Ecol Biogeogr Lett 6:369–377

Claussen M, Kubatzki C, Brovkin V, Ganopolski A, Hoelzmann P, Pachur HJ (1999) Simulation of an abrupt change in Saharan vegetation in the mid-Holocene. Geophys Res Lett 26(14):2037–2040

Claussen M, Bathiany S, Brovkin V, Kleinen T (2013) Simulated climate–vegetation interaction in semi-arid regions affected by plant diversity. Nat Geosci 6(11):954–958

Dallmeyer A, Claussen M, Lorenz SJ, Shanahan T (2020) The end of the African humid period as seen by a transient comprehensive Earth system model simulation of the last 8000 years. Clim Past 16(1):117–140

Dansgaard W, Clausen HB, Gundestrup N, Hammer CU, Johnsen SF, Kristinsdottir P, Reeh N (1982) A new Greenland deep ice core. Science 218(4579):1273–1277

deMenocal P, Ortiz J, Guilderson T, Adkins J, Sarnthein M, Baker L, Yarusinsky M (2000) Abrupt onset and termination of the African humid period: rapid climate responses to gradual insolation forcing. Quat Sci Rev 19(1–5):347–361

Deutsches Klimarechenzentrum, et al (1992) The ECHAM3 atmospheric general circulation model. Techn Rep 6

Donnadieu Y, Ramstein G, Fluteau F, Roche D, Ganopolski A (2004) The impact of atmospheric and oceanic heat transports on the sea-ice-albedo instability during the Neoproterozoic. Clim Dyn 22:293–306

Egerer S, Claussen M, Reick C (2018) Rapid increase in simulated North Atlantic dust deposition due to fast change of northwest African landscape during the Holocene. Clim Past 14(7):1051–1066

Fraedrich K (1979) Catastrophes and resilience of a zero-dimensional climate system with ice-albedo and greenhouse feedback. Q J R Meteorol Soc 105(443):147–167

Grassl H (1981) The climate at maximum entropy production by meridional atmospheric and oceanic heat fluxes. Q J R Meteorol Soc 107(451):153–166

Grootes PM, Stuiver M, White J, Johnsen S, Jouzel J (1993) Comparison of oxygen isotope records from the GISP2 and GRIP Greenland ice cores. Nature 366(6455):552–554

Hasselmann K (1976) Stochastic climate models. Part I. Theory. Tellus 28:473–485

Hoffman PF, Schrag DP (2002) The snowball Earth hypothesis: testing the limits of global change. Terra Nova 14(3):129–155

Hoffman PF, Abbot DS, Ashkenazy Y, Benn DI, Brocks JJ, Cohen PA, Cox GM, Creveling JR, Donnadieu Y, Erwin DH, et al (2017) Snowball Earth climate dynamics and Cryogenian geology-geobiology. Sci Adv 3(11):e1600983

Hohenegger C, Korn P, Linardakis L, Redler R, Schnur R, Adamidis P, Bao J, Bastin S, Behravesh M, Bergemann M, et al (2023) ICON-sapphire: simulating the components of the Earth system and their interactions at kilometer and subkilometer scales. Geosci Model Dev 16(2):779–811

Kapsch ML, Mikolajewicz U, Ziemen F, Schannwell C (2022) Ocean response in transient simulations of the last deglaciation dominated by underlying ice-sheet reconstruction and method of meltwater distribution. Geophys Res Lett 49(3):e2021GL096767

Kirschvink JL (1992) Late Proterozoic low-latitude global glaciation: the snowball Earth. In: Schopf J, Klein C, Maris DD (eds) The proterozoic biosphere: a multidisciplinary study. Cambridge University Press, Cambridge, S 51–52

Kleidon A, Fraedrich K, Low C (2007) Multiple steady-states in the terrestrial atmosphere-biosphere system: a result of a discrete vegetation classification? Biogeosciences 4(5):707–714

Kröpelin S, Verschuren D, Lézine AM, Eggermont H, Cocquyt C, Francus P, Cazet JP, Fagot M, Rumes B, Russell JM, et al (2008) Climate-driven ecosystem succession in the Sahara: the past 6000 years. Science 320(5877):765–768

Lemke P (1977) Stochastic climate models, Part 3. Application to zonally averaged energy models. Tellus 29:385–392. https://doi.org/10.3402/tellusa.v29i5.11371

Liu Z, Otto-Bliesner B, He F, Brady E, Tomas R, Clark P, Carlson A, Lynch-Stieglitz J, Curry W, Brook E, et al (2009) Transient simulation of last deglaciation with a new mechanism for Bølling-Allerød warming. Science 325(5938):310–314

Lucarini V, Fraedrich K, Lunkeit F (2010) Thermodynamic analysis of snowball earth hysteresis experiment: efficiency, entropy production and irreversibility. Q J R Meteorol Soc A J Atmos Sci Appl Meteorol Phys Oceanogr 136(646):2–11

Maier-Reimer E, Mikolajewicz U (1989) Experiments with an OGCM on the cause of the Younger Dryas. Max-Planck-Institut für Meteorologie Report 39

Maier-Reimer E, Mikolajewicz U, Hasselmann K (1993) Mean circulation of the hamburg LSG OGCM and its sensitivity to the thermohaline surface forcing. J Phys Oceanogr 23(4):731–757

Manabe S, Stouffer RJ (1988) Two stable equilibria of a coupled ocean-atmosphere model. J Clim 1(9):841–866

Marotzke J, Botzet M (2007) Present-day and ice-covered equilibrium states in a comprehensive climate model. Geophys Res Lett 34(16)

Marotzke J, Welander P, Willebrand J (1988) Instability and multiple steady states in a meridional-plane model of the thermohaline circulation. Tellus A Dyn Meteorol Oceanogr 40(2):162–172

Oyama MD, Nobre CA (2003) A new climate-vegetation equilibrium state for tropical South America. Geophys Res Lett 30(23)

Paltridge GW (1975) Global dynamics and climate-a system of minimum entropy exchange. Q J R Meteorol Soc 101(429):475–484

Prentice IC, Cramer W, Harrison SP, Leemans R, Monserud RA, Solomon AM (1992) A global biome model based on plant physiology and dominance, soil properties and climate. J Biogeogr 19:117–134

Ramme L, Marotzke J (2022) Climate and ocean circulation in the aftermath of a Marinoan snowball Earth. Clim Past 18(4):759–774

Sellers WD (1969) A global climatic model based on the energy balance of the earth-atmosphere system. J Appl Meteorol Climatol 8(3):392–400

Shanahan TM, McKay NP, Hughen KA, Overpeck JT, Otto-Bliesner B, Heil CW, King J, Scholz CA, Peck J (2015) The time-transgressive termination of the African Humid Period. Nat Geosci 8(2):140–144

Siegenthaler U, Eicher U, Oeschger H, Dansgaard W (1984) Lake sediments as continental δ^{18}O records from the glacial/post-glacial transition. Ann Glaciol 5:149–152

Stommel H (1961) Thermohaline convection with two stable regimes of flow. Tellus 13(2):224–230

Stone P, Yao M (2004) The ice-covered earth instability in a model of intermediate complexity. Clim Dyn 22(8):815–822

Valdes P (2011) Built for stability. Nat Geosci 4(7):414–416

Van Nes EH, Arani BM, Staal A, van der Bolt B, Flores BM, Bathiany S, Scheffer M (2016) What do you mean, 'tipping point'? Trends Ecol Evol 31(12):902–904

Vizcaíno M, Mikolajewicz U, Gröger M, Maier-Reimer E, Schurgers G, Winguth AM (2008) Long-term ice sheet–climate interactions under anthropogenic greenhouse forcing simulated with a complex earth system model. Clim Dyn 31:665–690

Voelker AH, et al (2002) Global distribution of centennial-scale records for marine isotope stage (MIS) 3: a database. Quat Sci Rev 21(10):1185–1212

Vogel R, Albright AL, Vial J, George G, Stevens B, Bony S (2022) Strong cloud–circulation coupling explains weak trade cumulus feedback. Nature 612:1–5

Voigt A, Abbot D (2012) Sea-ice dynamics strongly promote Snowball Earth initiation and destabilize tropical sea-ice margins. Clim Past 8(6):2079–2092

Voigt A, Abbot DS, Pierrehumbert RT, Marotzke J (2011) Initiation of a Marinoan Snowball Earth in a state-of-the-art atmosphere-ocean general circulation model. Clim Past 7(1):249–263

Wang G, Eltahir EA (2000) Biosphere – atmosphere interactions over West Africa. II: multiple climate equilibria. Q J R Meteorol Soc 126(565):1261–1280

Watrin J, Lézine A, Hély C, et al (2009) Plant migration and ecosystems at the time of the "green Sahara". CR Geosci 341:656–670

Watson AJ, Lovelock JE (1983) Biological homeostasis of the global environment: the parable of daisyworld. Tellus B Chem Phys Meteorol 35(4):284–289

Weber S (2001) On homeostasis in daisyworld. Clim Change 48(2–3):465–485

Wetherald RT, Manabe S (1975) The effects of changing the solar constant on the climate of a general circulation model. J Atmos Sci 32(11):2044–2059

Ziemen FA, Kapsch ML, Klockmann M, Mikolajewicz U (2019) Heinrich events show two-stage climate response in transient glacial simulations. Clim Past 15(1):153–168

Kapitel 5
Beiträge zu Modellierungstechniken

Robert Sausen, Eduardo Zorita, Hans von Storch, Martin Claussen und Martin Heimann

Zusammenfassung Die zuverlässige Simulation des Klimas mithilfe umfassender Modelle erforderte spezielle numerische Verfahren. Einige davon wurden in Hamburg entwickelt. (1) Walter Hansen führte die numerische Modellierung in der Ozeanographie ein, was eine der Grundlagen der Klimamodellierung in Hamburg bildete. (2) Ernst Maier-Reimers Large Scale Geostrophic-Modell des Ozeans ermöglichte Simulationen über Jahrtausende, beispielsweise zur Untersuchung des ozeanischen Kohlenstoffkreislaufs. (3) Die Flusskorrektur-Methode (Anomaliekopplung) erlaubte dekadische Simulationen gekoppelter Atmosphäre-Ozean-Modelle ohne Modell-Drift und damit verlässlichere Abschätzungen der globalen Erwärmung.

5.1 Walter Hansen – Ablösung physikalischer Modelle durch numerische Modelle[1]

Walter Hansen (1909–1991; siehe auch Abb. 5.1) war von 1956 bis 1977 der erste Professor am Institut für Meereskunde der Universität Hamburg.[2] Sein Hauptverdienst war die Entwicklung der „hydrodynamisch-numerischen" Modellierung (HN-Modellierung) in der Ozeanographie, wofür ihm laut Kirk Bryan der Titel „Nestor der HN-Modellierung" zugesprochen wurde. Dieser Ansatz ersetzte den Einsatz mechanischer Modelle, die bis dahin die ingenieurwissenschaftlichen Anwendungen dominierten.

In seiner Festschrift zum 80. Geburtstag von Hansen schrieb Sündermann (1989): *„Hansen erkannte mit nahezu prophetischer Weitsicht die Möglichkeiten, die in der mathematischen Modellierung physikalischer Prozesse im Meer liegen. ... Es war und ist Hansens bleibendes Verdienst, dass er auch an die Sinnhaftigkeit der numerisch bearbeiteten Bestimmungsgleichungen glaubte und sich sodann*

[1] Dieser Abschnitt erhielt wesentliche Beiträge von Jürgen Sündermann.

[2] https://www.hpk.uni-hamburg.de/resolve/id/cph_person_00000912.

H. von Storch et al., *Klimawissenschaftliche Konzepte aus Hamburg*,
https://doi.org/10.1007/978-3-032-04674-1_5

Abb. 5.1 Eines der seltenen Fotos von Walter Hansen, zur Verfügung gestellt von Jürgen Sündermann

der immensen manuellen Rechenarbeit stellte. Sein Lehrer ..., ebenfalls ein angesehener Ozeanograph, riet ihm damals von einem aussichtslosen Unterfangen ab: Schon die Differenzen zweier berechneter Wasserstände oder Geschwindigkeiten seien äußerst ungenau, die Differenzen der Differenzen hätten überhaupt keine reale Bedeutung mehr. Hansen ließ sich in seinem missionarischen Eifer nicht beirren. Er berechnete Gezeitenwellen in der Ems erstmals noch in den vierziger Jahren, 1952 die Gezeiten der Nordsee und bereits zuvor (1949) die des Nordatlantiks. Der Erfolg gab ihm recht. In der Tat ließ sich die Weite des Ozeans in Modellgleichungen zwingen, deren Lösung einen neuen Reichtum an Informationen über das Meeresinnere lieferte, der durch Messungen allein und schon gar nicht mit vergleichbarem Materialaufwand zu gewinnen war. Besonders vorteilhaft und allmählich unverzichtbar erwies sich die Fähigkeit der Modelle, Sensitivitätsanalysen (Wie reagiert das Meer auf ...?) und Prognoseszenarien (Was passiert, wenn ...?) durchzuführen.“

Die weltweite Akzeptanz der hydrodynamisch-numerischen (HN) Modellierung wurde auf einem internationalen Symposium in Hamburg im September 1961 (Institut für Meereskunde 1962) deutlich, an dem unter anderem G.W. Platzmann, P. Welander, J.J. Dronkers, A. Robinson und H. Friedrichs teilnahmen.

Abb. 5.2 Günter Fischer in seinem Institut an der Universität Hamburg. Foto zur Verfügung gestellt von Hans von Storch

Auch wenn sie nicht in den Tagungsbänden erscheinen, erinnert sich Jürgen Sündermann, dass weitere namhafte Ozeanographen wie W. Munk und M. Abbott anwesend waren.

Sündermann fährt fort: *„In den letzten Jahren seiner aktiven Laufbahn konnte Hansen mit Genugtuung den weltweiten Siegeszug seiner Idee beobachten. Modellrechnungen … waren zu einem integralen Bestandteil der Meeresforschung geworden, sie wurden und werden gleichermaßen in globalen Zirkulationsstudien, zur Untersuchung des Nordsee-Ökosystems, für kleinräumige Studien in Ästuaren, Flüssen und Seen eingesetzt. Begünstigt wurde diese Entwicklung natürlich durch die explosionsartige Entwicklung der elektronischen Datenverarbeitung … Hansen hatte die Intuition, neue Methoden … gerade dann verfügbar zu machen, als die ersten Computer nach Anwendungen suchten. 1956 eilte er nach Stockholm, wo sich eine der ersten europäischen Großrechenanlagen befand."* Mit Hilfe dieser Anlagen veröffentlichte er (Hansen 1956b) Beispiele für *„eine Methode* (die) *entwickelt wurde, um die Bewegungen in solchen Gebieten zu bestimmen; außerdem werden die Ergebnisse einer numerischen Berechnung einer besonders schweren Sturmflut … und der Gezeiten in einem Ästuar … diskutiert. Durch die Kombination dieser Ergebnisse mit der numerischen Wettervorhersage ist es prinzipiell möglich, eine numerische Vorhersage des Wasserstandes durchzuführen."* – die HN-Methode.

Interessanterweise nutzte auch der bereits erwähnte Günter Fischer (Abb. 5.2) die Rechenkapazitäten in Stockholm und veröffentlichte 1959 einen Artikel über die Modellierung von Gezeitenwellen und Strömungen in der Nordsee, mit

Abb. 5.3 Hydraulikmodell der Jadebusen (Sündermann und Vollmers 1972)

besonderem Fokus auf die numerische Methodik (Fischer 1959). Diese Tätigkeit von Günter Fischer war ein früher Beitrag, der viel später zum Aufbau des Klimamodells ECHAM in Hamburg führte.

Um die Bedeutung von Hansens Ansatz zu verstehen, muss man die damals in der Ozeanographie und Wasserbaupraxis vorherrschenden Methoden berücksichtigen, die stark auf physikalische Modelle, also verkleinerte Nachbildungen der realen Verhältnisse, setzten (siehe z. B. Abb. 5.3). Die Erstellung solcher Modelle war eine mühsame und teure Aufgabe, während numerische Modelle vergleichsweise kostengünstig waren und es ermöglichten, Phänomene zu untersuchen, die mit hydraulischen Modellen nicht darstellbar waren, wie etwa die Erdrotation.

Wurde das numerische Modell ohne Corioliskraft betrieben, ergab sich ein vollständig symmetrisches Resultat, das mit dem hydraulischen Modell übereinstimmte. Wurde jedoch die Corioliskraft im numerischen Modell aktiviert, brach die Symmetrie auf und es entstand ein deutliches Strömungsmuster (Sündermann und Vollmers 1972; Müller und von Storch 2004), was Hansens ursprüngliche Idee bestätigte, dass numerische Modelle physikalischen Modellen überlegen sind.

In jener Zeit war es in Deutschland, insbesondere in der Ozeanographie und im Wasserbau, nicht üblich, wissenschaftliche Arbeiten auf Englisch zu veröffentlichen. Die erste bekannte Veröffentlichung von Hansen erschien 1940, hatte jedoch keinen Bezug zur HN-Modellierung, die er schließlich in Hansen (1956a) dokumentierte.

5.2 Ein Ozeanmodell der allgemeinen Zirkulation für Langzeit-Klimastudien: LSG von EMR[3,4]

Die Erkenntnis aus Eisbohrkernmessungen, dass die atmosphärische CO_2-Konzentration vor 20.000 Jahren etwa ein Drittel niedriger war als im Holozän, löste die wissenschaftliche Suche nach möglichen Mechanismen aus (siehe Kap. 3). Offensichtlich könnten Veränderungen in der globalen Ozeanzirkulation dafür verantwortlich gewesen sein. Um langfristige Klimavariationen wie glaziale Zyklen zu untersuchen und den natürlichen positiven Rückkopplungseffekt des Kohlenstoffkreislaufs auf das Klimasystem auf solchen Zeitskalen zu erklären, wurde ein globales Ozeanmodell benötigt, das die Zirkulation über Jahrtausende simulieren kann.

Zu jener Zeit, also in den 1980er Jahren, basierten globale Ozeanmodelle in der Regel auf dem vollständigen Satz der Bewegungsgleichungen (Navier-Stokes-Gleichungen bzw. sogenannte „primitiven" Gleichungen) und konnten selbst bei grober horizontaler Auflösung von mehreren Grad in Breite und Länge bestenfalls nur für einige hundert Jahre integriert werden. Die Umwälzzeit des Ozeans beträgt jedoch etwa 1000–1500 Jahre. Modellläufe über nur wenige Jahrhunderte wären daher nicht im stationären Zustand, d. h. die simulierten Zustandsgrößen wie Temperatur und Salzgehalt würden weiterhin driften, und es könnten keine Sensitivitätsexperimente zu einer stabilen Referenz durchgeführt werden. Zudem waren aufgrund der begrenzten Rechenkapazitäten in den späten 1980er Jahren mit der numerischen Integration globaler Ozeanmodelle enorme Kosten und Wartezeiten verbunden. Modellläufe konnten daher nicht einfach wiederholt werden, um Modellparameter anzupassen oder andere Kalibrierungsaufgaben durchzuführen. Darüber hinaus bestand großes Interesse daran, langsame natürliche Klimaschwankungen zu analysieren und möglicherweise vorherzusagen, die durch zufällige Schwankungen in den antreibenden Faktoren des Ozeans verursacht werden (vgl. Hasselmann 1976; Abschn. 2.3.2) und möglicherweise durch ozeanische Systemeigenschaften wie die Form der Ozeanbecken und die damit verbundenen planetaren Wellencharakteristika begrenzt werden.

Gab es damals im noch recht kleinen, aber exzellenten Team am Max-Planck-Institut für Meteorologie in Hamburg jemanden, der die damals als „unmöglich" geltende Aufgabe übernehmen konnte, ein recheneffizientes globales Ozeanmodell der allgemeinen Zirkulation (OGCM, Gitterpunktmodell im Gegensatz zu Boxmodellen) zu entwickeln, das realistische Ergebnisse nicht nur für großskalige Bilanzen von Wärme und Tracern, sondern auch für deren dreidimensionale, zeitabhängige Verteilungen liefert? Ja, den gab es: Ernst Maier-Reimer (meist „EMR" genannt, siehe Abb. 3.5), der eine Idee von Hasselmann (1982) zur Konstruktion eines schnellen OGCM aufgriff.

---

[3] *„EMR" war der Spitzname von Ernst Maier-Reimer; „EMR" wurde am MPI recht häufig verwendet.*

[4] Christoph Heinze hat einen ersten Entwurf dieses Abschnitts teilweise vorbereitet.

Um ein recheneffizientes OGCM für Klimastudien zu erreichen, sollte es genügen, sich *„auf räumliche Skalen* (die) *groß im Vergleich zum inneren Rossby-Radius in den meisten Bereichen des Ozeans sind, während die charakteristischen Zeitskalen groß im Vergleich zu den Perioden der Gravitationsmoden und barotropen Rossby-Wellen-Moden sind. Unter diesen Skalierungsbedingungen kann das barokline Geschwindigkeitsfeld diagnostisch aus dem gegebenen Dichtefeld durch lokale Geostrophie bestimmt werden. Das barotrope Geschwindigkeitsfeld und die Oberflächenhöhe können ebenfalls diagnostisch für ein gegebenes Dichtefeld als barotrope Gleichgewichtsantwort auf die vorgegebene Oberflächen-Stress-Forcierung und den Bodendrehmoment bestimmt werden“* (Maier-Reimer et al. 1993).[5]

Nach Schätzung von Hasselmann (1982) war ein langer Zeitschritt von einem Monat bei einer horizontalen Auflösung von 3,5° × 3,5° auf einem Arakawa-E-Gitter[6] möglich, wenn die schnellen Moden wie oben beschrieben gefiltert wurden. Das heißt, ein numerisch schnelles Ozeanmodell stand für Simulationen über Jahrtausende zur Verfügung. Das gewählte Filterverfahren führte jedoch zu mehreren numerischen Instabilitätsproblemen (Maier-Reimer et al. 1993). Daher wandte Maier-Reimer eine konventionellere Methode zur Filterung der schnellen Moden an (Maier-Reimer et al. 1982): Insbesondere durch das Weglassen der nichtlinearen Impulsadvektion in den primitiven Gleichungen und durch Anwendung eines impliziten Zeitintegrationsschemas konnte ein Zeitschritt von einem Monat erreicht werden, während das Modell numerisch stabil blieb und verlässliche Ergebnisse zeigte (Maier-Reimer et al. 1993).

Das Large Scale Geostrophic (LSG) physikalische Ozeanmodell der allgemeinen Zirkulation wurde etabliert. Nicht nur die Strömungssysteme und die Tiefenwasserbildung wurden adäquat simuliert, sondern auch die Eigenschaften der Wassermassen (Temperatur, Salzgehalt) und die Meereisverteilung. Das LSG-Modell konnte aus statischen Anfangsbedingungen innerhalb von 2000 Jahren in quasi-Gleichgewichtszustand integriert werden – und das in nur 2–4 Wochen Rechenzeit auf den damals verfügbaren Supercomputern (die schwächer waren als ein heutiger Standard-Laptop).

Die Grundidee der LSG-Modellierungsphilosophie als schnelles OGCM wurde erneut aufgegriffen, nachdem das LSG am MPI zugunsten hochauflösender „primitiver“ Gleichungsmodelle weitgehend aufgegeben wurde. Diese Idee wird jedoch in mindestens zwei Earth System Models of Intermediate Complexity (EMICs) weiterverfolgt (GENIE, Lenton et al. 2006; BERN3D, Ritz et al. 2011), wenn auch in etwas unterschiedlichen Modellierungsdialekten, basierend auf den Ozeanmodell-Komponenten von Edwards und Shepherd (2002) und Müller et al. (2006). Diese EMICs sind wissenschaftliche Rückgrat-Tools, die in zahlreichen Anwendungen eingesetzt werden, etwa für Monte-Carlo-Simulationen anthropogener Klimaprojektionen oder in langfristigen paläoklimatischen Studien. Für

[5] Der Äquatorbereich erforderte eine spezielle Behandlung.

[6] Abb. 5.9 vermittelt einen Eindruck von der Auflösung.

realistischere Klimasimulationen im Jahrhundertmaßstab mit höherer Auflösung sind natürlich „schwungvollere“ primitive Gleichungs-OGCMs[7] erforderlich. Für schnelle Mehrfach-Integrationen und auch zum Systemverständnis durch das „Spielen“ mit verschiedenen Parameterstörungen sind Modelle mit der LSG-Philosophie jedoch auch heute und in Zukunft unverzichtbar.

Das LSG-Modell war nicht das einzige Modell, das von Maier-Reimer entwickelt wurde. Vielmehr befand sich in seinem „Schreibtisch“ ein Schatz an numerischen Modellen. So stellte Maier-Reimer das primitive Gleichungsmodell „Äquatormodell“ (möglicherweise „Flex“ genannt) zur Verfügung, als Mojib Latif seine Doktorarbeit zur Simulation von ENSO begann, was zu Arbeiten wie Latif (1987) oder Latif et al. (1988) führte.

5.3 Anomaliekopplung in der Klimamodellierung

5.3.1 Eine Herausforderung: Kopplung von Atmosphären- und Ozean-Zirkulationsmodellen

Die aktuellen Sachstandsberichte des IPCC (z. B. IPCC 2021), insbesondere deren Projektionen zur zukünftigen Klimaentwicklung für verschiedene Szenarien der Emissionen von Treibhausgasen und weiteren Klimatreibern, basieren auf Simulationen mit verschiedenen umfassenden Erdsystemmodellen. Während solche Modelle heute zum Standard in der Klimamodellierung gehören, war die Situation vor vierzig Jahren, in den 1980er Jahren, noch eine ganz andere.

Zu dieser Zeit existierten sowohl Atmosphären- als auch Ozean-Zirkulationsmodelle (GCMs). Die räumliche Auflösung dieser Modelle war jedoch recht grob (5–10° horizontal), und die Anzahl der implementierten physikalischen Prozesse war begrenzt. Dennoch lag es auf der Hand, solche Modelle zu koppeln, um das gemeinsame Atmosphären-Ozean-System konsistent innerhalb eines einzigen Rahmens zu simulieren. Dies ermöglichte ein besseres Verständnis des gekoppelten Systems, einschließlich zusätzlicher Moden, die aus der Wechselwirkung beider Sphären, der Atmosphäre und des Ozeans, entstehen. Dafür waren technische Lösungen für verschiedene Probleme erforderlich: So unterscheiden sich beispielsweise die Wind- bzw. Strömungsgeschwindigkeiten und die Wärmekapazitäten in Atmosphäre und Ozean erheblich, was zu sehr unterschiedlichen numerischen Zeitschritten in atmosphärischen und ozeanischen GCMs sowie zu deutlich unterschiedlichen Zeiträumen bis zum Erreichen eines quasi-Gleichgewichts führte (mehrere Größenordnungen). Zudem wurden atmosphärische und ozeanische GCMs unabhängig voneinander mit recht unterschiedlichen Formulierungen der Randbedingungen an der Luft-See-Grenzfläche entwickelt.

---

[7] Das heißt, OGCMs, die nicht so stark filtern wie das LSG.

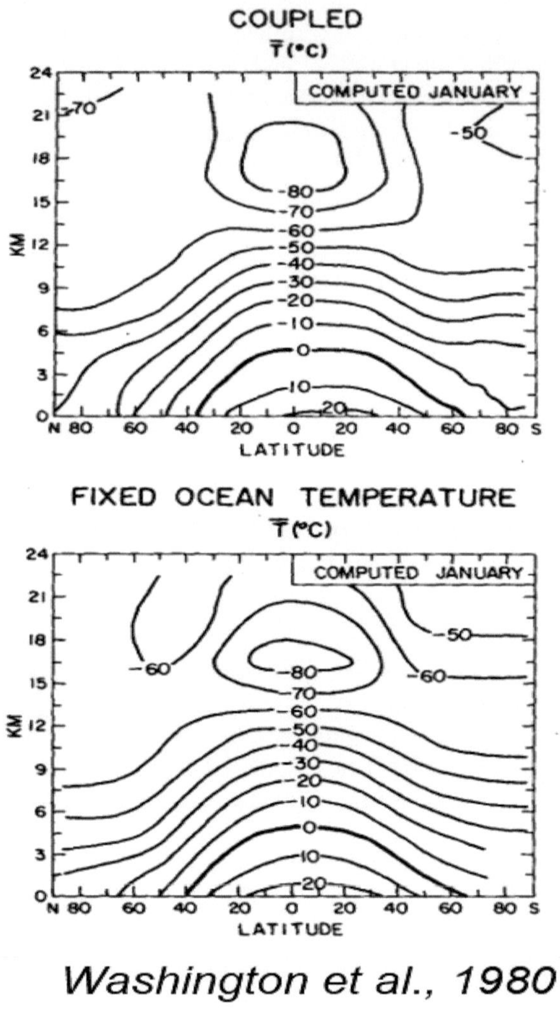

Abb. 5.4 Zonalle Mitteltemperatur der Atmosphäre für Januar im gekoppelten Modus (obere Abbildung) und im ungekoppelten Modus mit vorgeschriebener Meeresoberflächentemperatur (untere Abbildung). Diese Abbildungen bassieren auf einer Abbildung nach Washington et al. (1980), © American Meteorological Society, used with permission

Nachdem die oben genannten technischen Probleme überwunden waren, trat eine neue, zunächst unerwartete Herausforderung auf: Wurden die Atmosphären- und Ozean-GCMs, jeweils in ihrem eigenen quasi-Gleichgewichtszustand, gekoppelt, driftete das neue Atmosphären-Ozean-GCM allmählich in einen neuen quasi-Gleichgewichtszustand. Als Beispiel zeigt Abb. 5.4, dass sich die Atmosphärentemperatur im gekoppelten und im nicht gekoppelten Modus in den Simulationen von Washington et al. (1980) deutlich unterscheidet. Wie zu erkennen ist, liegt die zonale Mitteltemperatur nahe der Oberfläche im Januar im

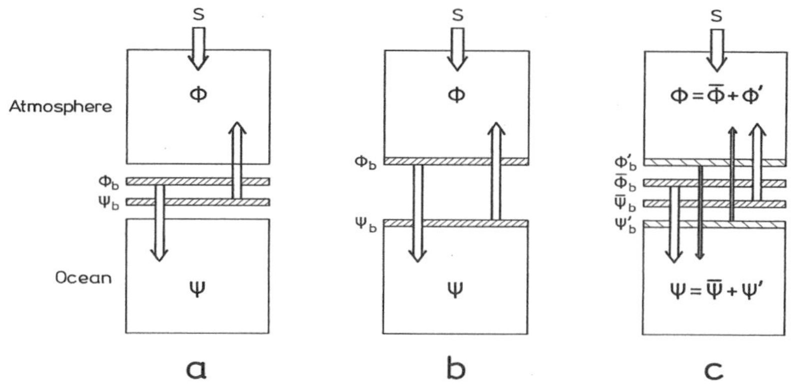

Abb. 5.5 Rand- oder Kopplungsbedingungen von Atmosphären- und Ozeanmodellen bei unterschiedlichen Modi: (**a**) ungekoppelt; (**b**) voll gekoppelt und (**c**) flusskorrigiert (nach Sausen et al. 1988)

gekoppelten Modus um mehrere °C niedriger als im reinen Atmosphärenmodus. Analoge Ergebnisse wurden auch von anderen Modellierungsgruppen erzielt (z. B. Hansen et al. 1984; Gates et al. 1985).

5.3.2 *Die Flusskorrekturmethode*

Das Driftproblem gekoppelter Atmosphäre-Ozean-GCMs kann durch die „Flusskorrekturmethode" überwunden werden (Sausen et al. 1988). Die Grundidee dieser Methode wurde erstmals auf der Deutschen Meteorologentagung 1986 in Münster vorgestellt (Sausen 1986).[8]

„Das Grundprinzip der Flusskorrekturmethode besteht darin, Atmosphäre und Ozean so zu koppeln, dass im ungestörten Fall jedes Teilsystem sein eigenes mittleres Klima in gleicher Weise wie im nicht gekoppelten Modus simuliert, aber in Klimasensitivitäts- oder -antwortexperimenten vollständig interaktiv auf das jeweils andere Teilsystem reagiert" (Sausen et al. 1988). Dies ist in Abb. 5.5 dargestellt. Hier bezeichnen Φ und Ψ die Zustandsvektoren der Atmosphäre bzw. des Ozeans, Φ_b und Ψ_b sind die Randdaten, die das Ozean- bzw. Atmosphärenmodell benötigt, um die Luft-See-Flüsse von Impuls, Wärme und Masse zu berechnen. Im nicht gekoppelten Modus (Panel a) werden die Randdaten offline aus Beobachtungsdaten übernommen. Im vollständig gekoppelten Modus (Panel b) werden die Randdaten online vom jeweils anderen Modell bereitgestellt. Im nicht

[8] *Als junger Postdoc war Sausen zu Beginn seines Vortrags äußerst nervös. Dann bemerkte er, dass der Vorsitzende, Prof. Hinzpeter, vergessen hatte, die Uhr zu starten, und Sausen entspannte sich, da das Problem, die vorgegebene Zeit einzuhalten, gelöst war.*

gekoppelten Modus stellen die vorgegebenen Randdaten sicher, dass sowohl das Atmosphären- als auch das Ozean-GCM nahe am gewünschten Modellzustand bleiben. Im (vollständig) gekoppelten Modus stellt sich das Atmosphäre-Ozean-Modell auf seinen eigenen quasi-Gleichgewichtszustand ein. Infolgedessen unterscheiden sich die Luft-See-Flüsse der nicht gekoppelten und der gekoppelten Modelle.

Im flusskorrigierten Modus (Abb. 5.5, Panel c) werden nur die Abweichungen (Φ_b' und Ψ_b') von den Mittelwerten ($\overline{\Phi}_b$ und $\overline{\Psi}_b$) online an die jeweils andere Modellkomponente weitergegeben, während die Mittelwerte der Randdaten ($\overline{\Phi}_b$ und $\overline{\Psi}_b$) aus Beobachtungen stammen. Der Mittelwert kann auch mittlere Jahreszyklen beinhalten. Durch die Anwendung dieser Technik wird die Kopplung der Luft-See-Fluxes entsprechend „korrigiert" (siehe unten sowie Abschn. 5.3.3 und 5.3.4). Mit dieser Methode wird das Driftproblem von der Bestimmung der Reaktion des gekoppelten Systems auf Änderungen der Klimaantriebe, z. B. eine Änderung der CO_2-Konzentration oder des Albedos der Erde, getrennt.

Um eine spezifischere Formulierung der Flusskorrekturmethode zu geben, betrachten wir ein gekoppeltes Atmosphäre(Φ)-Ozean(Ψ)-Modell, das durch die Gleichungen

$$\frac{\partial \Phi}{\partial t} = G_A(\Phi, t) + F(\Phi_b, \Psi_b, t) + E_A(\Phi, \Psi, t) \tag{5.1}$$

$$\frac{\partial \Psi}{\partial t} = G_O(\Psi, t) - F(\Phi_b, \Psi_b, t) + E_O(\Phi, \Psi, t) \tag{5.2}$$

beschrieben wird, wobei G_A und G_O Funktionen sind, die alle physikalischen Prozesse innerhalb der atmosphärischen bzw. ozeanischen Teilsysteme repräsentieren, F der Fluss vom Ozean in die Atmosphäre ist und t die Zeit bezeichnet. Die Entwicklung des gekoppelten Modells unterscheidet sich vom wahren (oder perfekten) System durch unbekannte Modellfehler E_A und E_O:

$$\frac{\partial \Phi}{\partial t} = \frac{\partial \Phi_{true}}{\partial t} + E_A(\Phi, \Psi, t) \tag{5.3}$$

$$\frac{\partial \Psi}{\partial t} = \frac{\partial \Psi_{true}}{\partial t} + E_O(\Phi, \Psi, t) \tag{5.4}$$

Eines der zentralen Ziele der Atmosphäre-Ozean-Modellierung ist es, die Modelle so zu verbessern, dass die Fehler E_A und E_O verschwinden oder so klein werden, dass ein verbleibender Modelldrift vernachlässigbar ist. Diese Herausforderung besteht auch für die neueste Generation von Erdsystemmodellen fort.

Es gab zahlreiche Versuche, das Driftproblem zu beheben, beispielsweise durch die Anwendung eines newtonschen Korrekturterms, wie er von Sarmiento und Bryan (1982) verwendet wurde. Allerdings ändert sich dabei leider auch die Reaktion des gekoppelten Modells auf Störungen, wie von Sausen et al. (1988) gezeigt wurde.

Im Flusskorrekturverfahren werden die Fehler E_A und E_O im quasi-Gleichgewichtszustand durch konstante additive Flusskorrekturterme ΔF_A und ΔF_O kompensiert:

$$\frac{\partial \Phi}{\partial t} = G_A(\Phi, t) + F(\Phi_b, \Psi_b, t) + E_A + \Delta F_A \tag{5.5}$$

$$\frac{\partial \Psi}{\partial t} = G_O(\Psi, t) - F(\Phi_b, \Psi_b, t) + E_O - \Delta F_O \tag{5.6}$$

Die Flusskorrekturterme können auch einen mittleren Jahreszyklus enthalten. Diese Terme werden so gewählt, dass das Quasi-Gleichgewicht des gekoppelten Systems mit dem kombinierten Quasi-Gleichgewicht der entkoppelten Systeme identisch ist. Daraus ergibt sich:[9]

$$\Delta F_A = F(\Phi_b^u, \Psi_b^m, t) - F(\Phi_b^u, \Psi_b^u, t) \tag{5.7}$$

$$\Delta F_O = F(\Phi_b^m, \Psi_b^u, t) - F(\Phi_b^u, \Psi_b^u, t) \tag{5.8}$$

Hier bezeichnen Φ_b^u und Ψ_b^u die (jährlichen) mittleren Randdaten der entkoppelten Atmosphären- bzw. Ozeanmodelle im Quasi-Gleichgewichtszustand. Analog sind Φ_b^m und Ψ_b^m die Randdaten aus atmosphärischen bzw. ozeanischen Messungen (Beobachtungen).

Es ist zu beachten, dass die Flusskorrekturterme ΔF_A und ΔF_A nicht vom Zustand des gekoppelten Modells abhängen: Sie hängen nur von den Jahresmitteln bzw. mittleren Jahreszyklen der Beobachtungen und der Ausgaben der entkoppelten Modelle ab. Folglich beeinflussen die Flusskorrekturterme vermutlich nicht die Reaktion des gekoppelten Modells auf Klimastörungsexperimente (siehe z. B. Abschn. 5.3.3).

5.3.3 Erste Anwendungen

Um zu zeigen, dass das oben beschriebene Flusskorrekturverfahren seine Ziele erreicht, wendeten Sausen et al. (1988) die Techniken in einem relativ einfachen Atmosphäre-Ozean-Modell sowie in einem umfassenderen Modell an.

Das einfache Modell wurde mit linearen Termen konstruiert, mit einer Ausnahme im Ozeanteil: Der Energieeintrag in den Ozean ist eine Sprungfunktion mit einem linearen Übergang zwischen konstanten Niveaus.

$$C_A \frac{dT_A}{dt} = R_A - \lambda_A T_A + k(T_O - T_A) \tag{5.9}$$

[9] Eine detailliertere Anleitung zur Berechnung der Flusskorrekturterme findet sich bei Sausen und Cubasch (1989).

$$C_O \frac{dT_O}{dt} = R_O - \lambda_O T_O - k(T_O - T_A) \tag{5.10}$$

Hier bezeichnen T_A und T_O die atmosphärische bzw. ozeanische Temperatur, C_A und C_O die Wärmekapazitäten der jeweiligen Systeme, R_A und R_O die solaren Einstrahlungen (einschließlich des konstanten Anteils der Strahlungsverluste), $\lambda_A T_A$ und $\lambda_O T_O$ die Strahlungsverluste (linearisiert um Referenztemperaturen), und $k(T_O - T_A)$ den Energiefluss vom Ozean zur Atmosphäre. Während R_A als konstant angenommen wird, ist R_O als die nichtlineare Funktion

$$R_O(T_O) = \begin{cases} R_O^{(1)} & \text{for } T_O \leq T_O^{(1)} \\ R_O^{(1)} + \dfrac{T_O - T_O^{(1)}}{T_O^{(2)} - T_O^{(1)}}(R_O^{(2)} - R_O^{(1)}) & \text{for } T_O^{(1)} < T_O < T_O^{(2)} \\ R_O^{(2)} & \text{for } T_O^{(2)} \leq T_O \end{cases} \tag{5.11}$$

definiert, wobei $R_O^{(2)} > R_O^{(1)}$ und $T_O^{(2)} > T_O^{(1)}$. Gl. (5.11) stellt eine einfache Parametrisierung des Meereis-Albedo-Rückkopplungseffekts dar, wobei der Ozean für $T_O \geq T_O^{(2)}$ vollständig eisfrei und für $T_O \leq T_O^{(1)}$ vollständig eisbedeckt ist.

Dieses einfache Modell eignet sich hervorragend, um die Methode der Flusskorrektur zu veranschaulichen und zu testen.[10] Sausen et al. (1988) wählten einen Parametersatz in Gl. (5.9)–(5.11) für ein „perfektes" Modell (*PM*), das die „Beobachtungen" exakt wiedergibt. Damit erhalten wir die beobachteten Atmosphären- und Ozeantemperaturen $T_A^{(m)}$ und $T_O^{(m)}$ als Gleichgewichtszustand des perfekten Modells.

Wir nehmen an, dass die Parameter des perfekten Modells unbekannt sind und dass es gelungen ist, die Parameter eines „approximativen" Modells (*AM*) zu „finden", das ebenfalls die Gl. (5.9)–(5.11) erfüllt, jedoch mit von denen des perfekten Modells abweichenden Parametern (siehe Tabelle 1 in Sausen et al. 1988). Tatsächlich unterscheiden sich die Parameter von *PM* und *AM* nur in λ_A und λ_O um etwa 1 %.

Im entkoppelten Modus reproduzieren sowohl das atmosphärische als auch das ozeanische Näherungsmodell jeweils die Temperaturbeobachtungen, d. h. die Temperaturen des gekoppelten perfekten Modells, mit einem Bias von bis zu 0,2 K (siehe auch Tabelle 2 in Sausen et al. 1988). Dennoch unterscheiden sich die Ozean-Atmosphäre-Flüsse der entkoppelten Näherungsmodelle um 3,23 W/m^2, etwa 4 %, vom *PM*.

Aufgrund dieses Unterschieds in den Kopplungsflüssen driftet das gekoppelte Näherungsmodell *AM* von den kombinierten Gleichgewichtstemperaturen der entkoppelten Modelle in einen neuen Zustand, der nahezu 10 K wärmer ist als der Gleichgewichtszustand des perfekten Modells *PM*. Die durchgezogene Kurve in Abb. 5.6 veranschaulicht diese Drift. Im Sinne der einfachen Modelle bedeutet

[10] Es erwies sich zudem als ein sehr geeignetes Werkzeug zur Erprobung von Techniken für asynchrone und periodisch synchrone Kopplung von Modellen (Sausen und Voss 1996; Voss und Sausen 1996).

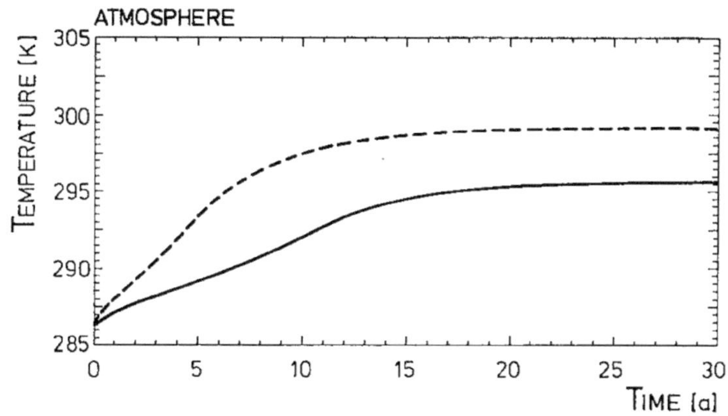

Abb. 5.6 Temperaturverlauf der Atmosphäre des gekoppelten Nährungsmodells *AM* ohne Flusskorrektur für den Kontrolllauf (durchgezogene Linie) und für den Lauf mit reduzierter Emmisivität (gestrichelte Linie) (nach Sausen et al. 1988)

dies, dass *AM* von einem eisbedeckten in einen eisfreien Zustand driftet. Dies hätte Konsequenzen für ein mögliches Klimaerwärmungsexperiment: Da das Meereis aufgrund der Modelldrift bereits verschwunden ist, würde eine simulierte Klimaerwärmung geringer ausfallen (siehe unten). Dies könnte als eine geringere Klimasensitivität interpretiert werden.

Nach Gl. (5.7) und (5.8) lauten die Flusskorrekturterme unseres einfachen Modells:

$$\Delta F_A = +k(T_O^{(m)} - T_O^{(u)]}) \tag{5.12}$$

$$\Delta F_O = -k(T_A^{(m)} - T_A^{(u)]}) \tag{5.13}$$

Dabei bezeichnen $T_A^{(u)}$ und $T_O^{(u)}$ die Gleichgewichtstemperaturen der Atmosphäre bzw. des Ozeans der entkoppelten Näherungsmodelle. Mit diesen Flusskorrekturtermen ergibt sich für *AM* folgende Form:

$$C_A \frac{dT_A}{dt} = R_A - \lambda_A T_A + k(T_O - T_A) + k(T_O^{(m)} - T_O^{(u)]}) \tag{5.14}$$

$$C_O \frac{dT_O}{dt} = R_O - \lambda_O T_O - k(T_O - T_A) - k(T_A^{(m)} - T_A^{(u)]}) \tag{5.15}$$

Mit Flusskorrektur driftet das gekoppelte Näherungsmodell *AM* beim Start aus den Gleichgewichtslösungen der entkoppelten Modelle nicht mehr in einen neuen Zustand. In Abb. 5.7 wird dies durch die durchgezogene Kurve für die atmosphärische Temperatur veranschaulicht.

Nachdem gezeigt wurde, dass die Flusskorrektur die Drift im einfachen Modell *AM* verhindert, stellt sich die Frage: Welchen Einfluss hat die Flusskorrektur

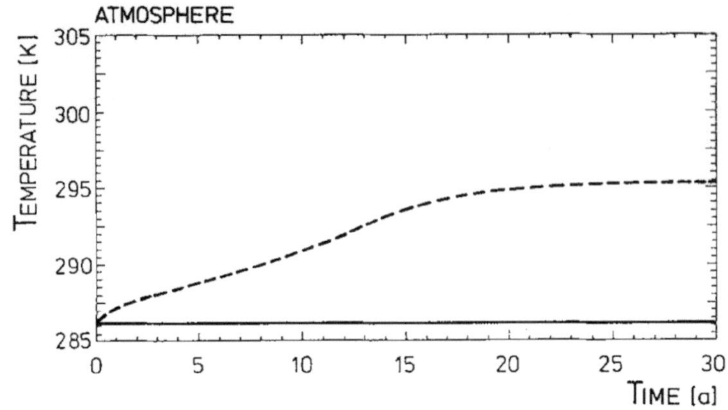

Abb. 5.7 Temperaturverlauf der Atmosphäre des gekoppelten Nährungsmodells AM mit Flusskorrektur für den Kontrolllauf (durchgezogene Linie) und für den Lauf mit reduzierter Emmisivität (gestrichelte Linie) (nach Sausen et al. 1988)

auf die Klimareaktion auf eine (externe) Störung? Zu diesem Zweck wurde ein Experiment durchgeführt, bei dem die Emissivitäten der Atmosphäre λ_A in Gl. (5.9) und (5.14) jeweils um 2 % reduziert wurden. Dies kann als Effekt zusätzlicher Treibhausgase interpretiert werden. Die Auswirkung auf die atmosphärische Temperatur des gekoppelten Modells *AM* ohne und mit Flusskorrektur wird durch die gestrichelten Kurven in Abb. 5.6 bzw. 5.7 dargestellt. Ohne Flusskorrektur beträgt die Erwärmung $\approx$3,5 K, während die Erwärmung mit Flusskorrektur $\approx$9,2 K beträgt (siehe auch Tabelle 2 in Sausen et al. 1988). Im Gegensatz zu komplexeren Modellen kennen wir im Fall unseres einfachen Modells die „wahre" Reaktion: $\approx$ 9,2 K, entsprechend dem perfekten Modell *PM*.

In einem zweiten Beispiel wandten Sausen et al. (1988) die Flusskorrekturmethode auf ein umfassenderes Atmosphäre-Ozean-Modell an.[11] Das Ozeanmodell war das LSG-Modell (Large-Scale Geostrophic, siehe Abschn. 5.2) von Maier-Reimer et al. (1983), siehe auch Maier-Reimer (1985) und Maier-Reimer und Hasselmann (1987). Das Modell hatte eine horizontale Auflösung von 3.54° × 3,54° auf einem Arakawa-E-Gitter und fünf vertikale Schichten. Eine numerische Filterung der Schwerewellen ermöglichte eine implizite Zeitschrittweite von einem Monat.

Das Atmosphärenmodell war ein zweischichtiges Strahlungs-Konvektionsmodell (Sausen 1989) mit derselben horizontalen Auflösung wie das Ozeanmodell. Der horizontale Wärmetransport erfolgt durch Temperaturadvektion mit dem beobachteten Wind und einen (schwachen) diffusen Transport. Die Zeitschrittweite betrug 1 Stunde.[12]

[11] Vermutlich war dies das erste gekoppelte „umfassende" Atmosphäre-Ozean-Modell, das in Hamburg betrieben wurde.

[12] Klaus Hasselmann bezeichnete dieses Modell als „Arme-Leute-Atmosphäre", da es nur sehr geringe Rechenleistung erforderte.

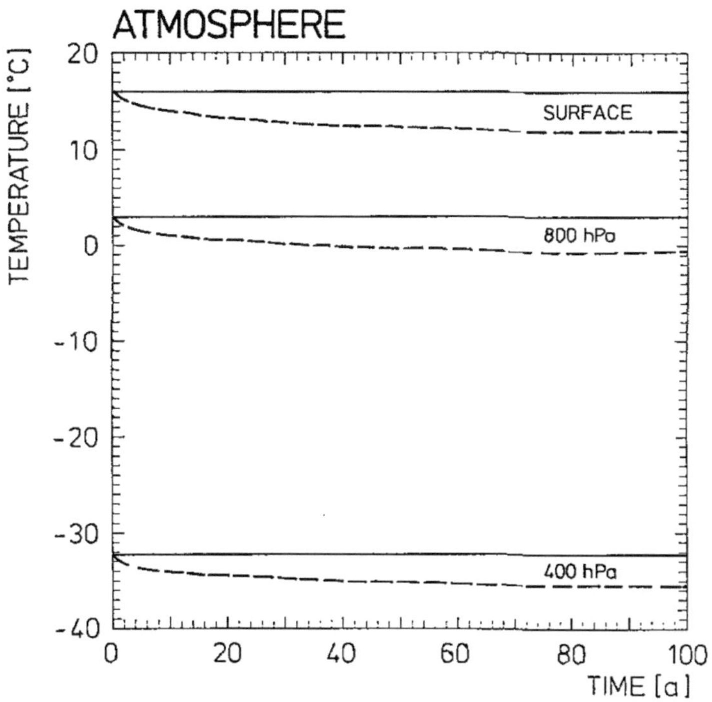

Abb. 5.8 Verlauf der global gemittelten Temperatur des gekoppelten umfassenderen Modells ohne (durchgezogene Linie) und mit (gestrichelte Linie) Flusskorrektur in einem Kontrolllauf (nach Sausen et al. 1988)

Die Modelle wurden über den gesamten Luft-See-Wärmefluss gekoppelt. Aufgrund der relativ großen Zeitskala des Ozeans befand sich das Atmosphärenmodell in einem quasi-diagnostischen Modus, d. h. nach 240 Atmosphären-Zeitschritten (=10 Tage) wurde ein neues Gleichgewicht erreicht. Die lange Zeitschrittweite, die relativ grobe räumliche Auflösung, die geringe Anzahl prognostischer Variablen und die begrenzten physikalischen Prozesse ermöglichten es, mehrere Simulationen über Jahrhunderte hinweg mit der in Hamburg in den späten 1980er Jahren verfügbaren Rechenkapazität auf einer CYBER205 durchzuführen.

Aufgrund großer Unterschiede im Luft-See-Wärmefluss, wie er in den entkoppelten Atmosphären- bzw. Ozeanmodellen verwendet wurde, zeigte das gekoppelte Modell ohne Flusskorrektur einen starken Drift. Innerhalb von 100 Jahren sank die globale mittlere Atmosphärentemperatur auf allen Ebenen um $\approx$3 K, während die globale mittlere Temperatur in der obersten Ozeanschicht um $\approx$5 K abnahm (siehe gestrichelte Linien in Abb. 5.8 für die Atmosphärentemperatur). Mit Flusskorrektur konnte der Drift sowohl in der Atmosphäre (Abb. 5.8 durchgezogene Linien) als auch im Ozean vermieden werden.

Zur Veranschaulichung zeigt Abb. 5.9 die Temperaturdrift im Ozean über 100 Jahre in 75 m Tiefe (oberste Ozeanschicht). Ohne Flusskorrektur überschreitet die

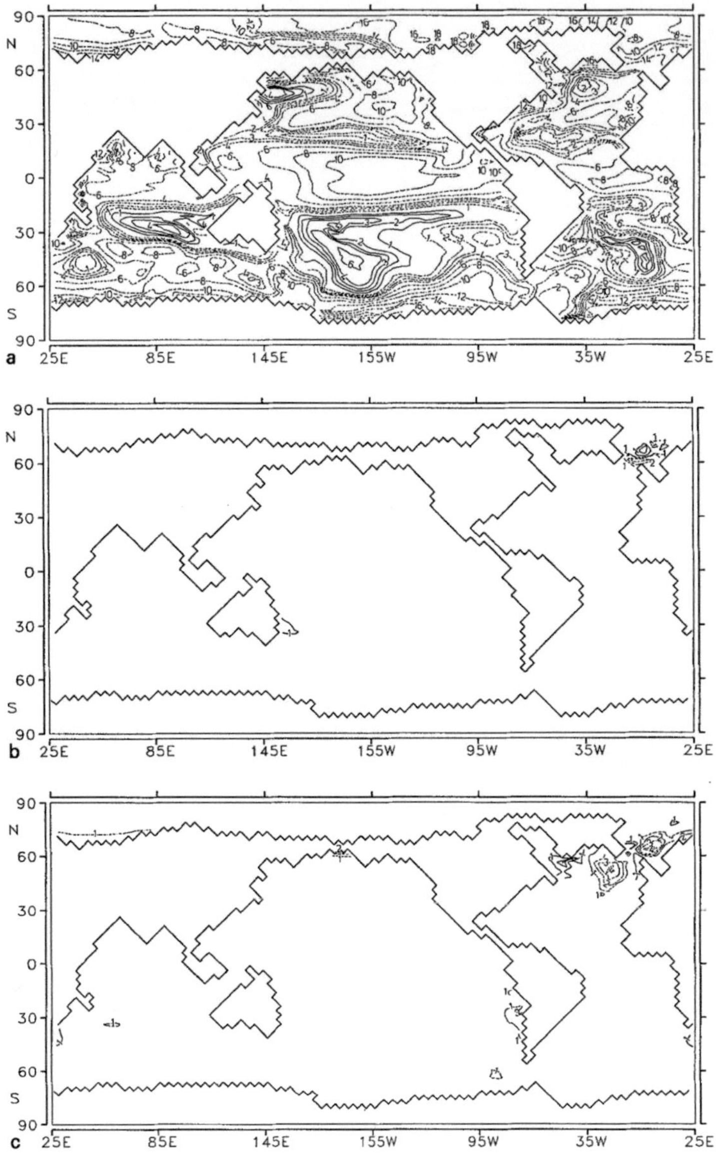

Abb. 5.9 Temperaturdrift im Ozean über 100 Jahre in 75 m Tiefe: (**a**) ohne Flusskorrektur, (**b**) mit Flusskorrektur und (**c**) für den entkoppelten Ozean. Negative Isolinien sind gestrichelt; die Nulllinie ist nicht eingezeichnet (nach Sausen et al. 1988).

Drift den Bereich von −16 K bis +6 K, und die räumliche Struktur ist recht inhomogen (Panel a). Mit Flusskorrektur findet sich ein geringer verbleibender Drift nur noch in der Norwegischen See (Panel b). Dieser verbleibende Drift könnte auf einen Drift des entkoppelten Ozeanmodells (Panel c) zurückzuführen sein, das beim Start der gekoppelten Simulation möglicherweise noch nicht sein Quasi-Gleichgewicht erreicht hatte.

Sausen et al. (1988) führten mit dem umfassenderen gekoppelten Modell auch ein „Klimareaktions"-Experiment durch: Die Absorptionskoeffizienten für die langwellige Strahlung wurden leicht erhöht. Die Reaktionen ohne und mit Flusskorrektur unterschieden sich deutlich.

5.3.4 *Flusskorrektur versus Anomaliekopplung*

Die oben beschriebene Modellierungstechnik als „Flusskorrektur" zu bezeichnen, löste eine recht kontroverse Diskussion aus. Für manche vermittelte der Begriff „Flusskorrektur" den Eindruck, dass bei gekoppelten Klimamodellen etwas Unlauteres vorgenommen wurde.[13] Möglicherweise wäre weniger Aufregung entstanden, wenn Sausen et al. (1988) den Begriff „Anomaliekopplung" gewählt hätten, wie in Abb. 5.5 vorgeschlagen und in Abschnitt 2 von Sausen et al. (1988) dargestellt.

Dies wird deutlicher, wenn man die Gl. (5.5)–(5.8) (siehe auch Sausen und Cubasch 1989) umformuliert: Die Randwerte Φ_b und Ψ_b werden in Beiträge aus dem entkoppelten Modell und Abweichungen von diesen entkoppelten Beiträgen aufgeteilt:

$$\Phi_b = \Phi_b^u + \delta\Phi_b \tag{5.16}$$

$$\Psi_b = \Psi_b^u + \delta\Psi_b \tag{5.17}$$

Setzt man dies in Gl. (5.5) mit Gl. (5.7) ein, ergibt sich:

$$\frac{\partial\Phi}{\partial t} = G_A(\Phi, t) + F(\Phi_b^u + \delta\Phi_b, \Psi_b^u + \delta\Psi_b) + F(\Phi_b^u, \Psi_b^m) - F(\Phi_b^u, \Psi_b^u) \tag{5.18}$$

Hier wird der Fehlerterm weggelassen und es werden nur die Gleichungen für die Atmosphäre dargestellt. Der Ozeanteil kann analog behandelt werden.

[13] *Sausen stellte die Flusskorrektur einem internationalen Publikum während der abendlichen Kurzvorträge der Studierenden am NATO Advanced Study Institute (einer Sommerschule) zum Thema „Physically Based Modelling and Simulation of Climate and Climatic Change" in Erice/Italien, 12.–23. Mai 1986, vor. Während Sausens Vortrag auf 15 Minuten begrenzt war, dauerte die anschließende Diskussion etwa eine Stunde. Es war weniger eine Diskussion mit dem Vortragenden (damals ein Postdoc), sondern vielmehr diskutierten zwei Gruppen der Dozenten, international anerkannte Klimamodellierer, die Methode sehr kontrovers und intensiv. Auf der einen Seite vertraten die Amerikaner die Ansicht, dass eine solche Methode physikalisch nicht gerechtfertigt sei und daher nicht verwendet werden sollte. Auf der anderen Seite unterstützten die Europäer die Technik nachdrücklich, da sie helfen könne, ein gravierendes Problem in der gekoppelten Atmosphäre-Ozean-Modellierung zu überwinden. Der junge Postdoc Sausen befand sich zwischen den „Fronten". Er fühlte sich jedoch durch Klaus Hasselmann in dessen Rolle als Mentor gut geschützt.*

Wir entwickeln nun den blauen Term in Gl. (5.18) in eine Taylorreihe:

$$
\begin{aligned}
\frac{\partial \Phi}{\partial t} &= G_A(\Phi, t) \\
&+ F(\Phi_b^u, \Psi_b^u) \\
&+ \delta\Phi_b \frac{\partial}{\partial\, \delta\Phi_b} F(\Phi_b^u + \delta\Phi_b, \Psi_b^u + \delta\Psi_b) \\
&+ \delta\Psi_b \frac{\partial}{\partial\, \delta\Psi_b} F(\Phi_b^u + \delta\Phi_b, \Psi_b^u + \delta\Psi_b) \\
&+ \text{terms of higher order} \\
&+ F(\Phi_b^u, \Psi_b^m) - F(\Phi_b^u, \Psi_b^u)
\end{aligned}
\tag{5.19}
$$

Schließlich ergibt sich

$$
\begin{aligned}
\frac{\partial \Phi}{\partial t} &\approx G_A(\Phi, t) + F(\Phi_b^u, \Psi_b^m) \\
&+ \delta\Phi_b \frac{\partial}{\partial\, \delta\Phi_b} F(\Phi_b^u + \delta\Phi_b, \Psi_b^u + \delta\Psi_b) \\
&+ \delta\Psi_b \frac{\partial}{\partial\, \delta\Psi_b} F(\Phi_b^u + \delta\Phi_b, \Psi_b^u + \delta\Psi_b)
\end{aligned}
\tag{5.20}
$$

Damit wird aus der Flusskorrektur eine Kopplung, die linear in den Anomalien des Luft-See-Flusses ist, d. h. es handelt sich um eine Anomaliekopplung.[14]

5.3.5 *Abschließende Bemerkungen*

Der letzte Absatz von Sausen et al. (1988) lautet: *„Abschließend stellen wir fest, dass die Flusskorrekturmethode nicht nur als Technik zur Aufrechterhaltung des gekoppelten Modells am „Arbeitspunkt“, für den die Teilsysteme des Modells entwickelt wurden, nützlich ist, sondern auch als diagnostisches Werkzeug. Die Flusskorrekturfelder zeigen die Struktur der gegenseitigen Inkonsistenzen der einzelnen Teilsysteme auf und weisen darauf hin, wo Änderungen in den einzelnen Teilsystemen am dringendsten erforderlich sind.“*

Kurz nach der ursprünglichen Veröffentlichung der Flusskorrekturmethode (Sausen et al. 1988) erschienen mehrere Erweiterungen und weitere Anwendungsbeispiele der Methode, z. B. Lunkeit und Sausen (1989), Sausen und Lunkeit (1989a, b, 1990) (Abb. 5.10).

[14] In einer Reihe von Veröffentlichungen wird für die Flusskorrektur auch die Bezeichnung „flux adjustment“ verwendet.

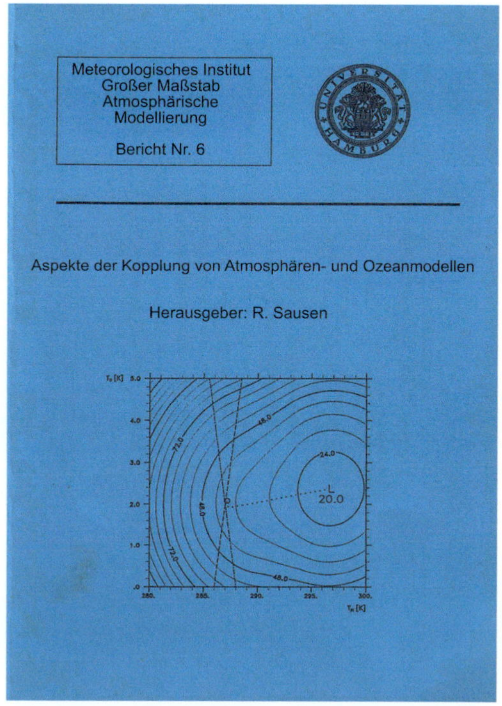

Abb. 5.10 Interner Bericht des Meteorologischen Instituts, Universität Hamburg, Deutschland, veröffentlicht 1989

Die Flusskorrekturmethode war ein notwendiges Werkzeug, das die Entwicklung der ersten umfassenden gekoppelten Atmosphäre-Ozean-Modelle in Hamburg ermöglichte, bei denen beide Komponenten Allgemeine Zirkulationsmodelle waren, beide auf dem Stand der Technik der 1990er Jahre (Cubasch et al. 1992; Lunkeit et al. 1996). Auch später fand die Flusskorrekturmethode Eingang in die referierte Fachliteratur (Abb. 5.11), mit einem Höhepunkt im Jahr 1996, und selbst nach 25 Jahren wird die Methode weiterhin zitiert.

Viele der gekoppelten Modelle mittlerer Komplexität, die Informationen für den Fünften Sachstandsbericht des IPCC lieferten (Flato et al. 2013), verwendeten Flusskorrektur (hier als „flux adjustment“ bezeichnet): 15 von 15 Modellen (Tabelle 9.A.2 in Flato et al. 2013). Leider enthält eine analoge Tabelle (Tabelle 9.A.1 in Flato et al. 2013) zu den umfassenderen Modellen keine Angaben zur Kopplung und ob eine Flusskorrektur verwendet wurde. Ebenso fehlen diese Informationen im Sechsten Sachstandsbericht des IPCC (IPCC 2021).

Im vergangenen Jahr wurde Sausen et al. (1988) von vier Arbeiten zu sehr unterschiedlichen Modellierungsaspekten zitiert: Lian (2023), Masunaga et al. (2023), Schevenhoven et al. (2023) und Shutyaev et al. (2023).

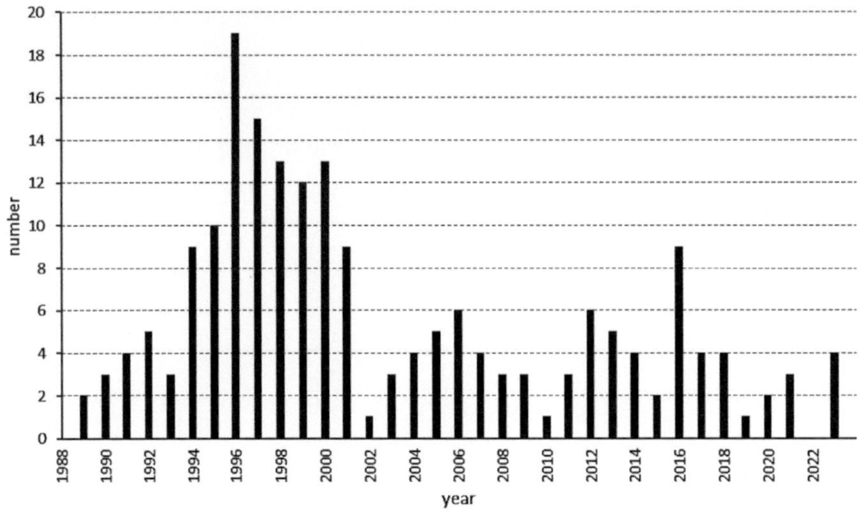

Abb. 5.11 Jährliche Zitationen von Sausen et al. (1988) basierend auf scopus.com (heruntergeladen am 17. Dez. 2023)

Literatur

Cubasch U, Hasselmann K, Höck H, Maier-Reimer E, Mikolajewicz U, Santer BD, Sausen R (1992) Time-dependent greenhouse warming computations with a coupled ocean-atmosphere model. Clim Dyn 8:55–69

Edwards N, Shepherd J (2002) Bifurcations of the thermohaline circulation in a simplified three-dimensional model of the world ocean and the effects of inter-basin connectivity. Clim Dyn 19(1):31–42. https://doi.org/10.1007/s00382-001-0207-7

Fischer G (1959) Ein numerisches Verfahren zur Errechnung von Windstau und Gezeiten in Randmeeren. Tellus 11(1):60–76. https://doi.org/10.3402/tellusa.v11i1.9281

Flato G, Marotzke J, Abiodun B, Braconnot P, Chou S, Collins W, Cox P, Driouech F, Emori S, Eyring V, Forest C, Gleckler P, Guilyardi E, Jakob C, Kattsov V, Reason C, Rummukainen M (2013) Evaluation of climate models. In: Stocker T, Qin D, Plattner GK, Tignor M, Allen S, Boschung J, Nauels A, Xia Y, Bex V, Midgley P (eds) Climate change 2013: the physical science basis. Contribution of working group I to the fifth assessment report of the intergovernmental panel on climate change. Cambridge University Press, Cambridge, pp 741–866. https://doi.org/10.1017/9781009157896

Gates WL, Han YJ, Schlesinger ME (1985) The global climate simulated by a coupled atmosphere-ocean general circulation model: preliminary results. Elsevier Oceanogr Ser 40(C):131–151. https://doi.org/10.1016/S0422-9894(08)70707-4

Hansen W (1956a) A simple model of oceanic circulation; [Ein einfaches Modell der Zirkulation im Meere]. Deutsche Hydrographische Zeitschrift 9(2):102–106. https://doi.org/10.1007/BF02021148

Hansen W (1956b) Theorie zur Errechnung des Wasserstandes und der Strömungen in Randmeeren nebst Anwendungen. Tellus 8(3):287–300. https://doi.org/10.3402/tellusa.v8i3.9023

Hansen J, Lacis A, Rind D, Russell G, Stone P, Fung I, Ruedy R, Lerner J (1984) Climate sensitivity: analysis of feedback mechanisms. American Geophysical Union (AGU). https://doi.org/10.1029/gm029p0130

Hasselmann K (1976) Stochastic climate models. Part I. Theory. Tellus 28:473–485

Hasselmann K (1982) An ocean model for climate variability studies. Prog Oceanogr 11(2):69–92. https://doi.org/10.1016/0079-6611(82)90004-0

Institut für Meereskunde (1962) Proceedings of the symposium on mathematical-hydrodynamical methods of physical oceanography. Tech. rep. Institut für Meereskunde der Universität Hamburg

IPCC (2021) In: Masson-Delmotte V, Zhai P, Pirani A, Connors SL, Péan C, Berger S, Caud N, Chen Y, Goldfarb L, Gomis MT, Huang M, Leitzell K, Lonnoy E, Matthews JBR, Maycock TK, Waterfield T, Yelekçi O, Yu R, Zhou B (eds) Climate change 2021: the physical science basis. Contribution of working group I to the sixth assessment report of the intergovernmental panel on climate change. Cambridge University Press, Cambridge, 2391 pp. https://doi.org/10.1017/9781009157896

Latif M (1987) Tropical ocean circulation experiments. J Phys Oceanogr 17:246–263

Latif M, Biercamp J, Von Storch H (1988) The response of a coupled ocean-atmosphere general circulation model to wind bursts. J Atmos Sci 45:964–979

Lenton TM, Williamson MS, Edwards NR, Marsh R, Price AR, Ridgwell AJ, Shepherd JG, Cox SJ, team TG (2006) Millennial timescale carbon cycle and climate change in an efficient earth system model. Clim Dyn 26(7):687–711. https://doi.org/10.1007/s00382-006-0109-9

Lian T (2023) ENSO spread caused by uncertainties in initial condition and high-frequency perturbations in the Tropical Pacific. J Clim 36(15):5143–5161. https://doi.org/10.1175/JCLI-D-22-0658.1

Lunkeit F, Sausen R (1989) Flux correction with annual cycle and stochastic forcing. In: Sausen R (ed) Aspects of coupling atmosphere and ocean models. Large Scale Atmospheric Modelling Report, vol 6. Meteorologisches Institut der Universität Hamburg, Hamburg, pp 1–15

Lunkeit F, Sausen R, Oberhuber JM (1996) Climate simulations with the global coupled atmosphere-ocean model ECHAM2/OPYC. Part I: present-day climate and enso events. Clim Dyn 12(3):195–212. https://doi.org/10.1007/BF00211618

Maier-Reimer E (1985) A large scale ocean circulation model. Techn. Report. Max-Planck-Institut für Meteorologie, Hamburg

Maier-Reimer E, Hasselmann K (1987) Transport and storage of CO_2 in the ocean – an inorganic ocean-circulation carbon cycle model. Clim Dyn 2(2):63–90

Maier-Reimer E, Müller D, Olber D, Willebrand J, Hasselmann K (1982) Ein Modell der ozeanischen Zirlulation zur Untersuchung von Klimaschwankungen. Max-Planck-Institut für Meteorologie, Hamburg. https://hdl.handle.net/21.11116/0000-0003-A552-6

Maier-Reimer E, Hasselmann K, Olbers D, Willebrand J (1983) An ocean circulation model for climate studies. Techn. Report. Max-Planck-Institut für Meteorologie, Hamburg

Maier-Reimer E, Mikolajewicz U, Hasselmann K (1993) Mean circulation of the hamburg LSG OGCM and its sensitivity to the thermohaline surface forcing. J Phys Oceanogr 23(4):731–757

Masunaga R, Miyakawa T, Kawasaki T, Yashiro H (2023) Flux adjustment on seasonal-scale sea surface temperature drift in NICOCO. J Meteorol Soc Jpn 101(3):175–189. https://doi.org/10.2151/jmsj.2023-010

Müller P, von Storch H (2004) Computer modelling in atmospheric and oceanic sciences – building knowledge. Springer, Berlin

Müller SA, Joos F, Edwards NR, Stocker TF (2006) Water mass distribution and ventilation time scales in a cost-efficient, three-dimensional ocean model. J Clim 19(21):5479–5499. https://doi.org/10.1175/JCLI3911.1

Ritz SP, Stocker TF, Joos F (2011) A coupled dynamical ocean–energy balance atmosphere model for paleoclimate studies. J Clim 24(2):349–375. https://doi.org/10.1175/2010JCLI3351.1

Sarmiento J, Bryan K (1982) Ocean transport model for the North Atlantic. J Geophys Res 87(C1):394–408. https://doi.org/10.1029/JC087iC01p00394

Sausen R (1986) Gekoppelte Ozean-Atmosphären-Modelle ohne Drift der prognostischen Variablen. Ann Meteorol (neue Folge) 23:82–83

Sausen R (1989) A "poor man's atmosphere" – a radiative-convective model with advection by prescribed winds. Large Scale Atmospheric Modelling Report, vol 2. Meteorologisches Institut der Universität Hamburg, Hamburg

Sausen R, Cubasch U (1989) A technical guide for the flux corrections method. In: Sausen R (ed) Aspects of coupling atmosphere and ocean models. Large scale atmospheric modelling report, vol 6. Meteorologisches Institut der Universität Hamburg, Hamburg, pp 39–71

Sausen R, Lunkeit F (1989a) A modified flux correction method for unstationary models. In: Sausen R (ed) Aspects of coupling atmosphere and ocean models. Large scale atmospheric modelling report, vol 6. Meteorologisches Institut der Universität Hamburg, Hamburg, pp 17–28

Sausen R, Lunkeit F (1989b) Illustrating the climate drift of coupled ocean-atmosphere models by means of a potential. In: Sausen R (ed) Aspects of coupling atmosphere and ocean models. Large scale atmospheric modelling report, vol 6. Meteorologisches Institut der Universität Hamburg, Hamburg, pp 29–37

Sausen R, Lunkeit F (1990) Some remarks on the cause of the climate drift of coupled ocean-atmosphere models. Beitr Phys Atmos 63:141–146

Sausen R, Voss R (1996) Techniques for asynchronous and periodically synchronous coupling of atmosphere and ocean models: Part I: general strategy and application to the cyclo-stationary case. Clim Dyn 12:313–323. https://doi.org/10.1007/BF00231105

Sausen R, Barthel K, Hasselmann K (1988) Coupled ocean-atmosphere models with flux correction. Clim Dyn 2(3):145–163. https://doi.org/10.1007/BF01053472

Schevenhoven F, Keenlyside N, Counillon F, Carrassi A, Chapman WE, Devilliers M, Gupta A, Koseki S, Selten F, Shen ML, Wang S, Weiss JB, Wiegerinck W, Duane GS (2023) Supermodeling improving predictions with an ensemble of interacting models. Bull Am Meteorol Soc 104(9):E1670–E1686. https://doi.org/10.1175/BAMS-D-22-0070.1

Shutyaev V, Zalesny V, Agoshkov V, Parmuzin E, Zakharova N (2023) Four-dimensional variational data assimilation and sensitivity of ocean model state variables to observation errors. J Mar Sci Eng 11(6). https://doi.org/10.3390/jmse11061253

Sündermann J (1989) Walter Hansen – zum 80ten Geburtstag. DGM Mitteilungen 3:16–17

Sündermann J, Vollmers H (1972) Tidewellen in Ästuarien. Wasserwirtschaft 62:1–9

Voss R, Sausen R (1996) Techniques for asynchronous and periodically synchronous coupling of atmosphere and ocean models: Part II: impact of variability. Clim Dyn 12:605–614. https://doi.org/10.1007/bf00216269

Washington W, Semtner A, Meehl G, Knight D, Mayer T (1980) A general circulation experiment with a coupled atmosphere, ocean and sea ice model. J Phys Oceanogr 10(12):1887–1908. https://doi.org/10.1175/1520-0485(1980)010%3C1887:agcewa%3E2.0.co;2

Kapitel 6
Downscaling

Hans von Storch, Eduardo Zorita, Robert Sausen, Martin Claussen und Martin Heimann

Zusammenfassung Das Hauptziel dynamischer Klimamodelle besteht darin, zukünftige Entwicklungen zu projizieren, vergangene Bedingungen zu rekonstruieren und numerische Experimente durchzuführen. Diese Modelle, ob global oder regional, liefern auf großen Skalen die genauesten Ergebnisse, während ihre Genauigkeit auf kleineren Skalen abnimmt. Dieser Rückgang der Modellgüte ist zum Teil darauf zurückzuführen, dass auf kleineren Skalen Rauschen eine zunehmend wichtige Rolle spielt und die Modelle zwangsläufig die Dynamik beschneiden müssen, indem sie Zustände ignorieren, die durch die numerische Diskretisierung nicht erfasst werden. Viele Studien, die sich mit den Auswirkungen von Klimaschwankungen und -veränderungen befassen, erfordern jedoch ein Verständnis dieser kleineren Skalen. Daher gibt es einen Trend, die Modelle zu verfeinern, um immer kleinere Skalen abzubilden, was jedoch die Rechenkosten erheblich erhöht. Eine wirtschaftlichere Alternative besteht darin, die statistischen oder dynamischen Zusammenhänge zwischen groß- und kleinräumigen Zuständen zu identifizieren – ein Verfahren, das als „Downscaling" bezeichnet wird. In diesem Kapitel untersuchen wir die Entwicklung sowohl empirischer als auch dynamischer Downscaling-Methoden zur konsistenten Abschätzung kleinräumiger Dynamik und zur Bewertung regionaler und lokaler Auswirkungen. Eine der technischen Herausforderungen in diesem Prozess besteht darin, kleine und große Skalen durch geeignete Filtertechniken effektiv voneinander zu trennen.

Das Downscaling-Konzept, sowohl in seiner empirischen als auch in seiner dynamischen Ausprägung, beschreibt regionale Statistiken als durch großräumige Bedingungen beeinflusst und ermöglicht die Rekonstruktion vergangener regionaler Variabilität sowie die Regionalisierung globaler Klimawandelprojektionen.

In Hamburg rückte das Thema in den Fokus, als die Entwicklung und Kopplung globaler Modelle für Atmosphäre und Ozean voranschritt und diese genutzt wurden, um den Klimawandel auf globaler und kontinentaler Skala unter möglichen zukünftigen Treibhausgaskonzentrationen in der Atmosphäre abzuschätzen (Cubasch et al. 1992). Leider konnten diese globalen Modelle wesentliche klimarelevante Variablen, die meist kleinere räumliche Skalen aufweisen – insbesondere

H. von Storch et al., *Klimawissenschaftliche Konzepte aus Hamburg*,
https://doi.org/10.1007/978-3-032-04674-1_6

die räumliche Verteilung des Niederschlags (siehe Abschn. 6.1) – kaum adäquat beschreiben. Daraufhin begannen Klaus Hasselmann und seine Mitarbeiter zu fragen, welche Auswirkungen mit den in solchen Szenarien beschriebenen Veränderungen verbunden wären. In diesem Kapitel werden vor allem Konzepte und Ergebnisse vorgestellt, die Hamburger Klimawissenschaftler bei der Beantwortung dieser Fragen erarbeitet haben.

Grundsätzlich gibt es zwei Ansätze, um lokale und regionale Details aus dem großskaligen Zustand abzuleiten. Einer davon ist in Victor Starrs (1942) Verständnis des Wettervorhersageproblems zusammengefasst: *„Das allgemeine Problem der Wettervorhersage lässt sich zweckmäßig in zwei Teile gliedern. Zunächst ist es erforderlich, den zukünftigen Bewegungszustand der Atmosphäre vorherzusagen; zweitens muss dieser erwartete Bewegungszustand in das tatsächliche Wetter übersetzt werden, das an verschiedenen Orten auftreten wird. Das erste dieser Probleme ist im Wesentlichen dynamischer Natur, da es sich mit der Mechanik der Bewegung eines Fluids befasst. Das zweite Problem umfasst eine Vielzahl von Details, denn unter exakt gleichen Bewegungsbedingungen können unterschiedliche Wettertypen auftreten, abhängig von der Temperatur der beteiligten Luft, dem Feuchtigkeitsgehalt der Luft und einer Vielzahl lokaler Einflüsse.“*

In Anlehnung an dieses Konzept wurden Methoden entwickelt, die die dynamische Verknüpfung zwischen großskaligen Zuständen und kleinräumigen regionalen oder lokalen dynamischen Zuständen bestimmen. Offensichtlich können mit diesem Ansatz nur solche regionalen und lokalen Variablen berücksichtigt werden, die direkt mit den großskaligen Steuerungsvariablen verbunden sind, wie etwa bei großräumigen Windmustern und regionalem oder lokalem Niederschlag. Die Methode ist kaum anwendbar auf zwei Variablen, die lediglich statistisch, aber nicht dynamisch gekoppelt sind, wie etwa großskalige saisonale Mittelzirkulation und die intrasaisonale Statistik von Sturmfluthöhen (siehe Abschn. 6.3.2), oder saisonale Mitteltemperatur und den Zeitpunkt der Pflanzenblüte (Maak und von Storch 1997).

Wie im Rahmen von Starr dargelegt, ist es unrealistisch, einen einzelnen regionalen oder lokalen Zustand zu erwarten, der ausschließlich mit dem Zustand der steuernden Variable(n) übereinstimmt. Daher liefert der Downscaling-Prozess im Wesentlichen eine Menge konsistenter regionaler und lokaler Zustände, wobei die meisten Methoden den erwarteten Mittelwert innerhalb dieses Ensembles wählen.

Dies führte zum Konzept des Wettertypisierens, also der Bestimmung typischer Wettersituationen oder Großwetterlagen, wie es im statistisch-dynamischen Downscaling umgesetzt wurde (z. B. Frey-Buness et al. 1995; Fuentes und Heimann 2000).[1] Aus der Veränderung der Häufigkeit von Großwetterlagen lässt

[1] Fuentes und Heimann fassen zusammen: *„Die Methode basiert auf der Zerlegung einer mehrjährigen Zeitreihe großskaliger meteorologischer Daten in mehrtägige Episoden quasi-stationärer Zirkulation. Die Episoden werden anschließend in eine definierte Anzahl von Klassen gruppiert. Ein Regionalmodell wird verwendet, um die Wetterentwicklung während der jeweils typischsten Episode jeder Klasse zu simulieren.“*

sich eine Veränderung der Statistik der damit typischerweise verbundenen Auswirkungen ableiten.

Der andere, frühere Ansatz wurde erstmals von Kim et al. (1984) verfolgt, nämlich Statistiken großskaliger Zustände mit Statistiken kleinräumiger Zustände zu verknüpfen. Im Sinne von Hasselmanns Trennung in einen dynamisch aktiven Signal-(Großskaligen-)Teil und einen reagierenden, meist passiven Rausch-(Kleinskaligen-)Teil (siehe Kap. 2) setzten von Storch et al. (1993)[2] diesen Ansatz um und prägten den Begriff „Downscaling" für die Verknüpfung großräumiger Zeitmittelwerte einer Größe (hier: monatlicher Mittelwert des Luftdrucks über dem Nordatlantik) mit einem regionalen Zeitmittelwert (hier: monatlicher Mittelwert des Niederschlags auf der Iberischen Halbinsel), also eine Verbindung zwischen Statistiken von Zustandsgrößen, nicht zwischen den Zustandsgrößen selbst. Solche Downscaling-Verknüpfungen stellen offensichtlich keine direkten kausalen dynamischen Zusammenhänge dar, sondern eine Kovariation, die gegebenenfalls eine Kette mehrerer kausal motivierter Verknüpfungen benötigt.

Parallel zu diesen empirischen Ansätzen gab es Bestrebungen, regionale Atmosphärenmodelle mit Randwertvorgaben zu formulieren (z. B. Giorgi und Mearns 1991). Nachdem das Problem überwunden wurde, dass sich die Strukturen im regionalen Bereich auf einem feineren Gitter inkonsistent zur Ausbreitung desselben Wettergeschehens auf dem groben Gitter, das die Randwerte bestimmt, bewegten (Davies 1976), wurden diese Modelle intensiv eingesetzt,

Ein wichtiger Schritt war das „Big-Brother-Experiment" von Denis et al. (2002b): Hier wurde der Output einer hochaufgelösten Simulation auf einem großen Gebiet mit einer Front als Rand- und Anfangsbedingungen verwendet, um dasselbe Modell auf einem kleineren Gebiet mit Randwerten zu betreiben. Der Clou bestand darin, dass die Rand- und Anfangsbedingungen grob aufgelöst wurden, und die Frage war, ob das hochaufgelöste Modell auf dem kleinen Gebiet („kleiner Bruder") die Entwicklung des Modells auf dem größeren Gebiet („großer Bruder") reproduzieren würde, obwohl dem „kleinen Bruder" nur eine grobe Version des Zustands des „großen Bruders" vorlag. Nach einer kurzen Anfangsphase war der „kleine Bruder" tatsächlich dazu in der Lage, was die Fähigkeit demonstrierte, mit einem begrenzten Regionalmodell in einer groben Umgebung realistische kleinräumige Details zu erzeugen, sofern das Gebiet nicht zu groß ist (vgl. Abb. 6.17).

Dieses konventionelle Vorgehen mit einem begrenzten Regionalmodell stellt jedoch kein echtes Downscaling dar, da hierbei keine Verarbeitung der großskaligen Felder zur Erzeugung kleinerer Skalen erfolgt. Diese Verarbeitung großskaliger Felder kann durch das, was heute meist als „spectral nudging" bezeichnet wird, erreicht werden. Nach einer ersten kurzen Einführung dieses Konzepts durch Waldron et al. (1996) demonstrierten von Storch et al. (2000) den Erfolg dieses

---

[2] Das Konzept und das Beispiel wurden erstmals als MPI Report 64 im Jahr 1991 veröffentlicht, siehe Abb. 6.1.

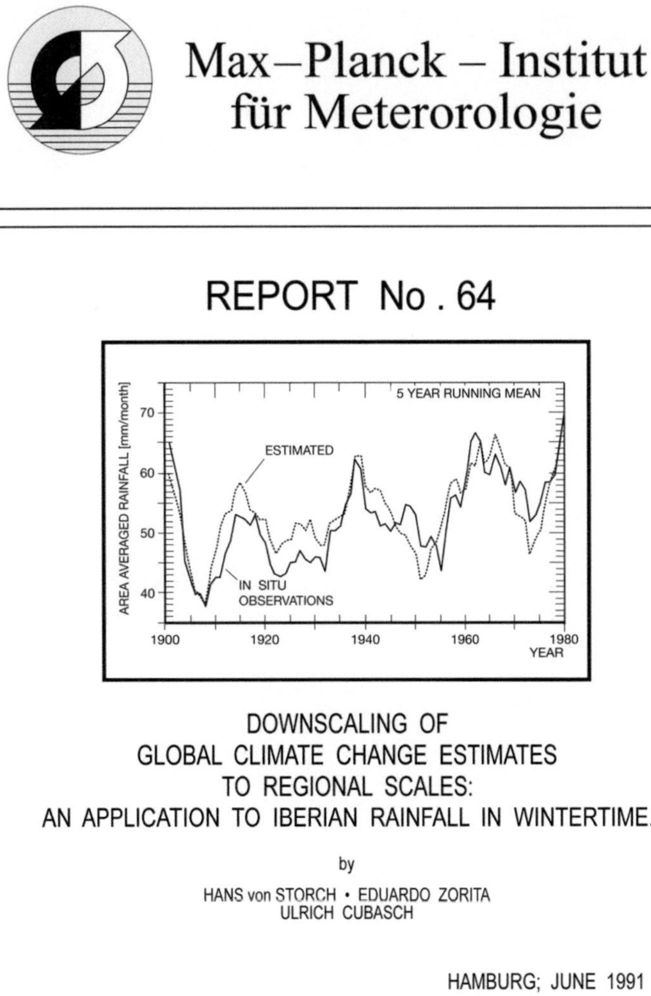

Max–Planck – Institut
für Meterorologie

REPORT No . 64

DOWNSCALING OF
GLOBAL CLIMATE CHANGE ESTIMATES
TO REGIONAL SCALES:
AN APPLICATION TO IBERIAN RAINFALL IN WINTERTIME.

by

HANS von STORCH • EDUARDO ZORITA
ULRICH CUBASCH

HAMBURG; JUNE 1991

Abb. 6.1 Creating a terminology in 1991 – „downscaling“

Ansatzes beim Postprocessing grobmaschiger multidekadischer Reanalysen und Klimawandelszenarien. Diese großskalige Steuerung führt dazu, dass das Modell der großskaligen Führung der Reanalysen besser folgt und die interne Variabilität im Modellinneren reduziert wird. (Details in Abschn. 6.3.)

Frühere Versuche, eine Top-Down-Skalensteuerung in begrenzten Regionalmodellen der Atmosphäre zu implementieren, wurden von Kida et al. (1991) unternommen.

Inzwischen ist das Konzept, sowohl das empirische als auch das dynamische Downscaling, fest im Werkzeugkasten der Klimawissenschaften verankert, wie eine Vielzahl von Übersichtsarbeiten belegt, etwa Takayabu et al. (2016), Benestad (2016) oder Wang et al. (2004), sowie mindestens zwei Lehrbücher (Benestad et al., 2008; Maraun und Widmann, 2018).

Im folgenden Abschn. 6.1 werden Ansätze skizziert, wie sich räumliche Skalen in geophysikalischen Feldern bestimmen und trennen lassen. In Abschn. 6.2 werden die Erfolge globaler Modelle auf großen Skalen und deren Versagen auf kleinen Skalen anhand eines Beispiels aus den 1990er Jahren illustriert. Offensichtlich wurde die räumliche Gitterauflösung in den letzten Jahren deutlich verfeinert, sodass die Begriffe „kleine Skalen" und „große Skalen" heute und auch künftig eine andere Bedeutung haben.

In Abschn. 6.3 wird die Grundidee des *empirischen Downscalings,* wie sie in Hamburg entwickelt wurde, beschrieben und anhand mehrerer Beispiele mit linearen Regressionsmethoden illustriert (von Storch et al. 1993). Alternativen zur Regression, ebenfalls in Hamburg vorgeschlagen und entwickelt, sind Analoga (Zorita und von Storch 1999) und Kriging (Biau et al. 1999).

Der Abschnitt zum *dynamischen Downscaling* – Abschn. 6.4 – behandelt zunächst den konventionellen Ansatz der Regionalmodellierung, eingebettet in (meist) globale Analyse- oder Simulationsdaten (Abschn. 6.4.1). Die in Hamburg entwickelte und populär gemachte Methode basiert auf dem „spectral nudging". Dieser Abschnitt gliedert sich in einen Teil zu Regionalmodellen (Abschn. 6.4.2) und einen weiteren kurzen Teil zu globalen Modellen (Abschn. 6.4.3). Wo möglich, werden sowohl ozeanische als auch atmosphärische Variablen betrachtet.

6.1 Skalen: Bestimmung und Trennung

Die einfachste Möglichkeit, die Skalen eines geophysikalischen Feldes zu bestimmen, besteht in einer visuellen Inspektion. In den meisten Fällen setzen sich solche Felder jedoch aus Beiträgen verschiedener Skalen – groß-, mittel- und kleinräumig – zusammen. Es stehen dann verschiedene Methoden zur Verfügung, um dominante Skalen zu bestimmen oder große und kleine Skalen voneinander zu trennen:

1. Ein naheliegender Ansatz ist das *Glätten:* Ist f der Einfachheit halber ein eindimensionales Feld auf einem regelmäßigen Gitter, so kann ein gleitender Mittelwert bestimmt werden:

$$M(f)_i = \frac{1}{2N+1} \sum_{k=-N,\dots,N} f_{i+k} \tag{6.1}$$

   Ist N hinreichend groß, so besteht $M(f)$ aus der großskaligen Komponente von f, während $f - M(f)$ die kleinskaligen Anteile zeigt.
2. Ein anspruchsvollerer Ansatz ist die Entwicklung von f in eine Reihe von orthonormalen Funktionen g_i

$$M(f) = \sum_i \alpha_i(f) g_i \tag{6.2}$$

mit Koeffizienten $\alpha_i(f) =< g_i,f >$, wobei $<,>$ das Skalarprodukt darstellt. Geht man wiederum von regelmäßigen Gittern aus und ist f periodisch oder nahezu periodisch, so ist der bekannteste Fall die Entwicklung in trigonometrische Funktionen, d. h. Sinus- und Kosinusfunktionen – dann spricht man von einer *Fourier-Entwicklung;* ist f nicht periodisch, kann eine Kosinus-Entwicklung geeignet sein (Denis et al. 2002a). Für zwei Dimensionen auf der Kugel können Kugelfunktionen (sphärische Harmonische) verwendet werden. Da diese Funktionen mit einer „Wellenlänge" verknüpft sind, erfolgt die Ordnung nach Skalen.

Auch Empirische Orthogonalfunktionen (EOFs) können zu diesem Zweck dienen, sofern ihre „natürliche Ordnung", die ihrer relativen Bedeutung bei der Darstellung der Varianz des Ensembles der f-Felder folgt, ebenfalls eine Ordnung der räumlichen Skalen darstellt. Dieser Ansatz ist nützlich, wenn das Feld f nicht auf einem regelmäßigen Breiten-Längen-Gitter liegt. Diese Anwendung wurde von Tang et al. (2020) vorgeschlagen und getestet, als sie mit unregelmäßig gegitterten ozeanischen Feldern im Südchinesischen Meer arbeiteten.

3. Methode (1) ist ein Spezialfall von „digitalen Filtern" (Shumann 1957; Feser und von Storch 2005)

$$M(f)_i = \sum_{k \in B} \beta_k f_{i+k} \tag{6.3}$$

mit der endlichen „Stützmenge" B, die eine kleine Umgebung aller Punkte darstellt. Das ursprüngliche Feld wird durch ein Feld ersetzt, das aus einem gewichteten Mittelwert der benachbarten Punkte besteht. Soll der Gesamtmittelwert über B erhalten bleiben, wie es bei großskaligen Feldern der Fall ist, dann $\sum_k \beta_k = 1$. Sollen hingegen nur die kleinräumigen Strukturen erhalten bleiben, dann $\sum_k \beta_k = 0$. Eine Diskussion der Vor- und Nachteile digitaler Filter im Vergleich zu Fourier-Filtern findet sich bei Feser und von Storch (2005).

Ein Beispiel für drei zweidimensionale Filter – Tiefpass-, Bandpass- und Hochpassfilter – ist in Abb. 6.2 dargestellt, die Filterantwort im Wellenzahlraum in Abb. 6.3. Der links gezeigte Tiefpassfilter entfernt die meiste Variabilität für Wellenzahlen größer als 10 (bezogen auf den Modelldomänenbereich), mit dem Bandpassfilter werden nur Wellenzahlen zwischen etwa 5 und 20 beibehalten, während der Hochpassfilter alle Variabilität für Wellenzahlen <20 unterdrückt. Ein Anwendungsbeispiel dieser Filter ist in Abb. 6.4 zu sehen. Die skalen-selektive Wirkung der Filter ist deutlich erkennbar.

Zu beachten ist, dass solche Filter – mit Ausnahme der auf EOF basierenden – nur für Felder mit Breiten-/Längengrad- oder rechteckiger Gitterstruktur wie in Abb. 6.5 gezeigt, verwendet werden können.

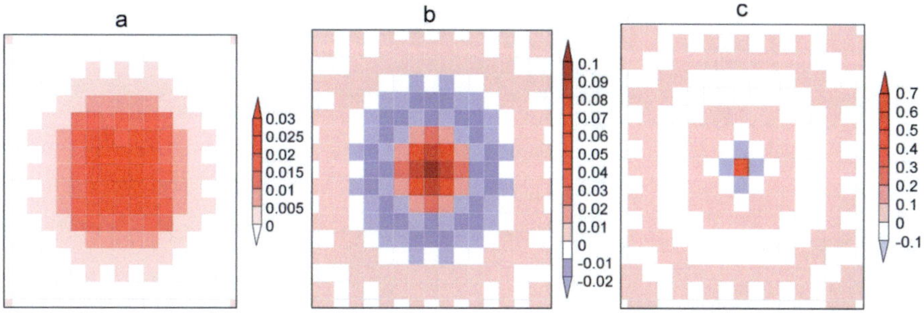

Abb. 6.2 Filter mit beschränktem Träger B – wobei der Punkt i im Zentrum durch den gewichteten Mittelwert aller Punkte in B ersetzt wird, mit Gewichten entsprechend der Farbgebung. Hier werden jeweils 8 Punkte nach links und rechts, oben und unten ausgewählt. (**a**) Tiefpass, nur großskalige Strukturen bleiben erhalten, (**b**) Bandpass, mittlere Skalen bleiben erhalten, und (**c**) Hochpass, nur kleinräumige Strukturen bleiben erhalten. Zur Filterantwort siehe nächste Abb. 6.3 (Feser und von Storch 2005). © American Meteorological Society. Verwendung mit Genehmigung

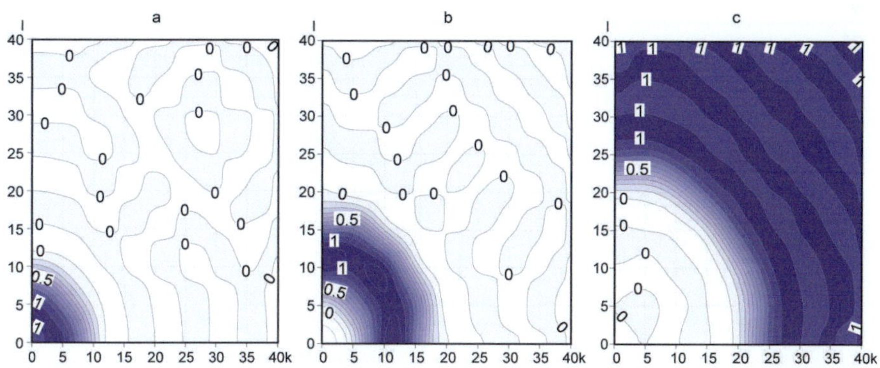

Abb. 6.3 Filterantwort für die drei in Abb. 6.2 gezeigten Filter. Die blauen Bereiche repräsentieren Wellenzahlen, die durch den Filter erhalten bleiben, während die Wellenzahlen in den weißen Bereichen größtenteils entfernt werden (Feser und von Storch 2005). © American Meteorological Society. Verwendung mit Genehmigung

6.2 Modelle: Erfolg auf großen Skalen, Scheitern auf kleinen Skalen

Wenn wir von „Modellen" sprechen, meinen wir dynamische, prozessorientierte Modelle, die die Dynamik der primitiven Gleichungen nachbilden, also Allgemeine Zirkulationsmodelle. Solche Modelle haben sich in den letzten 40 Jahren erheblich verbessert. Ursprünglich verfügten sie über eine sehr grobe räumliche Auflösung und beschrieben in den meisten Fällen im Wesentlichen nur die

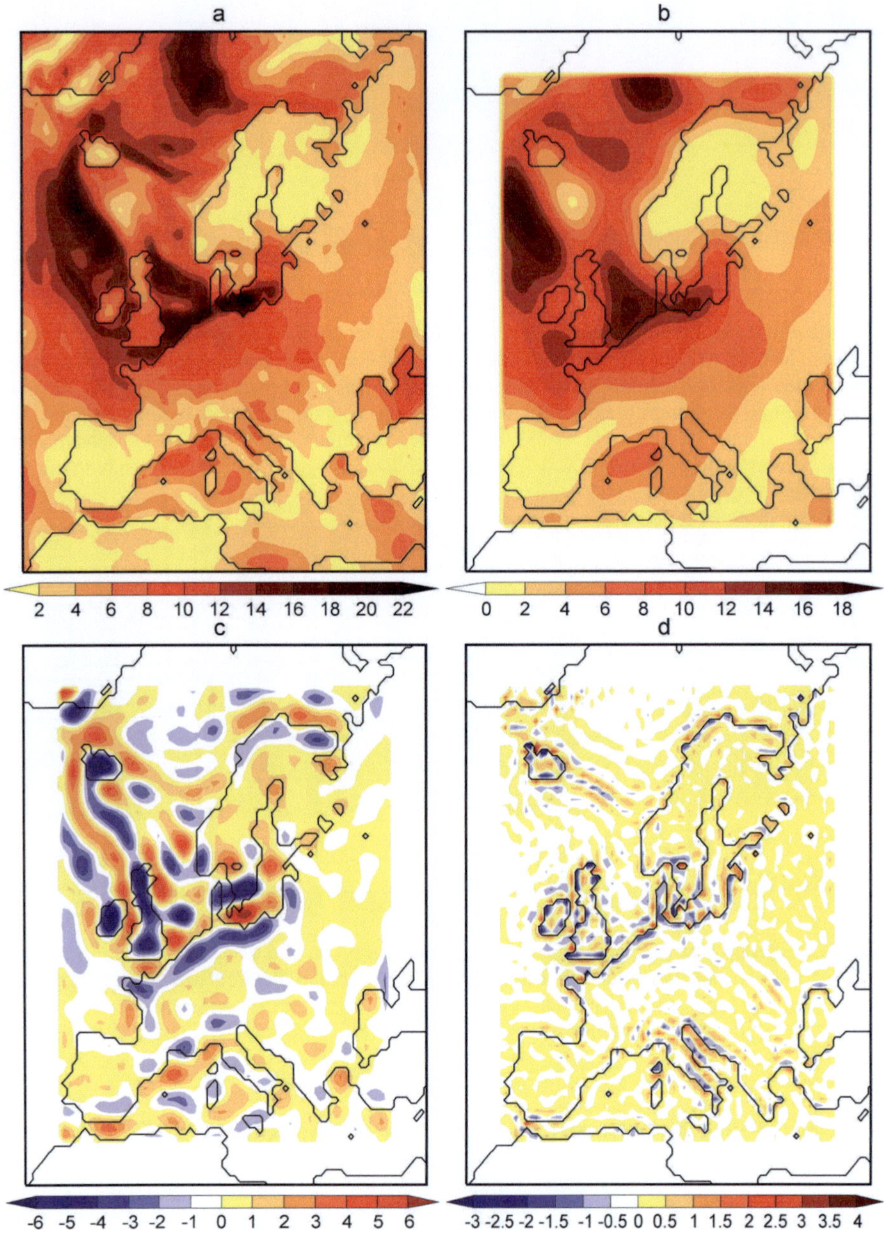

Abb. 6.4 Beispiel für die Wirkung der Filter mit Filtergewichten (Abb. 6.2) und Antwortfunktionen (Abb. 6.3). Das vollständige Feld ist in (**a**) dargestellt, die tiefpassgefilterten Felder in (**b**), die bandpassgefilterten in (**b**) und die hochpassgefilterten in (**c**) (Feser und von Storch 2005). © American Meteorological Society. Verwendung mit Genehmigung

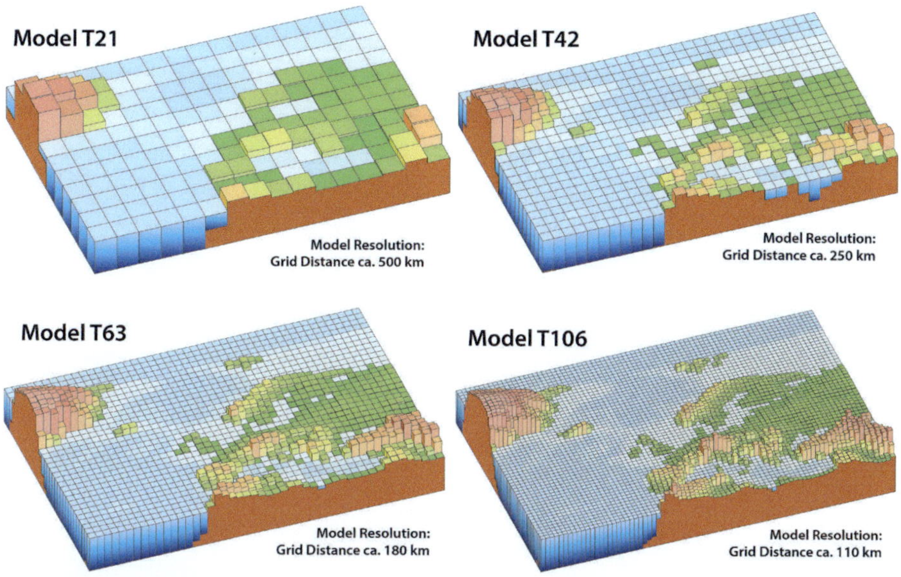

Abb. 6.5 Konventionelle Gitterdarstellungen „T21" bis „T106" der Topographie Europas – wie sie bis vor kurzem als Standard in den ECHAM-Modellen verwendet wurden; mit Genehmigung © DKRZ, Michael Böttinger

Troposphäre. Heutzutage besitzen diese Modelle eine um den Faktor 10 verfeinerte Gitterauflösung und umfassen neben der Atmosphäre auch Ozean, Meereis und weitere Komponenten des Klimasystems.

Abb. 6.5 zeigt die Gitterauflösung für Europa und den nördlichen Nordatlantik bei vier Auflösungen des globalen ECHAM-Modells – T21, T42, T63 und T106 – wie sie früher häufig verwendet wurden. Das „T" bezieht sich auf ein Dreiecksspektrum sphärischer Funktionen, die in den Gitterpunkt-Raum transformiert werden. Heutzutage werden häufig andere Gitter, insbesondere dreieckige Anordnungen, verwendet (siehe Abb. 6.5).

Ein konsistenter Aspekt bleibt jedoch bestehen: Diese Modelle sind hervorragend darin, den großräumigen Zustand des Klimasystems zu simulieren. Die Genauigkeit bei der Simulation spezifischer Merkmale hängt stark von der gewählten Gitterauflösung ab. Bei den feinsten räumlichen Auflösungen, bei denen Strukturen nur durch ein oder wenige Gitterkästchen aufgelöst werden, zeigen Klimamodelle nur geringe bis keine Fähigkeiten (Grotch und MacCracken 1991; Pielke 1991). Insbesondere bei Feldern, die von einem Gitterkästchen zum nächsten starke Schwankungen aufweisen, wie es bei Niederschlagsmustern häufig der Fall ist, sind die auf Gitterbox-Ebene gewonnenen Informationen nicht zuverlässig (Cubasch et al. 1992; von Storch et al. 1993; Whetton et al. 2001).

Ein Beispiel aus diesen *alten Tagen* ist in Abb. 6.6 dargestellt – Karten, die aus lokalen Beobachtungen der saisonalen Niederschlagsmengen abgeleitet wurden, sowie

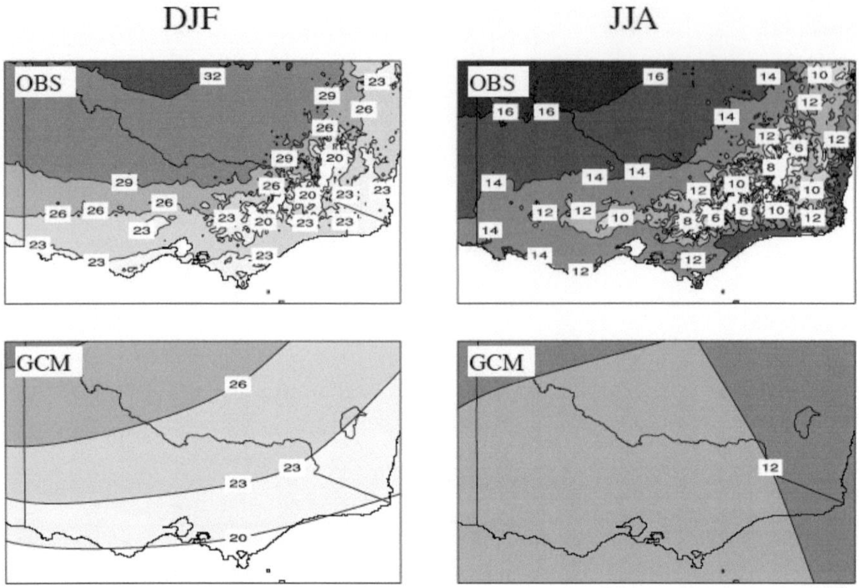

Abb. 6.6 Saisonale mittlere Niederschlagsmengen im Bundesstaat Victoria im Südosten Australiens im südlichen Winter (JJA) und Sommer (DJF), basierend auf Beobachtungen (oben) im Vergleich zu Simulationen eines globalen Modells (Whetton et al. 2001) Creative Commons by Attribution (CC-BY) 4.0

die entsprechenden Simulationen eines globalen Klimamodells.[3] Das Diagramm kann im Zusammenhang mit GCM-Ausgaben etwas irreführend sein, da es eine sehr detaillierte Küstenlinie zeigt, die dem GCM naturgemäß nicht bekannt ist. Tatsächlich zeigen saisonale Niederschlagsmengen erhebliche räumliche Variabilität, während das Modell eine fehlende Struktur suggeriert. Während des Südsommers (DJF) gelingt es dem Modell jedoch, ein grundlegendes Land-See-Muster zu reproduzieren, mit mehr Niederschlag im Landesinneren und weniger entlang der Küste.

Mehrere Faktoren tragen zum mangelnden Erfolg der Modellierung auf regionaler Skala bei, die wir hier als verschiedene Maschenweiten innerhalb des Modellgitters definieren. Das bedeutet, dass in einem „T21"-Modell die 1000-km-Skala als regional gilt, während im „T106"-Modell 1000 km bereits als großräumig betrachtet werden:

- Die räumliche Auflösung bildet die Struktur der Erdoberfläche unzureichend ab. Die Verteilung von Land und Meer ist stark verwischt. In den späten 1980er und frühen 1990er Jahren arbeiteten die meisten Klimamodelle mit einer „T21"-

[3] Leider wurde die Gitterauflösung des globalen Modells nicht angegeben, sondern nur allgemein darauf verwiesen, dass solche Modelle üblicherweise Gitterlängen von 300–500 km aufweisen.

Auflösung, die inzwischen durch „T106“ und bessere Auflösungen ersetzt wurde (siehe räumliche Auflösung Europas in Abb. 6.5). In der T21-Darstellung erscheinen Gebirge breit und stark in ihrer Höhe reduziert. Obwohl dies in T106 verbessert ist, bleiben die digitalen Darstellungen weit hinter der Steilheit und Höhe realer Gebirge zurück.
- Die atmosphärische Hydrodynamik weist Nichtlinearitäten auf, und die auf der Zyklonenskala eingebrachte Energie wird durch nichtlineare Wechselwirkungen bis zu den kleinsten Skalen weitergegeben. Aufgrund der numerischen Trunkierung wird diese Kaskade unterbrochen, und der Übergang zu den kleinsten Skalen wird parametrisiert. Diese Parametrisierung wirkt sich am stärksten auf die kleinsten aufgelösten Skalen aus (siehe Roeckner und von Storch 1980).

Der scheinbare Widerspruch zwischen dem Erfolg der Modelle auf globaler Skala und ihrem Scheitern auf regionaler Skala ist weniger widersprüchlich, als es zunächst erscheint. Das globale Klima ergibt sich im Wesentlichen aus der Gesamtstruktur der Erdoberfläche (Verteilung von Land und Meer, Topographie) und den räumlichen Unterschieden in der Erwärmung. Im Gegensatz dazu entstehen regionale Klimate vor allem aus dem Zusammenspiel zwischen dem globalen Klima und lokalen Besonderheiten (das Downscaling-Verhältnis). Daher ist es möglich, eine adäquate Simulation des globalen Klimas zu erreichen, auch wenn keines der regionalen Klimate in seinen spezifischen Details korrekt wiedergegeben wird.

Anders ausgedrückt: Im Gegensatz zur Sichtweise aus der Zeit von Vladimir Köppen sollte das globale Klima nicht als bloße Summe aller regionalen Klimate betrachtet werden. Vielmehr ist das globale Klima als Ursprung oder „Mutter“ zahlreicher, teilweise abhängiger „Töchter“ zu verstehen, nämlich der regionalen Klimate.

Zusammengefasst verfügen Klimamodelle über eine begrenzte räumliche Auflösung. Strukturen, die sich über viele Gitterkästchen erstrecken, werden gut simuliert, sofern die zugrundeliegende Physik korrekt beschrieben ist. Strukturen, die auf wenige Gitterkästchen beschränkt sind, werden hingegen mit geringerer Genauigkeit wiedergegeben. Strukturen, die kleiner als die Gitterauflösung sind, fehlen naturgemäß vollständig. Die Ergebnisse quasi-realistischer Klimamodelle umfassen daher drei unterschiedliche Skalenbereiche: Erstens gut aufgelöste Skalen (gelb in Abb. 6.7), gefolgt von unzureichend aufgelösten Skalen (rot schraffiert), und schließlich vollständig vernachlässigte Skalen. Downscaling umfasst eine Reihe von Methoden, die darauf abzielen, verlässliche statistische Informationen in den unzureichend aufgelösten und nicht aufgelösten Bereichen zu gewinnen. Im folgenden Abschnitt werden wir die Prinzipien der Downscaling-Methoden erläutern und ihr Potenzial anhand von Beispielen verdeutlichen.

Eine aktuelle Entwicklung des Deutschen Wetterdienstes und des Max-Planck-Instituts für Meteorologie in Hamburg ist das Modell ICON, das auf einem Dreiecksgitter basiert. *Zukünftig* könnten Klimasimulationen regelmäßig mit der „R2B8“-Dreiecksauflösung durchgeführt werden, was einer Gitterauflösung von etwa 10 km entspricht. Prozessstudien werden große Wolken in „R2B11“

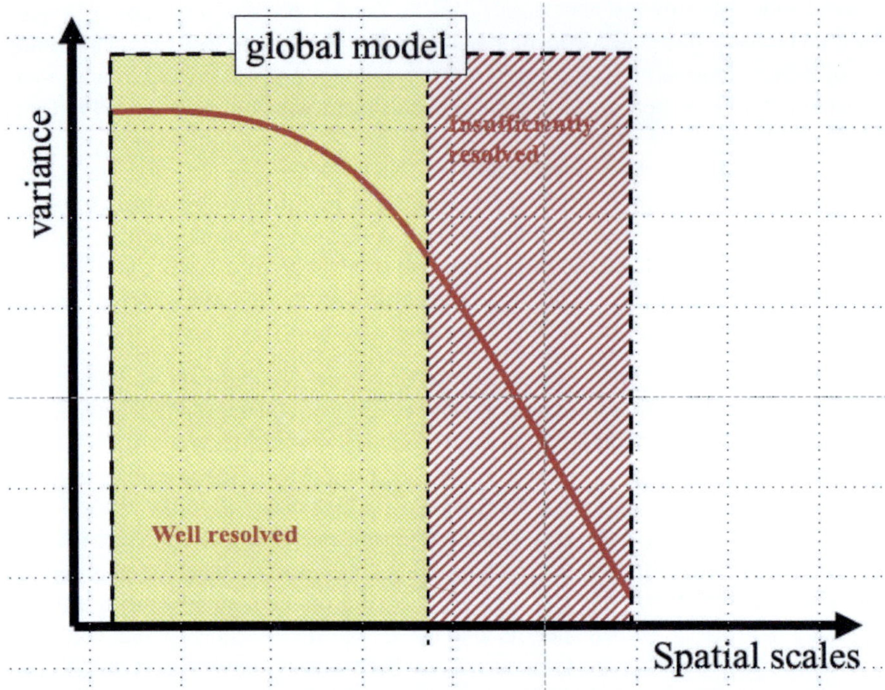

Abb. 6.7 Skalenbereiche der Ausgabe eines globalen Atmosphärenmodells: Große Skalen links, kleine Skalen rechts. Die dargestellte Kurve illustriert die Energiedistribution bzw. Varianz über diese Skalen. Der gelb hervorgehobene Bereich kennzeichnet die Skalen, auf denen die Modellausgabe als realistisch angesehen wird, während der schraffierte rote Bereich auf eine beeinträchtigte Dynamik aufgrund unzureichender Auflösung hinweist. Die genaue Lage der Grenze zwischen gelbem und rotem Bereich ist unsicher, wurde aber gelegentlich auf mindestens vier Gitterlängen geschätzt (Pielke 1991). Nach (von Storch und Zorita 2019) CC BY

auflösen, was einer Gitterweite von 1,25 km entspricht (Abb. 6.8). Dies ändert nichts an der skalenabhängigen Leistungsfähigkeit solcher Modelle, aber die Trennung der Skalen bleibt eine Herausforderung: Die zuvor in Abschn. 6.1 gezeigten Methoden können für dreieckige „ICON"-Felder (Abb. 6.8) nicht verwendet werden, es sei denn, die Felder werden auf ein Breiten-/Längengrad- oder Rechteckgitter interpoliert.

6.3 Empirisches Downscaling

Wie bereits erwähnt, existieren zwei Hauptmethoden, um regionale oder sogar lokale Informationen aus globalen oder kontinentalen Simulationen oder Analysen zu gewinnen. Die erste Methode basiert auf dem traditionellen Konzept der

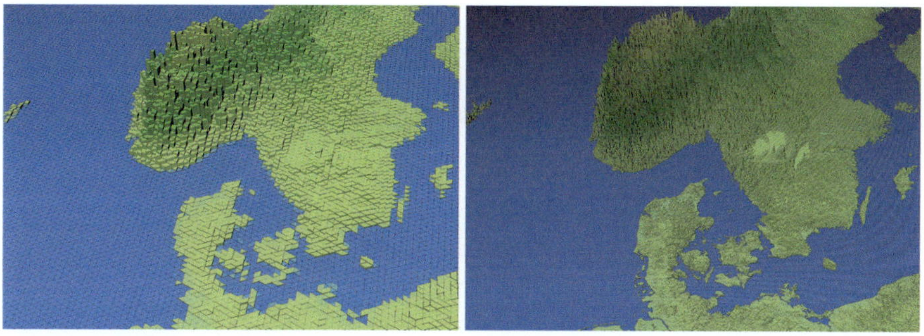

Abb. 6.8 ICON-Gitter R2B8 und R2B12 über Südskandinavien; mit Genehmigung © DKRZ, Michael Böttinger

synoptischen Klimatologie. Dabei wird eine „Großwetterlage", also ein großräumiges Wetterregime auf globaler oder kontinentaler Ebene, identifiziert, das für die jeweilige Region oder den betrachteten Ort relevant ist. Anschließend werden kohärente regionale Details entweder durch regionale Modellierung oder durch Untersuchung der mit diesen Großwetterlagen verbundenen regionalen Bedingungen abgeleitet. Für eine umfassendere Darstellung sei auf das Lehrbuch von Benestad et al. (2008) verwiesen.

In Hamburg wurden drei statistische Strategien entwickelt und angewendet (von Storch et al. 1991; Zorita et al. 1992; von Storch et al. 1993; Zorita et al. 1995) – das zugrunde liegende Konzept ist in Abb. 6.9 dargestellt. Eine Methode basiert auf einer linearen Regression, die zuvor von Kim et al. (1984) eingeführt wurde, eine weitere baut auf dem Analog-Ansatz auf (wobei die Koeffizienten großskaliger EOFs als Koordinaten verwendet werden und der lokale Niederschlag auf der Iberischen Halbinsel in diesem Raum interpoliert wird). Beide Ansätze sind nach wie vor weit verbreitet. Später wurde eine weitere Methode aus der Tradition der Geostatistik von Biau et al. (1999) entwickelt und getestet, wobei erneut EOF-Koeffizienten als Interpolationskoordinaten genutzt wurden. Die verschiedenen Methoden wurden von Zorita und von Storch (1999) verglichen.

Die Güte der regressionsbasierten Methoden (meist unter Verwendung kanonischer Korrelationen) und der Analog-Methoden erwies sich als vergleichbar (vgl. Abb. 6.11).

Diese Methodiken stellen geschickt statistische Zusammenhänge zwischen großskaligen Zuständen und kleinräumigen Zustandsgrößen her und umfassen dabei Größen wie Zeitmittelwerte oder Variabilitätsmaße. Der folgende Abschnitt illustriert das breite Spektrum der Möglichkeiten anhand von drei Beispielen, die die Regressionsmethode nutzen.

Der Prozess des Downscalings (siehe Abb. 6.9) beginnt mit der Identifikation des „Prädiktanden", eines regionalen Parameters, bezeichnet als $\mathcal{R}$, der unter der Bedingung eines gegebenen großskaligen „Prädiktors" $\mathcal{L}$ geschätzt werden soll. Dieser Parameter bzw. diese Variable kann unterschiedliche Formen annehmen.

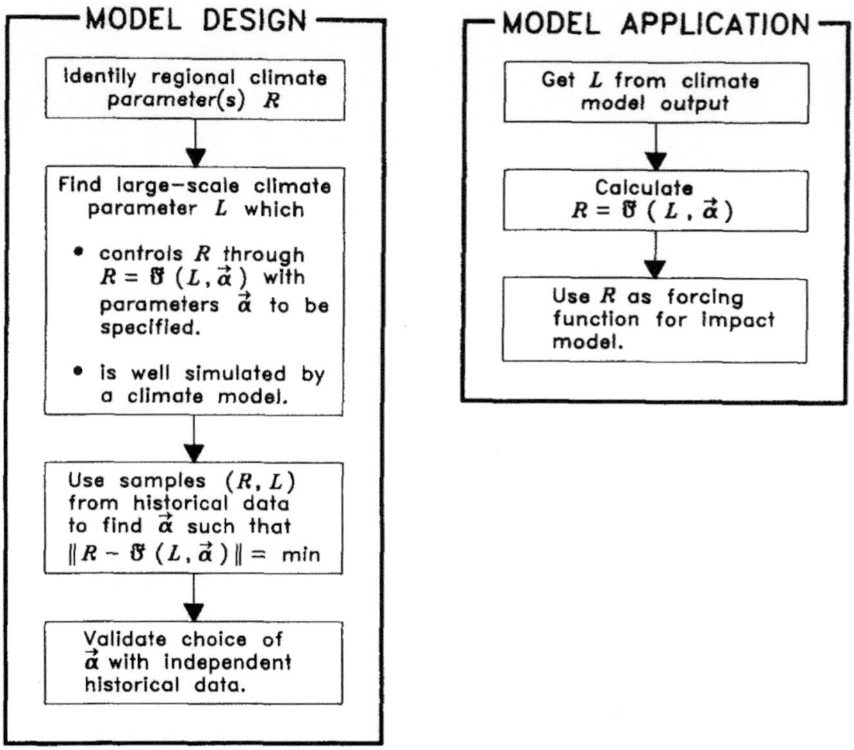

Abb. 6.9 Skizze des Konzepts des empirischen Downscalings. Nach von Storch (1995) CC BY

Bcispielsweise kann es sich um den monatlichen mittleren regionalen Niederschlag handeln (siehe Abschn. 6.3.1), um die saisonale Variabilität der Sturmfluthöhen (siehe Abschn. 6.3.2) oder auch um die Parameter eines stochastischen Niederschlaggenerators (behandelt in Abschn. 6.3.3). Das erste Beispiel könnte auch effektiv mit einem atmosphärischen Regionalmodell (dynamisches Downscaling) bearbeitet werden. Im zweiten Fall wäre nicht nur ein regionales Atmosphärenmodell, sondern auch ein dynamisches Küstenmeer-Modell erforderlich. Im dritten Fall müsste ein stochastisches Modell an die Ergebnisse eines regionalen dynamischen Modells angepasst werden. Es gibt jedoch Fälle, in denen empirisches Downscaling die einzige praktikable Methode darstellt, wie etwa beim Blühbeginn von Pflanzen, am Beispiel der Pflanze Galanthus nivalis in Schleswig-Holstein, Deutschland, wie von Maak und von Storch (1997) beschrieben.

Im nächsten Schritt erfolgt die Auswahl eines Prädiktors $\mathcal{L}$, der nicht nur eine enge Verbindung zu $\mathcal{R}$ aufweist, sondern auch in Simulationen von Klimawandelszenarien und in historischen Analysen zuverlässig bereitgestellt wird. Typischerweise umfassen diese Prädiktoren Merkmale, die sich allmählich verändern und keine abrupten Schwankungen zeigen, wie etwa Zeitmittelwerte von Temperatur und Luftdruck.

Die Verbindung zwischen $\mathcal{L}$ und $\mathcal{R}$ wird durch ein empirisches Modell $\mathcal{F}$ hergestellt, das die Beziehung zwischen $\mathcal{L}$ und $\mathcal{R}$ beschreibt, sofern geeignete Parameter α bestimmt werden können. Diese Parameter α werden durch das Anpassen von $\mathcal{F}(\mathcal{L}, \alpha)$ an $\mathcal{R}$ für eine große Anzahl von Paaren aus $\mathcal{R}$ und $\mathcal{L}$ bestimmt. Stehen weitere Daten zur Verfügung, können diese genutzt werden, um das empirische Modell mit unabhängigen Datensätzen zu überprüfen.

Auf der rechten Seite von Abb. 6.9 ist die Anwendung des zuvor bestimmten empirischen Modells skizziert, die unkompliziert ist. Zunächst werden die Variablen $\mathcal{L}$ aus einer Analyse oder einer Simulation extrahiert und anschließend mit $\mathcal{F}(\mathcal{L}, \alpha)$ weiterverarbeitet. Das so geschätzte $\mathcal{R}$ kann anschließend in Wirkungsstudien verwendet werden.

Handelt es sich bei der Simulation um eine Projektion des zukünftigen Klimawandels, ist ein wichtiger Vorbehalt zu beachten – nämlich die Annahme, dass die gefundene Verbindung zwischen der großskaligen und der regionalen Variable auch im zukünftigen Klima unverändert bleibt.[4] Für eine Konfiguration wurde diese Annahme überprüft und als gültig befunden (Busuioc et al. 1999).

Beim Einsatz der Analogmethode ist keine Anpassung oder Schulung erforderlich, jedoch bleibt die Wahl des Raums zur Bestimmung des nächsten Nachbarn sowie des Abstandsmaßes dem Forschenden überlassen. Im Fall von Zorita et al. (1992) wurde der Raum durch die ersten wenigen großskaligen EOFs des Luftdrucks aufgespannt. Verschiedene Wahlmöglichkeiten für das Abstandsmaß wurden von Matulla et al. (2008) untersucht.

Das „Trickreiche“ am empirischen Downscaling besteht darin, dass Statistiken zweier Variablen miteinander verknüpft werden, die nicht notwendigerweise dynamisch direkt verbunden sind. Sie variieren typischerweise auf sehr unterschiedlichen räumlichen Skalen: der Prädiktor auf großen Skalen, die in Klimawandelsimulationen vermutlich gut repräsentiert sind, und die vorherzusagende Größe auf kleinen Skalen, die für die Abschätzung von Klimawandelfolgen benötigt werden.

Die statistische Strategie bietet gegenüber dem in Abschn. 6.4.2 diskutierten Ansatz mit verschachtelten Regionalmodellen verschiedene Vor- und Nachteile. Ein Vorteil ist ihre technische Einfachheit. Ein weiterer Vorteil liegt in der besseren Übereinstimmung mit Beobachtungen, die in den GCMs selbst oft fehlt, wodurch physikalische Konsistenz erzwungen wird. Darüber hinaus ist dieser Ansatz nicht nur auf physikalische regionale Parameter wie Niederschlag oder Temperatur beschränkt, sondern kann auch auf ökonomische (z. B. landwirtschaftlicher

[4] Eine solche Annahme wird auch im Hinblick auf die Parametrisierungen in dynamischen Klimamodellen getroffen, wenn diese zur Untersuchung bislang unbekannter zukünftiger Klimata eingesetzt werden.

Ertrag) oder ökologische Parameter (z. B. Jahrringbreite) angewendet werden. Eine Einschränkung des statistischen Ansatzes besteht jedoch darin, dass häufig keine starke Beziehung zwischen einem großskaligen Parameter und dem regionalen Klima existiert. Zudem gilt, wie bei vielen statistischen Verfahren, dass die Gültigkeit möglicherweise nicht über den Datenbereich hinausreicht, der zur Modellanpassung verwendet wurde, da eine stationäre Beziehung zwischen den Anomalien vorausgesetzt wird.

6.3.1 Der klassische Fall: Niederschlag auf der Iberischen Halbinsel

Zorita et al. (1992) entwickelten ein statistisches Modell, das das unregelmäßig verteilte winterliche Niederschlagsmittel der Iberischen Halbinsel (Spanien und Portugal) mit dem gitterbasierten beobachteten winterlichen Mittel der Meeresspiegeldruckfelder im Atlantiksektor in Beziehung setzt, basierend auf Daten von 1950–1980. Dazu wurde mithilfe einer kanonischen Korrelationsanalyse (CCA) eine Verbindung zwischen den gleichzeitigen Schwankungen der beiden Felder hergestellt; es wurde ein dominantes Musterpaar identifiziert (Abb. 6.10).

Das Musterpaar stellt eine plausible physikalische Beziehung dar: Weist das anomale[5] Muster des Meeresspiegeldrucks $\mathcal{L}$ einen positiven Koeffizienten auf, so wird die mittlere Advektion maritimer Luft vom Ozean auf die Iberische Halbinsel verstärkt. Der Hebungsprozess feuchter Luft an den Küstengebirgen der Halbinsel verläuft dann effizienter als im Mittel, und der Niederschlag $\mathcal{R}$ nimmt zu. Ist der Koeffizient negativ, wird die mittlere Advektion abgeschwächt und entsprechend fällt weniger Niederschlag.

Dieses empirische Modell wurde genutzt, um ein erstes empirisches Downscaling-Modell zu entwickeln (von Storch et al. 1993). Dieser Fall wurde recht bekannt und gilt manchen als klassisch, wie zahlreiche Zitationen belegen.

Zunächst wurde das empirische Modell daraufhin getestet, ob es in einem zusätzlichen Zeitraum, nämlich 1901–1950, die beobachtete kleinskalige Variable, d. h. den saisonalen mittleren Niederschlag (Abb. 6.11), reproduzieren kann. Anschließend wurden Projektionen des möglichen zukünftigen Zustands des großskaligen Treibers, also des Meeresspiegeldrucks, herunterskaliert, um plausible zukünftige saisonale Mittelwerte des Niederschlags zu erhalten.

Simulationsdaten, die in zwei jeweils 100-jährigen Simulationen mit dem damals modernsten Klimamodell (atmosphärische horizontale Gitterauflösung: T21) des Max-Planck-Instituts für Meteorologie (Cubasch et al. 1992) erzeugt wurden, wurden untersucht: eine mit heutigen CO_2-Konzentrationen und eine weitere mit verdoppelten CO_2-Konzentrationen. Die langfristige Änderung des winterlichen

[5] d. h. die Abweichung vom Langzeitmittel.

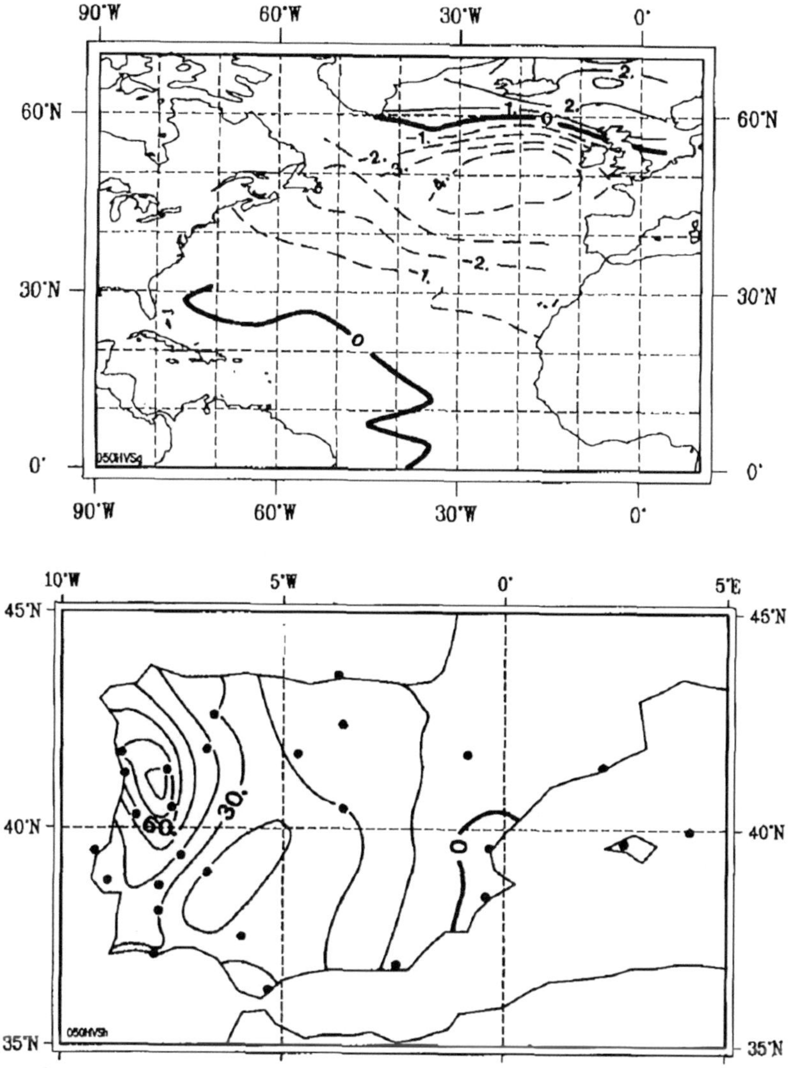

Abb. 6.10 Paar von Mustern, bestimmt mittels kanonischer Korrelationsanalyse, die mit maximaler Korrelation von 0,75 einhergehen. Oben: mittlere winterliche Luftdruckanomalie. Unten: mittlere winterliche Niederschlagsanomalie. Diese Muster erklären etwa 65 % bzw. 40 % der jeweiligen Gesamtvarianz. Die SLP-Daten (mb) liegen auf einem 10° × 4° Breiten-/Längengrad-Raster vor. Die Niederschlagsdaten (mm/Monat) umfassen 29 Stationen, deren Standorte durch Punkte markiert sind. Nach Zorita et al. (1992) Veröffentlicht 1992 von der American Meteorological Society

Niederschlagsmittels an den vier Gitterpunkten, die die Iberische Halbinsel abdecken, war negativ (Details siehe Abb. 6.12b), mit einem mittleren Rückgang von etwa −10 mm/Monat. Bei Anwendung der Downscaling-Methodik ergab die

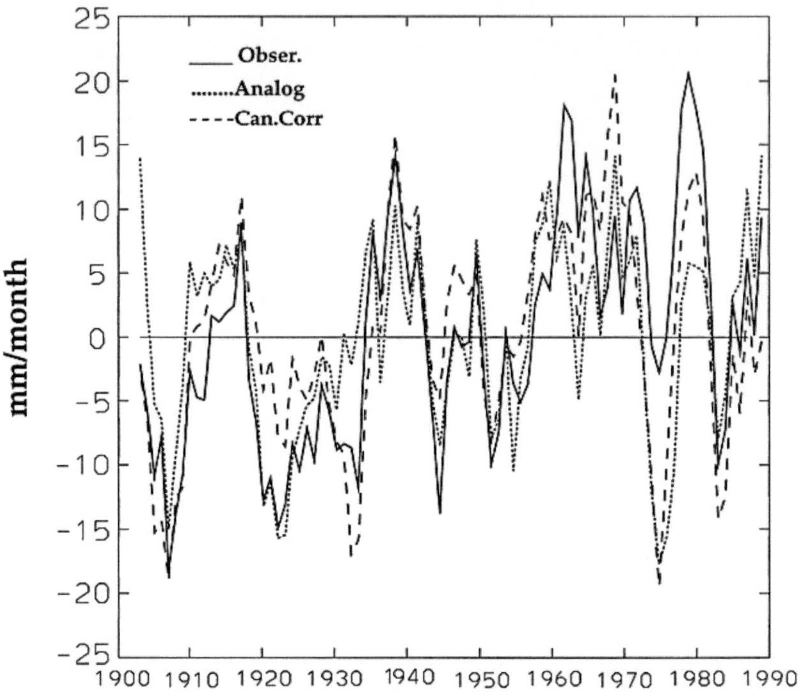

Abb. 6.11 Fünfjährig gleitender Mittelwert der Zeitreihe der flächengewichteten DJF-Niederschlagsanomalien (mm/Monat), abgeleitet aus Stationsdaten auf der Iberischen Halbinsel (durchgezogene Linie); abgeleitet aus dem SLP-Feld des Nordatlantiks: Analogmethode (gepunktete Linie) und kanonische Korrelationsanalyse (CCA, gestrichelte Linie). Die Daten von 1951–1989 wurden zur Kalibrierung, die Daten von 1901–1950 zur Validierung des Ansatzes verwendet. Veröffentlicht 1992 von der American Meteorological Society (Zorita und von Storch 1999).

Schätzung auf Basis der Änderung des SLP im Nordatlantik einen schwachen, aber räumlich differenzierten Anstieg des Niederschlags (Abb. 6.12a; 1 mm/Monat), mit Maximalwerten von 4 mm/Monat an der Westseite der Halbinsel.

Die Diskrepanz sowohl im Vorzeichen als auch im Muster der direkt simulierten und der geschätzten Niederschlagsänderungen deutet darauf hin, dass die Mechanismen, die den Niederschlag auf der Iberischen Halbinsel im GCM beeinflussen, von denen in der Realität abweichen. Dies unterstreicht erneut die mangelnde Präzision des GCM auf regionaler Skala.

von Storch et al. (1993) argumentierten, dass die statistische Downscaling-Methode umfassende Informationen aus Klimamodellsimulationen, die als zuverlässig gelten, effektiv auf regionale Skalen überträgt, die für spezifische Nutzer wie Hydrologen relevant sind. In der Vorhersage entspricht die Methode dem „perfect prog"-Ansatz, bei dem ein statistisches Modell zwischen dynamischen und prädiktiven Größen in der beobachteten Atmosphäre etabliert und anschließend unverändert auf die simulierte Atmosphäre angewendet wird.

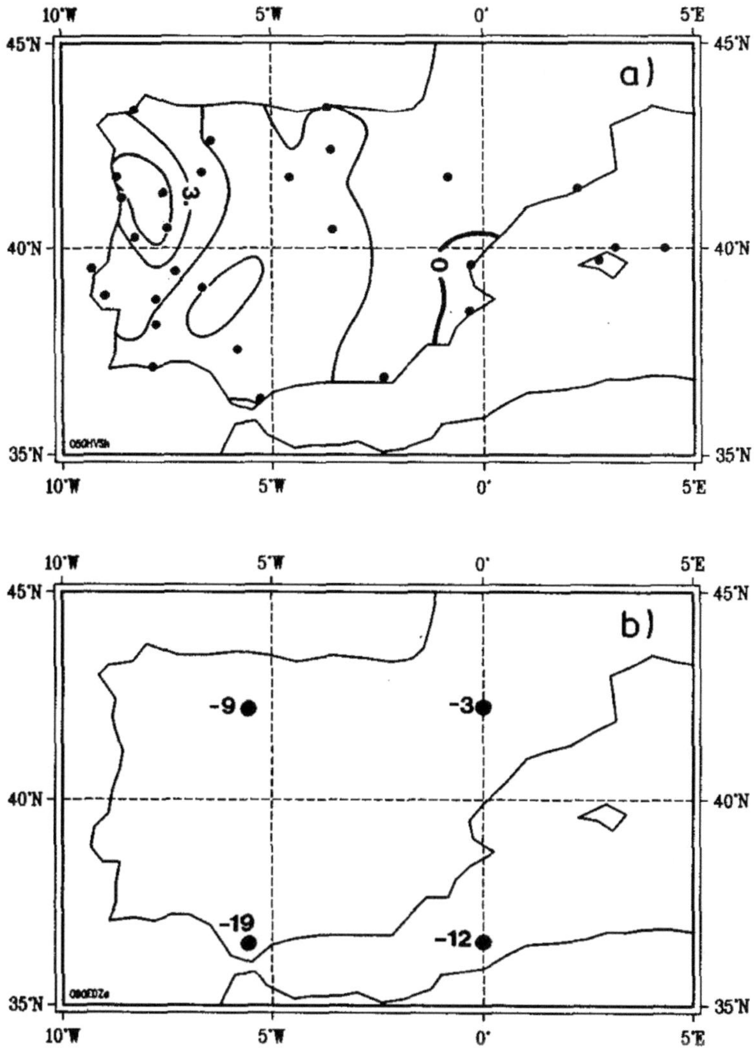

Abb. 6.12 Regionale Änderung des winterlichen Niederschlags auf der Iberischen Halbinsel (mm/Monat) im „2 CO_2"-Experiment. (**a**) Indirekt abgeleitet aus der simulierten Änderung des SLP-Feldes im Nordatlantik; und (**b**) direkt simuliert durch das GCM. © American Meteorological Society. Mit Genehmigung verwendet (von Storch et al. 1993).

Die empirische Downscaling-Methodik erinnert an die Ansätze von Karl et al. (1990) und Wigley et al. (1990), unterscheidet sich jedoch wesentlich hinsichtlich der Skalen. Beide Ansätze stellen eine Verbindung zwischen lokalen und regionalen Variablen her. Nach dem Konzept von Wigley et al. (1990) wäre ein geeigneter Schätzer für lokale Niederschlagsanomalien in der Iberischen Region typischerweise die anomale räumlich gemittelte Niederschlagsmenge. Dieser Ansatz ist jedoch in unserem Fall nicht ausreichend, da der vom GCM simulierte flächengewichtete Niederschlag nicht mit den simulierten Änderungen der Nordatlantikzirkulation übereinstimmt – dem eigentlichen Faktor, der den winterlichen Niederschlag auf der Iberischen Halbinsel beeinflusst. Um dieses Problem zu umgehen, wird der mittlere Meeresspiegeldruck als Prädiktor in die Downscaling-Methode einbezogen und repräsentiert so die großräumige Zirkulation.

6.3.2 Vom Monatsmittel zur intramonatlichen Variabilität

Während der im vorherigen Abschn. 6.3.1 dargestellte Fall unkompliziert ist, betrachten wir nun einen weniger direkten Fall, der die großskalige monatliche Zirkulation über dem Nordwestatlantik mit den Statistiken der Hochwasserstände in Cuxhaven an der Mündung der Elbe in Beziehung setzt (von Storch und Reichardt 1997).

Schwankungen der Hochwasserstände stehen größtenteils im Zusammenhang mit variierenden regionalen Winden, die mit Stürmen einhergehen, während die mittlere Zirkulation für sich genommen unerheblich ist. Allerdings wurde festgestellt, dass Anomalien der mittleren Zirkulation mit veränderten Sturmzügen und Intensitäten assoziiert sind (z. B. Branstator 1995). Daher ist es plausibel, dass Veränderungen in der Zirkulation Informationen über sich ändernde Sturmfluten liefern.

Die Vorhersagevariable wird aus den monatlichen Statistiken der Sturmfluten in Cuxhaven abgeleitet, wobei Beobachtungsdaten zu Hochwasserständen an diesem Ort von 1876 bis 1993 vorliegen. Mit einem Mondzyklus von etwa 12 Stunden und 25 Minuten gibt es ungefähr zwei Beobachtungen pro Tag. Diese Zeitreihe erfasst vielfältige Einflüsse, darunter die Wirkung sturmbedingter Winde, den Meeresspiegelanstieg, Landabsenkungen, Veränderungen der Gezeiten durch menschliche Eingriffe an der Küste sowie Änderungen des Flussbetts der Elbe. Der jährliche mittlere Meeresspiegel zeigt einen deutlichen Aufwärtstrend, wobei das durchschnittliche Hochwasser im Jahr 1990 etwa 30 cm höher lag als zu Beginn der Aufzeichnungen 1876. Um ausschließlich die Schwankungen der sturmbedingten Wasserstände zu erfassen, werden die Jahresmittel der Wasserstände subtrahiert. Dieses Vorgehen hilft, potenzielle allmähliche Unregelmäßigkeiten zu vermeiden, die durch verschiedene Faktoren wie Trends im Zusammenhang mit steigendem Meeresspiegel oder menschliche Aktivitäten wie Hafenbaggerungen entstehen könnten.

Für jeden Monat wurden drei Perzentile der Hochwasserschwankungen berechnet: das 50%-, das 80%- und das 90%-Perzentil. Das 90%-Perzentil ist größer als etwa 54 der aufgezeichneten täglichen Wasserstände, das 80%-Perzentil größer als 48 tägliche Wasserstände. Der Vektor dieser drei Perzentile bildet die Vorhersagevariable. Diese Werte sind Maßzahlen für die innermonatliche Variabilität.

Die Prädiktor-Datenbasis umfasst monatliche Auswertungen der großräumigen Luftdruckverteilung über Westeuropa und dem nördlichen Nordatlantik (30°−7°N,

70°W−25°E) von 1899 bis 1988. Während die täglichen Auswertungen Unstimmigkeiten aufweisen können, gelten die monatlichen Auswertungen als weitgehend konsistent und nicht wesentlich von Unregelmäßigkeiten beeinflusst (Trenberth und Paolino 1980).

Vorhersagevariable und Prädiktor werden durch eine kanonische Korrelationsanalyse (CCA) miteinander verknüpft, die in beiden Datensätzen jene Muster bestimmt, die am stärksten linear miteinander verbunden sind, wobei die Daten von 1970–1988 verwendet werden. Die übrigen Daten vor 1970 werden als unabhängige Daten zur Überprüfung des statistischen Modells zurückgehalten. Im Folgenden wird der Einfachheit halber nur das erste Musterpaar betrachtet.

Das erste und am stärksten gekoppelte Paar besteht aus dem in Abb. 6.13 dargestellten Muster und dem dreikomponentigen Vektor (−21, −16, −18 cm): mit −21 cm für das 50 %-Perzentil, −16 cm für das 80 %-Perzentil und −18 cm für das 90 %-Perzentil. Diese Verbindung erklärt im Mittel 83 % der Varianz der Perzentile, und die Korrelation beträgt 0,89. Somit ist eine monatliche Anomalie des mittleren Strömungsmusters, wie in Abb. 6.13 gezeigt, mit einer Verringerung der Sturmfluthöhen verbunden, beispielsweise beim 90 %-Perzentil um −18 cm. Da die kanonische Korrelationsanalyse eine lineare Methode ist, gilt dies auch mit umgekehrtem Vorzeichen. Die Verbindung ist physikalisch plausibel – liegt ein anomal tiefes Drucksystem südöstlich der Britischen Inseln und ein Hochdruckgebiet über Nordskandinavien, so weht ein südöstlicher Wind über die Nordsee. Normalerweise herrscht über der Nordsee eine westliche Strömung, die mehrere Stürme ostwärts trägt; wenn dieses Muster vorherrscht, treten weniger ostwärts ziehende, für Sturmfluten relevante Stürme auf.

Abb. 6.14 zeigt die innermonatlichen Schwankungen des Meeresspiegels in Cuxhaven für zwei Monate, in denen der Koeffizient des ersten CCA-Paares hoch oder niedrig ist, nämlich im Januar 1883 (gestrichelt) bzw. Dezember 1978 (durchgezogene Linie). Entsprechend der Verbindung würde ein großer positiver

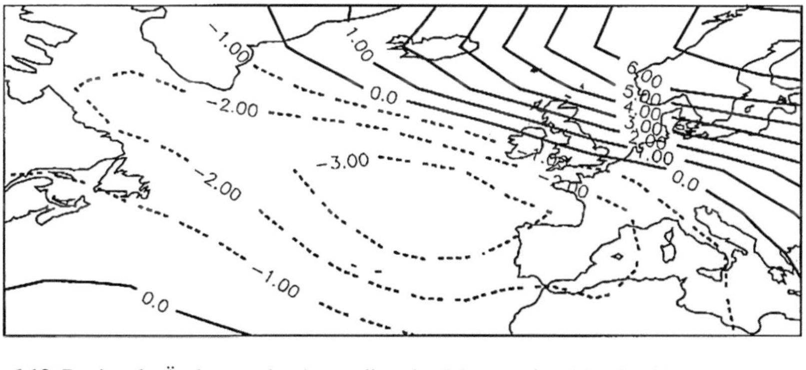

Abb. 6.13 Regionale Änderung der Anomalien des Meeresspiegeldrucks (hPa) im Nordatlantik mit der stärksten Verbindung zu den Perzentilen der lokalen Hochwasserstände in Cuxhaven (am südöstlichen „Eck" der Nordsee). Veröffentlicht 1997 von der American Meteorological Society (von Storch und Reichardt 1997).

Koeffizient alle drei Perzentile absenken, was darauf hindeutet, dass die gesamte Verteilung der Wasserstände in diesem Monat reduziert ist – und das ist in diesem Monat offensichtlich der Fall. Umgekehrt verschiebt ein großer negativer Koeffizient die gesamte Verteilung zu höheren Wasserständen, was in Abb. 6.14 ebenfalls deutlich zu erkennen ist.

Ein zweites CCA-Paar, das hier aus Platzgründen nicht dargestellt wird, aber bei von Storch und Reichardt (1997) nachgeschlagen werden kann, beschreibt einen schwächeren Zusammenhang, der dynamisch weniger eindeutig erklärbar ist. Es zeigt nahezu keine Veränderung des 50 %-Perzentils, aber eine deutliche Zunahme der höheren Perzentile, was auf einen einzelnen stärkeren Sturm hindeutet.

Bei der Interpretation des Szenarios mit verdoppelter CO_2-Konzentration, wie in Abschn. 6.3.1 beschrieben, wird für den Zeitpunkt der Verdopplung der atmosphärischen CO_2-Konzentrationen eine Änderung von 7 cm, 6 cm und 7 cm für die 50 %-, 80 %- und 90 %-Perzentile vorgeschlagen – zusätzlich zum Anstieg des mittleren Meeresspiegels. Dies sind „Erwartungswerte", die durch das jeweilige Simulationspaar bestimmt werden; die Verwendung eines anderen Simulationspaares führt zu abweichenden Schätzungen der Änderung; zudem können die Werte aufgrund der statistischen Natur des Downscaling-Links in gewissem Maße

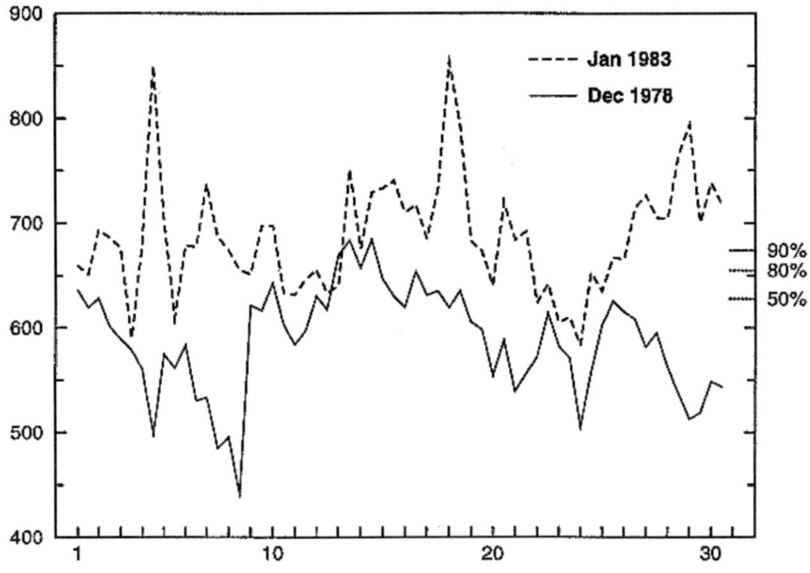

Abb. 6.14 Zeitreihe der Hochwasserstände, gemessen in Cuxhaven im Januar 1983 und Dezember 1978, jeweils mit großem positivem bzw. negativem CCA-Koeffizienten. Vertikale Achsen: Wasserstände in Zentimetern. Horizontale Achsen: Zeit in Tagen. Die klimatologischen Mittelwerte der 50 %-, 80 %- und 90 %-Perzentile sind als Markierungen am linken Rand der Diagramme angegeben. Veröffentlicht 1997 von der American Meteorological Society (von Storch und Reichardt 1997)

von diesen Zahlen abweichen. Da die angegebenen Werte relativ gering sind, lässt sich die projizierte Änderung als „gering" zusammenfassen, insbesondere im Vergleich zum Anstieg des mittleren Meeresspiegels.

6.3.3 Von Monatsmitteln zu Parametern eines Niederschlagsgenerators

Der dritte Fall behandelt ebenfalls einen indirekten Zusammenhang, nämlich die Verwendung von monatlichen Mittelwertkarten des Luftdrucks im kontinentalen Maßstab, die die Parameter eines Niederschlagsgenerators für einen Ort, hier: Bukarest in Rumänien (Busuioc und von Storch 2003), bestimmen.

Der Niederschlagsgenerator wird durch eine zweizuständige Markow-Kette erster Ordnung beschrieben.[6] Niederschlag tritt entweder auf oder nicht (die beiden Zustände), und die bedingte Wahrscheinlichkeit für das Auftreten von Niederschlag hängt nur vom Vorkommen am Vortag ab. Zwei Parameter beschreiben den Prozess des Niederschlagsauftretens: die Übergangswahrscheinlichkeiten p_{01} für einen nassen Tag nach einem trockenen Tag und p_{11} für die Wahrscheinlichkeit eines nassen Tages nach einem nassen Tag. Als Schwellenwert für einen nassen Tag wird eine tägliche Niederschlagsmenge von >0,1 mm angesetzt.

Die Variation der Niederschlagsmenge an nassen Tagen wird aus einer Gamma-Verteilung mit Formparameter (k) und Skalenparameter (β) entnommen. Die mittlere Niederschlagsmenge an nassen Tagen ist $\mu = k\beta$. Aus einer Zeitreihe täglicher Niederschlagsmengen lassen sich die vier Parameter ableiten. Für Bukarest liegen solche täglichen Niederschlagsdaten seit 1901 vor.

Der Downscaling-Link stellt einen Zusammenhang zwischen Karten der europäischen (5–50°O, 30–55°N) SLP-Saisonmittelwerten und dem Vektor der vier Parameter (p_0, p_{11}, μ, k) mithilfe einer CCA her.

Der vollständige Datensatz 1901–1999 wurde in zwei Intervalle aufgeteilt, 1901–1949 und 1950–1999. Eines der Intervalle wurde zur Anpassung der CCA verwendet, das andere zur Bestimmung der Güte des empirischen Modells bei der Erzeugung einer realistischen Niederschlagsreihe für Bukarest. Im nachfolgenden Beispiel werden die Daten von 1901–1949 zur Anpassung und das Intervall 1950–1999 zur Bestimmung der Modellgüte verwendet.

Die CCA identifiziert Musterpaare in den SLP-Feldern und in den kombinierten Vektoren der Übergangswahrscheinlichkeiten und Gamma-Verteilungsparameter, deren Zeitreihen eine maximale Korrelation aufweisen. Die identifizierten Muster sind im Winter und Herbst am stärksten ausgeprägt. Der Kürze halber werden nur Winterergebnisse und nur das erste CCA-Paar gezeigt (auch wenn das zweite ebenfalls signifikante Informationen enthält).

---

[6] Das Folgende ist teilweise wörtlich aus Busuioc und von Storch (2003) übernommen.

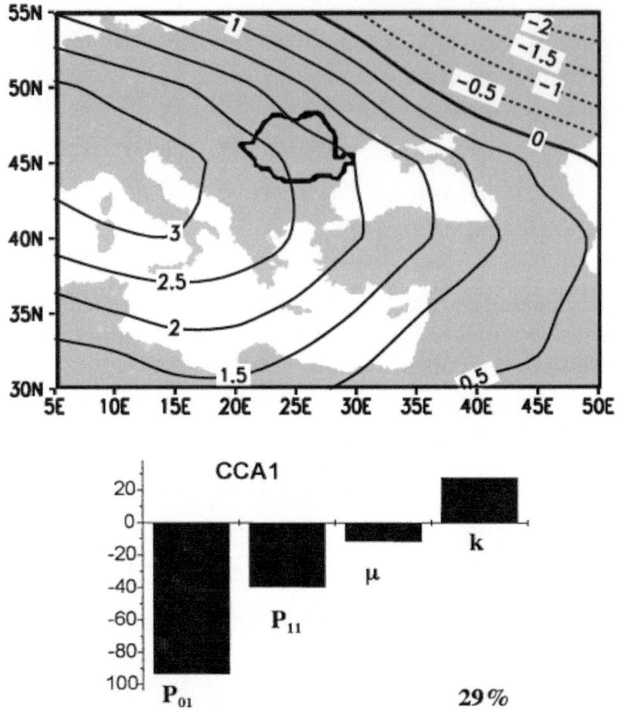

Abb. 6.15 Muster des ersten CCA-Paares der winterlichen SLP-Anomalien und der Winteranomalien der Parameter des Niederschlagserzeugers, abgeleitet aus der ersten Hälfte der Beobachtungen (1901–1949). Das SLP-Paar repräsentiert 77 % der SLP-Varianz von 1950–1999, der Parametervektor 29 % (Busuioc und von Storch 2003). CC BY

Abb. 6.15 zeigt dieses erste CCA-Paar im Winter. Die zugehörigen Zeitreihen sind so normiert, dass sie eine Standardabweichung von 1 aufweisen; wie bei der CCA üblich, können die Vorzeichen der Muster gemeinsam umgekehrt werden. Südliche/nordwestliche Zirkulationen über Rumänien im Winter sind mit über-/unterdurchschnittlichen täglichen Mittelwerten des Niederschlags an nassen Tagen und höheren/niedrigeren Übergangswahrscheinlichkeiten zu nassen Tagen in Bukarest verbunden. Südwestliche Zirkulationen bringen feuchte Luftmassen aus dem Mittelmeerraum nach Rumänien (insbesondere in den Süden, wo Bukarest liegt), wodurch mehr Niederschlag registriert wird. Infolgedessen sind der tägliche mittlere Niederschlag μ an nassen Tagen und die Wahrscheinlichkeit eines nassen Tages $(p_{01} + p_{11})$ erhöht. Die saisonale Gesamtsumme wird von der Anzahl der nassen Tage dominiert und ist weniger abhängig vom mittleren Niederschlag an nassen Tagen.

Abb. 6.16 zeigt die Zeitreihe der Übergangswahrscheinlichkeiten, wie sie aus den lokalen Daten (durchgezogene Linie) und mit dem Downscaling-Modell (gestrichelte Linie), das an die Daten von 1901–1999 angepasst wurde, bestimmt

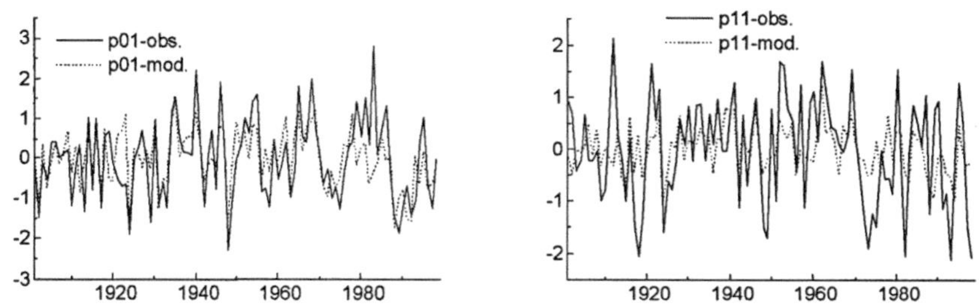

Abb. 6.16 Normierte Winteranomalien der Übergangswahrscheinlichkeiten p_{01} und p_{11} für 1901–1999, abgeleitet aus Beobachtungen (durchgezogene Linie) und indirekt aus den beobachteten SLP-Anomalien im europäischen Maßstab mithilfe des Downscaling-Modells (gestrichelte Linie), das an die Daten von 1901–1949 angepasst wurde (Busuioc und von Storch 2003). CC BY

wurden. Offensichtlich bildet das empirische Modell den Großteil der Variabilität beider Übergangswahrscheinlichkeiten ab.

Die Güte (in Bezug auf Korrelationen und erklärte Varianz) des statistischen Downscaling-Modells, das auf der Anpassung an die Daten von 1901–1949 basiert und die Zeitkoeffizienten im unabhängigen Zeitraum 1950–1999 verwendet, zeigt, dass das Modell für die Übergangswahrscheinlichkeiten am besten geeignet ist, für μ mäßig geeignet und für k ungeeignet ist.

In Busuioc und von Storch (2003) wird das Downscaling-System hinsichtlich seiner Fähigkeit untersucht, eine Reihe von Merkmalen zu beschreiben, die hier aus Gründen der Kürze nicht im Detail dargestellt werden:

1. Auftreten/Nichtauftreten von Niederschlag, quantifiziert durch die mittlere und erwartete maximale Dauer von feuchten und trockenen Perioden.
2. Täglicher Mittelwert und Standardabweichung des Niederschlags an Regentagen, erwartete maximale tägliche Niederschlagsmenge sowie Häufigkeitsverteilungen des Tagesniederschlags.
3. Veränderungen (linearer Trend) im saisonalen Niederschlag.
4. Jahreszeitliche Variabilität der saisonalen Niederschlagsmenge, quantifiziert durch die Standardabweichung.

6.4 Dynamisches Downscaling

6.4.1 Konventionelle Regionalmodellierung

Die Praxis, atmosphärische Dynamik auf einer regionalen Fläche zu modellieren – zunächst für die Wettervorhersage, später auch für Klimasimulationen – wird bereits seit vielen Jahrzehnten angewandt.[7] Zu den Pionieren auf diesem Gebiet zählen Davies (1976) und Giorgi (1990). Der Vorteil dieses Ansatzes bestand darin, dass Simulationen mit deutlich erhöhter räumlicher Auflösung bei gleichem Rechenzeitaufwand durchgeführt werden konnten. Davies' Kunstgriff war es, eine „Schwammzone" entlang der lateralen Ränder einzuführen, in der der innere Zustand an die treibende globale Simulation oder Analyse angeglichen wurde. Dadurch konnten Probleme vermieden werden, die durch unterschiedliche Phasengeschwindigkeiten im Antriebsfeld und im Modellinneren entstehen.

Ursprünglich wurde die Methode für die Wettervorhersage und nicht für lange Simulationen entwickelt – in diesem Fall wird die Entwicklung im Inneren des begrenzten Gebiets nur teilweise durch die Randwerte, aber auch durch die Anfangsbedingungen bestimmt. Im Klimamodus, bei dem das System über wesentlich längere Zeiträume integriert wird, verlieren die Details der Anfangswerte an Bedeutung, und die Entwicklung wird nur noch durch die an den Rändern vorgegebenen Bedingungen bestimmt.

Die Leistungsfähigkeit des konventionellen Ansatzes mit Randantrieb wurde durch das „Big-Brother"-Experiment von René Laprise und seinen Mitarbeitern (Denis et al. 2002a) demonstriert. Dieses Experiment besteht aus zwei Simulationen mit gleicher horizontaler Auflösung: einer globalen Simulation namens „Big Brother" und einer regionalen Simulation namens „Little Brother". Letztere läuft auf einem regionalen Teilgebiet der ersteren und wird an ihren lateralen Rändern mit dem Zustand des Big Brother angetrieben, wobei jedoch alle kleinskaligen Details entfernt wurden; auch der Anfangszustand entspricht dem der globalen Simulation, allerdings ebenfalls nach einer Vergröberung. Zu Beginn zeigt die Feuchteverteilung des Regionalmodells weniger räumliche Details, doch bereits zwei Tage später tauchen die Details des Big Brother im Little Brother-Experiment (Abb. 6.17) wieder auf – trotz der Vergröberung an den lateralen Rändern.[8] **Dieses Experiment zeigt, dass ein Regionalmodell tatsächlich in der Lage ist, kleinskalige Details aus Randbedingungen mit niedrigerer Auflösung wiederherzustellen.** Der Erfolg dieses Experiments hängt natürlich von mehreren Faktoren ab, insbesondere von der Stärke des vorgegebenen West-Ost-Durchflusses, vom Detailgrad der Oberflächenbedingungen und von der Größe des Regionalmodellgebiets.

Ein weiteres Beispiel für ein „Downscaling" mit einem Regionalmodell bezieht sich auf den ostasiatischen Taifun „Winnie" im Jahr 1997 (Feser und von Storch 2008). Seine Position und Intensität sind in Abb. 6.18 dargestellt, wie sie in der NCEP-NCAR-Reanalyse angegeben sind. Die Fähigkeit, diesen Sturm zu reproduzieren, wird in zwei längeren Simulationen mit einem Regionalmodell und einer räumlichen Gitterauflösung von etwa 50 km analysiert – im Klimamodus, d. h. mit unterschiedlichen Initialisierungszeitpunkten vor der Entstehung des Sturms.

[7] Einen Überblick bietet beispielsweise Takayabu et al. (2016).

[8] Der Effekt der Vergröberung ist auf der rechten Seite außerhalb des roten Kastens zu erkennen.

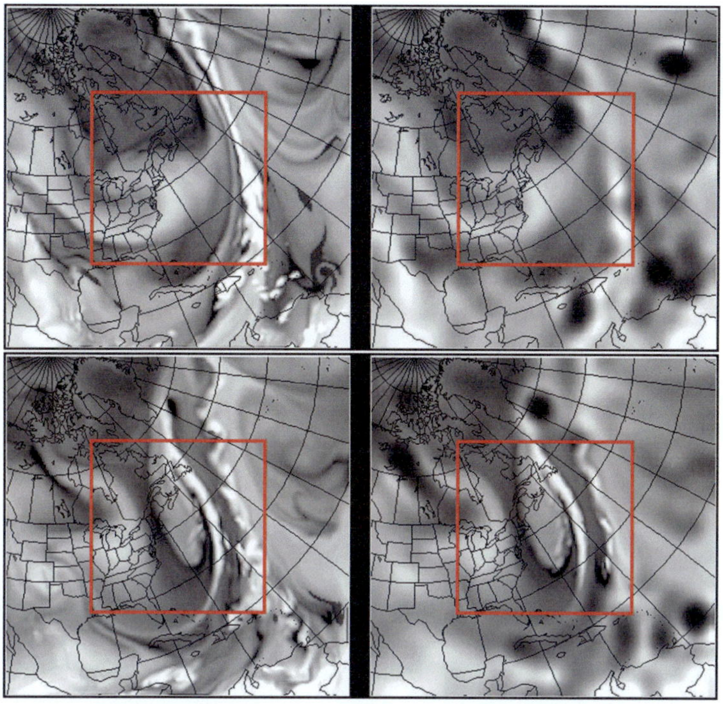

Abb. 6.17 Spezifische Feuchte bei 700 hPa am Tag 0 (oben) und am Tag 2 (unten). Die linke Spalte zeigt die Kontrollsimulation „Big Brother“ mit derselben Gitterauflösung wie der Lauf des Regionalmodells im roten Kasten. In den Karten auf der rechten Seite sind außerhalb der roten Kästen die grob aufgelösten Felder aus „Big Brother“ dargestellt, die die Randbedingungen für „Little Brother“ liefern. Innerhalb der inneren roten Quadrate erfolgt die „Little Brother“-Simulation mit derselben feinen Auflösung wie das ursprüngliche „Big Brother“-Modell (Denis et al. 2002b).

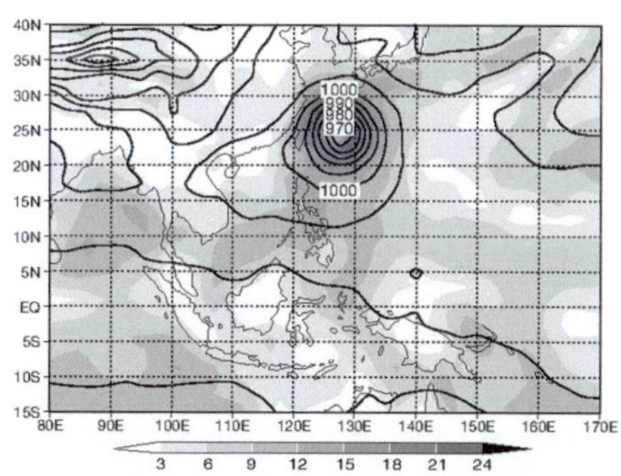

Abb. 6.18 Luftdruck (*hPa*; Isobaren) und Windgeschwindigkeitsanalyse (ms^{-1} ; schattiert) des Taifuns Winnie um 0000 UTC am 17. August 1997 in der NCEP–NCAR-Reanalyse. © American Meteorological Society. Verwendung mit Genehmigung (Feser und von Storch 2008)

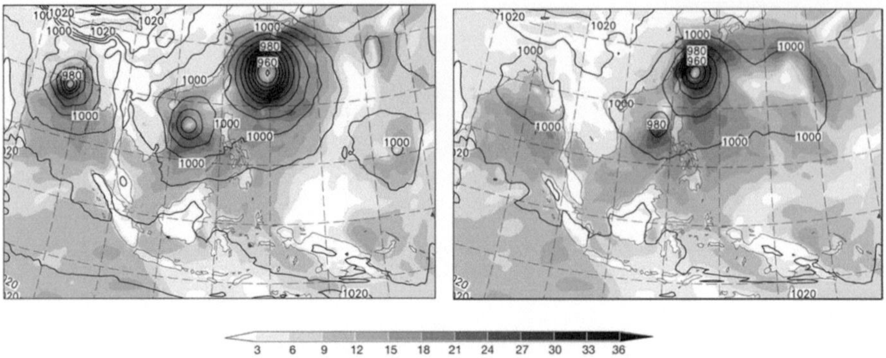

Abb. 6.19 Simulation der Luftdruckverteilung (hPa; Isobaren) und der Windgeschwindigkeitsverteilung (ms^{-1}; schattiert) des Taifuns Winnie um 0000 UTC am 17. August 1997 in zwei Regionalmodellsimulationen mit einem Gitter von 50 km, begonnen vor der Entstehung des Sturms, mit (links) Anfangsbedingungen vom 3. August 1997 und (rechts) vom 7. August 1997. © American Meteorological Society. Verwendung mit Genehmigung (Feser und von Storch 2008)

Beide Simulationen (Abb. 6.19) erfassen den Taifun recht gut, mit einer angemessenen Vertiefung im Vergleich zur grobmaschigeren Reanalyse. Allerdings entstehen in einer Simulation zwei weitere Taifune – einer in der Bucht von Bengalen und einer im Südchinesischen Meer – und in der anderen Simulation ein Sturm westlich der Philippinen. Diese Stürme haben in der realen Analyse kein Gegenstück.

Man könnte argumentieren, dass diese zusätzlichen Stürme auf einen Fehler im Regionalmodell hindeuten. Tatsächlich ist es wahrscheinlich, dass alle Modellcodes einige meist unbedeutende kleinere Fehler enthalten, doch eine bessere Erklärung ist, dass die unvermeidbare interne Variabilität solcher Modelle (siehe Kap. 2) hinter diesen unterschiedlichen Entwicklungen steht. **Bei gegebenen lateralen Randwerten sind solche unterschiedlichen Entwicklungen möglich, auch wenn sie in Wirklichkeit nicht auftreten. Es ist also plausibel, dass die Abweichungen von der „Realität" nicht auf einen Fehler zurückzuführen sind, sondern den Grad der Unsicherheit widerspiegeln, der der Dynamik des Wettersystems innewohnt.**

Auch wenn dies im Widerspruch zum Big Brother-Experiment zu stehen scheint, ist es tatsächlich nicht so – das hier betrachtete Gebiet ist größer, und die Information über den Sturm wird nicht durch die lateralen Randbedingungen importiert, sondern bildet sich innerhalb der Region aus.

Der konventionelle Ansatz, regionale Kleinskaligkeit mit Regionalmodellen zu erzeugen, die mit lateralen Randwerten angetrieben werden, wird häufig als „Downscaling" bezeichnet, ist aber *kein* Herunterbrechen von Änderungen auf kleinere Skalen aus dem Zustand auf größeren Skalen, da das dynamische Modell nicht die großskaligen Zustände, sondern die lateralen (und unteren) Randbedingungen verarbeitet, die nur teilweise mit den großen Skalen verbunden sind.

Daher nutzt dieser konventionelle Ansatz nicht die skalenabhängige Güte von Reanalysen und GCM-Simulationen, wie in Abb. 6.7 skizziert. Die Zustände auf den Skalen, die im gelben Bereich in Abb. 6.7 dargestellt sind, gelten als „gut aufgelöst" und zuverlässig beschrieben. Das Regionalmodell sollte daher diese großskaligen Zustände als Antrieb nutzen (zusätzlich zu den lateralen Bedingungen zur Schließung des numerischen Problems).

6.4.2 Spektrales Nudging von Regionalmodellen

Der angemessene Ansatz ist daher der eines Zustandsraummodells (z. B. Robinson et al. 1998), mit einem dynamischen Modell und einer Beobachtungsgleichung:

$$\Psi_{t+1} = \mathcal{F}(\Psi_t, \eta) + \epsilon \tag{6.4}$$

$$\Omega_t = \mathcal{G}(\Psi_t) + \delta \tag{6.5}$$

Gl. (6.4) wird als *Zustandsgleichung* bezeichnet, da sie die Entwicklung der Zustandsvariable Ψ im Zeitverlauf beschreibt, beeinflusst durch bestimmte antreibende Faktoren η. Der Term ϵ ist ein Fehlerterm, der hinzugefügt wird, um zu berücksichtigen, dass die Entwicklung nur eine Näherung darstellt. $\mathcal{F}$ ist ein dynamisches Modell, wie etwa ein Regionalmodell.

Gl. (6.5) ist eine *Beobachtungsgleichung*, die bestimmte beobachtbare Größen Ω mit der Zustandsvariable Ψ verknüpft. Auch diese Gleichung ist häufig nicht exakt, sondern unterliegt mitunter Ungenauigkeiten, weshalb ein Fehlerterm δ hinzugefügt wird.

Das System (6.4, 6.5) kann ausgehend von einem Anfangszustand Ψ_0 vorwärts in der Zeit integriert werden. Mit Gl. (6.4) und $\epsilon = 0$ wird ein vorläufiger Zustand Ψ_1^* bestimmt und eine Prognose $\Omega_1^* = \mathcal{G}(\Psi_1^*)$ (mit $\delta = 0$) der beobachtbaren Größen Ω_1 zum Zeitpunkt $t = 1$ (Gl. (6.6)) erstellt. Diese Prognose weicht in gewissem Maße von den tatsächlichen Beobachtungen ab. Daher wird der endgültige Zustand Ψ_1 als lineare Kombination aus der vorläufigen Prognose Ψ_1^* und einem Term, der proportional zum Fehler in der Prognose der beobachtbaren Größe ist (Gl. (6.7)), abgeschätzt, d. h. $\mathcal{K}[\Omega *_1 - \Omega_1]$ mit einem geeigneten Operator $\mathcal{K}$ (siehe z. B. Robinson et al. 1998). Dieser Prozess wird dann zeitlich fortgesetzt.

$$\Psi_{t+1}^* = \mathcal{F}(\Psi_t, \eta) \tag{6.6}$$

$$\Psi_{t+1} = \Psi_{t+1}^* + \mathcal{K}\big[\Omega_t - \mathcal{G}(\Psi_{t+1}^*)\big] \tag{6.7}$$

Diese Technik, die dynamisches Wissen (das Modell $\mathcal{F}$) mit empirischem Wissen (Ω) verbindet, wurde erstmals in der meteorologischen Vorhersage zur Verbesserung des Anfangszustands eingesetzt und ist heute auch ein Routinetool in der Ozeanvorhersage. Der Operator $\mathcal{K}$ nimmt dabei verschiedene fortgeschrittene Formen an, die meist von Kalman-Filtern abgeleitet sind. Er integriert überwiegend lokale Beobachtungen.

Im Fall der Verbesserung regionaler Details in der begrenzten meteorologischen Modellierung wird das verfügbare empirische Wissen durch den großskaligen Zustand der Atmosphäre bereitgestellt – der gelbe Bereich in Abb. 6.7. Der (6.7)-Schritt erfolgt daher durch Korrektur der großskaligen Zustände – in meteorologischen Anwendungen dargestellt durch die Fourier-Komponenten der längsten „Wellen“.[9] Der Operator $\mathcal{K}$ ist eine Gewichtung, die das Vertrauen in die großskaligen Komponenten repräsentiert, welches für größere Skalen und für vertikale Niveaus, die weniger von Oberflächeneigenschaften wie Land-See-Kontrast, Gebirgen usw. beeinflusst werden, höher ist.

Die grundlegende Veröffentlichung, die das Konzept des dynamischen Downscalings in Klimasimulationen eingeführt und angewendet hat, wird von von Storch et al. (2000) zugeschrieben. Diese Arbeit beinhaltet eine hochaufgelöste Rekonstruktion des Wetters in Nordwesteuropa. Die Methodik wurde ursprünglich von Waldron et al. (1996) vorgeschlagen, erhielt jedoch zunächst nicht die ihr gebührende Anerkennung. Nach der Veröffentlichung des Artikels von von Storch et al. (2000) wurde die Methode von weiteren Forschungsgruppen untersucht und angewendet, darunter Studien von Miguez-Macho et al. (2004), Miguez-Macho et al. (2005), Radu et al. (2008), Omrani et al. (2012) und Alexandru et al. (2009).

Im Folgenden verwenden wir erneut das Beispiel der Simulation der Stärke und Zugbahn des ostasiatischen Taifuns Winnie (Feser und von Storch 2008) zur Veranschaulichung.

Aus dem Zustandsraum-Ansatz (6.6, 6.7) erwarten wir mehrere Vorteile („added value“; Feser et al. 2011):

- Reduktion der internen Variabilität;
- realistische geografische Lage der großskaligen Strukturen und ihrer zugehörigen kleinskaligen Merkmale (wie Polarwirbel);
- mesoskalige Verbesserungen (wie Intensität) großskaliger Strukturen.

Während wir hier nicht den Effekt auf die interne Variabilität illustrieren, zeigen wir in Abb. 6.20 die Position des Taifuns „Winnie“, die mit der antreibenden Reanalyse in Abb. 6.18 verglichen werden sollte: Es gibt nur einen Sturm, und er befindet sich geografisch korrekt über Japan. Die Analyse folgt somit dem durch die antreibende Reanalyse bereitgestellten „empirischen Wissen“.

Beim Vergleich der Intensität des Sturms auf unterschiedlichen räumlichen Skalen (nach digitaler Filterung, Abb. 6.3) zeigen die beiden oberen Karten in Abb. 6.21, dass der gut aufgelöste Teil der Reanalyse durch das Regionalmodell nahezu unbeeinflusst bleibt. Die Verteilung der mittleren Skalen in der unteren Reihe von Abb. 6.21 ist jedoch in der Reanalyse (links) deutlich glatter, während sie im regionalen Modell mit spektralem Nudging (rechts) steiler ausfällt.

---

[9] Entweder Sinus- und Kosinus-Terme oder nur Kosinus-Terme, wenn für das begrenzte Gebiet eine Kosinus-Entwicklung verwendet wird.

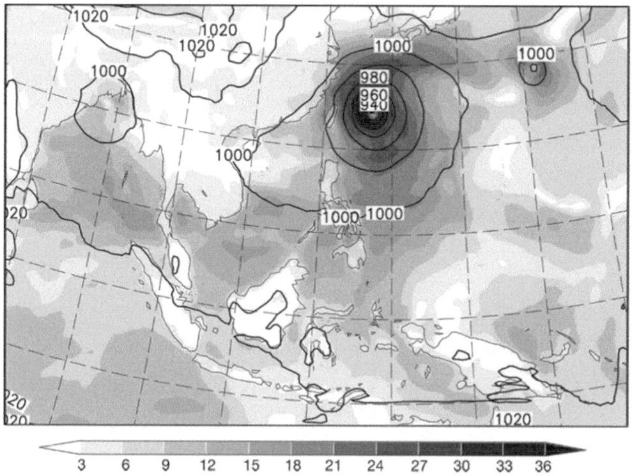

Abb. 6.20 Simulation mit spektralem Nudging von Winnie um 0000 UTC am 17. August 1997 auf dem 50-km-Gitter. Die Abbildung zeigt Isobaren des Luftdrucks auf Meereshöhe (hPa) und schattierte Felder der bodennahen Windgeschwindigkeit (ms^{-1}). © American Meteorological Society. Verwendung mit Genehmigung (Feser und von Storch 2008)

Ein deutlicher Vorteil des Downscaling-Ansatzes ist, dass das Ergebnis über die Zeit hinweg eine homogene Güte aufweist, solange die antreibenden Daten bei der Verarbeitung großskaliger „Prädiktoren“ zeitlich homogen sind. Dies ist wahrscheinlich, da großskalige Analysen, die auf groben Beobachtungsnetzen basieren, relativ unempfindlich gegenüber Verbesserungen im Beobachtungsnetz sind.

Weitere Beispiele, die den erzielten zusätzlichen Nutzen des dynamischen Downscaling-Ansatzes belegen, beziehen sich auf Polarwirbel im Nordatlantik (Zahn und von Storch 2008, 2010) und im Nordpazifik (Chen und von Storch 2013; Chen et al. 2014), auf „Medicanes“ (Cavicchia et al. 2014) sowie auf Low-Level-Jets über dem Gelben Meer (Li et al. 2018). All diese Phänomene waren zum Zeitpunkt der Analyse zu klein, um von den damaligen globalen Reanalysen aufgelöst zu werden.

Darüber hinaus wurden von Feser et al. (2001) für Nordeuropa sowie für das Bo Hai und das Gelbe Meer (Li et al. 2016) erweiterte homogene Rekonstruktionen des Wettergeschehens einschließlich Windstatistiken erstellt. Diese heruntergerechneten „Reanalysen“ wurden beispielsweise genutzt, um regionale Ozeanmodelle anzutreiben und Statistiken zu Sturmfluten (Woth 2005) und anderen marinen Auswirkungen in der Nordsee (Weisse et al. 2009) abzuleiten.

Experimente mit dynamischem Downscaling unter Verwendung von spektralem Nudging in der Modellierung regionaler Ozeane wurden von Katavouta und Thompson (2013) sowie Katavouta und Thompson (2016) mit vielversprechenden Ergebnissen durchgeführt.

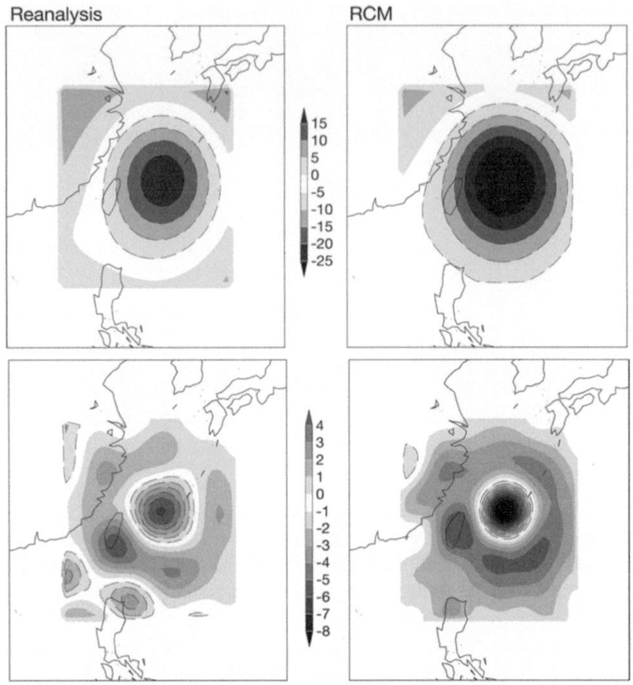

Abb. 6.21 Räumlich gefilterte Luftdruckabweichungen (hPa) um 0000 UTC am 17. August 1997. (links) NCEP–NCAR-Reanalyse nach Interpolation auf ein 50-km-Gitter; (rechts) RCM-Simulation mit spektralem Nudging auf einem 50-km-Gitter. (oben) Großskalige Anteile erhalten (Durchmesser $\geq$ 600 km); (unten) mittlere Skalen erhalten (etwa 180–360 km). Negative Werte sind als gestrichelte Isolinien dargestellt. © American Meteorological Society. Verwendung mit Genehmigung (Feser und von Storch 2008)

6.4.3 Globale Modellierung

Eine naheliegende, aber lange übersehene Option des dynamischen Downscalings wurde von Yoshimura und Kanamitsu (2008) vorgeschlagen und als nützlich demonstriert, indem sie das Element des spektralen Nudgings in ein *globales* Atmosphärenmodell integrierten. Bei Klimasimulationen mit gekoppelten Atmosphäre-Ozean-Modellen muss eine hohe räumliche Auflösung des Atmosphärenmodells mit einer vergleichbaren Gitterauflösung des Ozeanmodells einhergehen, wodurch das Hochfahren des gekoppelten Systems unter Umständen prohibitiv teuer werden kann. Gleiches gilt für Reanalysen mit einem regulären Datenassimilationsschema. Daher kann der Yoshimura/Kanamitsu-Ansatz als kosteneffizienter Postprozessor für die Ausgaben solcher gekoppelter Modellsimulationen und von Reanalysen verwendet werden.

Der Ansatz wurde von Schubert-Frisius et al. (2017) getestet, die einen Mehrwert insbesondere entlang von Küsten und in Gebirgsregionen feststellten. Ein Vergleich dieser Daten mit dem Downscaling mittels eines Regionalmodells wurde von von Storch et al. (2017) durchgeführt – die Ergebnisse erwiesen sich als weitgehend vergleichbar.

Literatur

Alexandru A, de Elia R, Laprise R, Separovic L, Biner S (2009) Sensitivity study of regional climate model simulations to large-scale nudging parameters. Mon Weather Rev 137(5):1666–1686. https://doi.org/10.1175/2008MWR2620.1

Benestad R (2016) Downscaling climate information. Res Encyclopedia Clim Sci. https://doi.org/10.1093/acrefore/9780190228620.013.27

Benestad RE, Hanssen-Bauer I, Chen D (2008) Empirical-statistical downscaling. World Sci. https://doi.org/10.1142/6908. https://www.worldscientific.com/doi/abs/10.1142/6908

Biau G, Zorita E, von Storch H, Wackernagel H (1999) Estimation of precipitation by kriging in the EOF space of the sea level pressure field. J Clim 12(4):1070–1085. http://www.jstor.org/stable/26244337

Branstator G (1995) Organization of storm track anomalies by recurring low-frequency circulation anomalies. J Atmos Sci 52(2):207–226. https://doi.org/10.1175/1520-0469(1995)052%3C0207:OOSTAB%3E2.0.CO;2

Busuioc A, von Storch H (2003) Conditional stochastic model for generating daily precipitation time series. Clim Res 24(2):181–195

Busuioc A, von Storch H, Schnur R (1999) Verification of GCM-generated regional seasonal precipitation for current climate and of statistical downscaling estimates under changing climate conditions. J Clim 12(1):258–272. https://doi.org/10.1175/1520-0442(1999)012%3C0258:VOGGRS%3E2.0.CO;2

Cavicchia L, von Storch H, Gualdi S (2014) Mediterranean tropical-like cyclones in present and future climate. J Clim 27(19):7493–7501. https://doi.org/10.1175/JCLI-D-14-00339.1

Chen F, von Storch H (2013) Trends and variability of North Pacific Polar Lows. Adv Meteorol 2013:170387. https://doi.org/10.1155/2013/170387

Chen F, von Storch H, Zeng L, Du Y (2014) Polar low genesis over the North Pacific under different global warming scenarios. Clim Dyn 43(12):3449–3456. https://doi.org/10.1007/s00382-014-2117-5

Cubasch U, Hasselmann K, Höck H, Maier-Reimer E, Mikolajewicz U, Santer BD, Sausen R (1992) Time-dependent greenhouse warming computations with a coupled ocean-atmosphere model. Clim Dyn 8:55–69

Davies HC (1976) A lateral boundary formulation for multi-level prediction models. Quarterly Journal of the Royal Meteorological Society 102(432):405–418. https://doi.org/10.1002/qj.49710243210

Denis B, Côté J, Laprise R (2002a) Spectral decomposition of two-dimensional atmospheric fields on limited-area domains using the discrete cosine transform (DCT). Mon Weather Rev 130(7):1812–1829. https://doi.org/10.1175/1520-0493(2002)130%3C1812:SDOTDA%3E2.0.CO;2

Denis B, Laprise R, Caya D, Côté J (2002b) Downscaling ability of one-way nested regional climate models: the big-brother experiment. Clim Dyn 18(8):627–646. https://doi.org/10.1007/s00382-001-0201-0

Feser F, von Storch H (2005) A spatial two-dimensional discrete filter for limited-area-model evaluation purposes. Mon Weather Rev 133(6):1774–1786. https://doi.org/10.1175/MWR2939.1

Feser F, von Storch H (2008) A dynamical downscaling case study for typhoons in Southeast Asia using a regional climate model. Mon Weather Rev 136(5):1806–1815. https://doi.org/10.1175/2007MWR2207.1

Feser F, Weisse R, von Storch H (2001) Multi-decadal atmospheric for Europe yields multi-purpose data. EOS Trans Am Geophys Union 82(28):305–310. https://doi.org/10.1029/01EO00176

Feser F, Rockel B, von Storch H, Winterfeldt J, Zahn M (2011) Regional climate models add value to global model data: A review and selected examples. Bull Am Meteorol Soc 92(9):1181–1192. https://doi.org/10.1175/2011BAMS3061.1

Frey-Buness F, Heimann D, Sausen R (1995) A statistical-dynamical downscaling procedure for global climate simulations. Theoret Appl Climatol 50(3–4):117–131. https://doi.org/10.1007/BF00866111

Fuentes U, Heimann D (2000) An improved statistical-dynamical downscaling scheme and its application to the alpine precipitation climatology. Theoret Appl Climatol 65(3):119–135. https://doi.org/10.1007/s007040070038

Giorgi F (1990) Simulation of regional climate using a limited area model nested in a general circulation model. J Clim 3(9):941–963. https://doi.org/10.1175/1520-0442(1990)003%3C0941:SORCUA%3E2.0.CO;2

Giorgi F, Mearns LO (1991) Approaches to the simulation of regional climate change: A review. Rev Geophys 29(2):191–216. https://doi.org/10.1029/90RG02636

Grotch SL, MacCracken MC (1991) The use of general circulation models to predict regional climatic change. J Clim 4(3):286–303. https://doi.org/10.1175/1520-0442(1991)004%3C0286:TUOGCM%3E2.0.CO;2

Karl TR, Wang WC, Schlesinger ME, Knight RW, Portman D (1990) A method of relating general circulation model simulated climate to the observed local climate. Part I: Seasonal statistics. J Clim 3(10):1053–1079. https://doi.org/10.1175/1520-0442(1990)003%3C1053:AMORGC%3E2.0.CO;2

Katavouta A, Thompson K (2013) Downscaling ocean conditions: Experiments with a quasi-geostrophic model. Ocean Model 72:231–241. https://doi.org/10.1016/j.ocemod.2013.10.001

Katavouta A, Thompson KR (2016) Downscaling ocean conditions with application to the Gulf of Maine, Scotian Shelf and adjacent deep ocean. Ocean Model 104:54–72. https://doi.org/10.1016/j.ocemod.2016.05.007

Kida H, Koide T, Sasaki H, Chiba M (1991) A new approach for coupling a limited area model to a GCM for regional climate simulations. J Meteorol Soc Japan Ser II 69(6):723–728. https://doi.org/10.2151/jmsj1965.69.6-723

Kim JW, Chang JT, Baker NL, Wilks DS, Gates W (1984) The statistical problem of climate inversion: Determination of the relationship between local and large-scale climate. Mon Weather Rev 112(10):2069–2077. https://doi.org/10.1175/1520-0493(1984)112%3C2069:TSPOCI%3E2.0.CO;2

Li D, von Storch H, Geyer B (2016) High-resolution wind hindcast over the Bohai Sea and the Yellow Sea in East Asia: Evaluation and wind climatology analysis. J Geophys Res Atmos 121(1):111–129. https://doi.org/10.1002/2015JD024177

Li D, von Storch H, Yin B, Xu Z, Qi J, Wei W, Guo D (2018) Low-level jets over the Bohai Sea and Yellow Sea: Climatology, variability, and the relationship with regional atmospheric circulations. J Geophys Res Atmos 123(10):5240–5260. https://doi.org/10.1029/2017JD027949

Maak K, von Storch H (1997) Statistical downscaling of monthly mean air temperature to the beginning of flowering of Galanthus nivalis L. in Northern Germany. Int J Biometeorol 41(1):5–12. https://doi.org/10.1007/s004840050046

Maraun D, Widmann M (2018) Statistical downscaling and bias correction for climate research. Cambridge University Press. https://doi.org/10.1017/9781107588783

Matulla C, Zhang X, Wang X, Wang J, Zorita E, Wagner S, von Storch H (2008) Influence of similarity measures on the performance of the analog method for downscaling daily precipitation. Climate Dyn 30(2):133–144. https://doi.org/10.1007/s00382-007-0277-2

Miguez-Macho G, Stenchikov GL, Robock A (2004) Spectral nudging to eliminate the effects of domain position and geometry in regional climate model simulations. J Geophys Res Atmos 109(D13). https://doi.org/10.1029/2003JD004495

Miguez-Macho G, Stenchikov GL, Robock A (2005) Regional climate simulations over North America: Interaction of local processes with improved large-scale flow. J Climate 18(8):1227–1246. https://doi.org/10.1175/JCLI3369.1

Omrani H, Drobinski P, Dubos T (2012) Spectral nudging in regional climate modelling: how strongly should we nudge? Q J R Meteorol Soc 138(668):1808–1813. https://doi.org/10.1002/qj.1894

Pielke RA (1991) A recommended specific definition of "resolution". Bull Am Meteorol Soc 72(12):1914–1914. https://doi.org/10.1175/1520-0477-72.12.1914

Radu R, Déqué M, SSomot (2008) Spectral nudging in a spectral regional climate model. Tellus A Dyn Meteorol Oceanogr 60(8):898–910. https://doi.org/10.1111/j.1600-0870.2008.00341.x

Robinson A, Lermusiaux P, Sloan III NQ (1998) Data assimilation. In: Brink KH, Robinson AR (eds) The global coastal ocean. Processes and methods. The sea, vol 10. Wiley, New York, S 541–593

Roeckner E, von Storch H (1980) On the efficiency of horizontal diffusion and numerical filtering in an Arakawa-type model. Atmos Ocean 18(3):239–253. https://doi.org/10.1080/07055900.1980.9649090

Schubert-Frisius M, Feser F, von Storch H, Rast S (2017) Optimal spectral nudging for global dynamic downscaling. Mon Weather Rev 145(3):909–927. https://doi.org/10.1175/MWR-D-16-0036.1

Shumann FG (1957) Numerical methods in weather prediction: II. Smoothing and filtering. Mon Weather Rev 85(11):357–361. https://doi.org/10.1175/1520-0493(1957)085%3C0357:NMIWPI%3E2.0.CO;2

Starr V (1942) Basic principles of weather forecasting. Harper Brothers Publishers

Takayabu I, Kanamaru H, Dairaku K, Benestad R, von Storch H, Hesselbjerg Christensen J (2016) Reconsidering the quality and utility of downscaling. J Meteorol Soc Japan Ser II 94A:31–45. https://doi.org/10.2151/jmsj.2015-042

Tang S, von Storch H, Chen X (2020) Atmospherically forced regional ocean simulations of the South China Sea: Scale-dependency of the signal-to-noise ratio. J Phys Oceanogr 50:133–144. https://doi.org/10.1175/JPO-D-19-0144.1

Trenberth KE, Paolino DA (1980) The northern hemisphere sea-level pressure data set: Trends, errors and discontinuities. Mon Weather Rev 108(7):855–872. https://doi.org/10.1175/1520-0493(1980)108%3C0855:TNHSLP%3E2.0.CO;2

von Storch H (1995) Inconsistencies at the interface of climate impact studies and global climate research. Meteorol Z 4(2):72–80. https://doi.org/10.1127/metz/4/1992/72

von Storch H, Reichardt H (1997) A scenario of storm surge statistics for the German Bight at the expected time of doubled atmospheric carbon dioxide concentration. J Climate 10(10):2653–2662. https://doi.org/10.1175/1520-0442(1997)010%3C2653:ASOSSS%3E2.0.CO;2

von Storch H, Zorita E (2019) The history of ideas of downscaling – from synoptic dynamics and spatial interpolation. Front Environ Sci 7. https://doi.org/10.3389/fenvs.2019.00021

von Storch H, Zorita E, Cubasch U (1991) Downscaling of global climate change estimates to regional scales: An application to Iberian rainfall in wintertime. MPI report 64, Max-Planck-Institut für Meteorologie

von Storch H, Zorita E, Cubasch U (1993) Downscaling of global climate change estimates to regional scales: An application to Iberian rainfall in wintertime. J Climate 6(6):1161–1171. https://doi.org/10.1175/1520-0442(1993)006%3C1161:DOGCCE%3E2.0.CO;2

von Storch H, Langenberg H, Feser F (2000) A spectral nudging technique for dynamical downscaling purposes. Mon Weather Rev 128(10):3664–3673. https://doi.org/10.1175/1520-0493(2000)128%3C3664:ASNTFD%3E2.0.CO;2

von Storch H, Feser F, Geyer B, Klehmet K, Li D, Rockel B, Schubert-Frisius M, Tim N, Zorita E (2017) Regional reanalysis without local data: Exploiting the downscaling paradigm. J Geophys Res Atmos 122(16):8631–8649. https://doi.org/10.1002/2016JD026332

Waldron KM, Paegle J, Horel JD (1996) Sensitivity of a spectrally filtered and nudged limited-area model to outer model options. Mon Weather Rev 124(3):529–547. https://doi.org/10.1175/1520-0493(1996)124%3C0529:SOASFA%3E2.0.CO;2

Wang Y, Leung LR, McGregor JL, Lee DK, Wang WC, Ding Y, Kimura F (2004) Regional climate modeling: Progress, challenges, and prospects. J Meteorol Soc Japan Ser II 82(6):1599–1628. https://doi.org/10.2151/jmsj.82.1599

Weisse R, von Storch H, Mathcallies U, Chrastansky A, Feser F, Grabemann I, Günther H, Pluess A, Stoye T, Tellkamp J, Winterfeldt J, Woth K (2009) Regional meteorological–marine reanalyses and climate change projections: Results for Northern Europe and potential for coastal and offshore applications. Bull Am Meteorol Soc 90(6):849–860. https://doi.org/10.1175/2008BAMS2713.1

Whetton PH, Katzfey JJ, Hennessy KJ, Wu X, McGregor JL, Nguyen K (2001) Developing scenarios of climate change for southeastern Australia: an example using regional climate model output. Climate Res 16(3):181–201. https://doi.org/10.3354/cr016181

Wigley TML, Jones PD, Briffa KR, Smith G (1990) Obtaining sub-grid-scale information from coarse-resolution general circulation model output. J Geophys Res Atmos 95(D2):1943–1953. https://doi.org/10.1029/JD095iD02p01943

Woth K (2005) North sea storm surge statistics based on projections in a warmer climate: How important are the driving GCM and the chosen emission scenario? Geophys Res Lett 32(22). https://doi.org/10.1029/2005GL023762

Yoshimura K, Kanamitsu M (2008) Dynamical global downscaling of global reanalysis. Mon Weather Rev 136(8):2983–2998. https://doi.org/10.1175/2008MWR2281.1

Zahn M, von Storch H (2008) A long-term climatology of North Atlantic polar lows. Geophys Res Lett 35(22). https://doi.org/10.1029/2008GL035769

Zahn M, von Storch H (2010) Decreased frequency of North Atlantic polar lows associated with future climate warming. Nature 467(7313):309–312. https://doi.org/10.1038/nature09388

Zorita E, von Storch H (1999) The analog method as a simple statistical downscaling technique: Comparison with more complicated methods. J Climate 12(8):2474–2489. https://doi.org/10.1175/1520-0442(1999)012%3C2474:TAMAAS%3E2.0.CO;2

Zorita E, Kharin V, von Storch H (1992) The atmospheric circulation and sea surface temperature in the North Atlantic area in winter: Their interaction and relevance for Iberian precipitation. J Climate 5(10):1097–1108. https://doi.org/10.1175/1520-0442(1992)005%3C1097:TACASS%3E2.0.CO;2

Zorita E, Hughes JP, Lettemaier DP, von Storch H (1995) Stochastic characterization of regional circulation patterns for climate model diagnosis and estimation of local precipitation. J Climate 8(5):1023–1042. https://doi.org/10.1175/1520-0442(1995)008%3C1023:SCORCP%3E2.0.CO;2

Kapitel 7
Paläoklima und historische Klimarekonstruktionen

Eduardo Zorita, Hans von Storch, Martin Claussen, Martin Heimann und Robert Sausen

Zusammenfassung Die Klimaforschung ist durch die praktische Unmöglichkeit, Experimente mit dem Klimasystem zur Überprüfung von Hypothesen durchzuführen, sowie durch die begrenzte Länge der Beobachtungsreihen eingeschränkt, was in der Regel eine umfassende statistische Analyse erschwert. Aus diesem Grund kann die Paläoklimatologie, die sich mit vergangenen Klimavariationen befasst, wertvolle Einblicke in den aktuellen Klimawandel liefern und diesen in einen größeren Zusammenhang stellen. Allerdings ist die Paläoklimatologie auf indirekte Hinweise, sogenannte *Proxydaten,* angewiesen, die Informationen über vergangene Umweltbedingungen enthalten und entsprechend interpretiert werden müssen. Häufig erfordert diese Interpretation eine anspruchsvolle statistische Analyse. Dieses Kapitel stellt vier bedeutende Beiträge zur Paläoklimatologie vor, die im Rahmen des Hamburger Klimanetzwerks entstanden sind. Drei davon analysieren verfügbare indirekte Beobachtungen, um Rückschlüsse auf Klimavariationen in der jüngeren Vergangenheit sowie auf längeren glazialen Zeitskalen zu ziehen. Der vierte Beitrag ist methodischer Natur und befasst sich mit Ansätzen zur Überprüfung statistischer Rekonstruktionsmethoden des Klimas anhand synthetischer Daten.

Eine der Hauptbeschränkungen der Klimaforschung besteht darin, dass Experimente unter kontrollierten Bedingungen, wie sie in anderen Bereichen der Naturwissenschaften im Labor üblich sind, nicht möglich sind. Daher stützt sie sich in hohem Maße auf die Analyse direkter meteorologischer und mariner Beobachtungen. Diese statistische Auswertung wird häufig durch kleine Stichprobenumfänge, Beobachtungsfehler, inhomogene Datensätze aus unterschiedlichen oder nicht exakt kontrollierten Messgeräten usw. erschwert. All diese Unvollkommenheiten der Daten beeinflussen die Schlussfolgerungen, die aus ihrer statistischen Analyse gezogen werden. Da uns nur eine Realisierung des Klimaverlaufs zur Verfügung steht und der Stichprobenumfang es nicht erlaubt, einen Validierungsdatensatz beiseitezulegen, lässt sich dieser Einfluss nicht einfach quantifizieren. Um die Quellen klimatischer Informationen zu erweitern und längere Zeitskalen abzudecken, als dies allein mit Beobachtungen möglich wäre, werden in der Klimatologie auch andere Datentypen berücksichtigt, die indirekte Informationen über

H. von Storch et al., *Klimawissenschaftliche Konzepte aus Hamburg*,
https://doi.org/10.1007/978-3-032-04674-1_7

gegenwärtige und vergangene Klimabedingungen enthalten können. Bekannte Beispiele für Proxy-Daten sind Jahrringbreiten von Bäumen, da Bäume in Jahren mit günstigeren Bedingungen, z. B. höheren Temperaturen oder mehr Niederschlag, breitere Ringe ausbilden. Die Analyse solcher Daten kann wertvolle Informationen über vergangene Temperaturen, Niederschläge, Meeresströmungen usw. liefern. Diese indirekten Indikatoren (z. B. Jahrringbreiten) müssen jedoch quantitativ oder zumindest qualitativ im Hinblick auf klimatologische Variablen (z. B. Temperaturabweichungen vom Mittelwert) interpretiert werden, gegebenenfalls interpoliert und möglicherweise extrapoliert werden, um aus dem verfügbaren, räumlich lückenhaften Netz von Proxy-Daten vollständige Klimafelder zu rekonstruieren.

In diesem Kapitel werden einige bedeutende Beiträge aus dem Bereich der Paläoklimatologie und der Rekonstruktion vergangener Klimabedingungen vorgestellt, die im Rahmen des Hamburger Forschungsnetzwerks entstanden sind. Drei dieser Arbeiten interpretierten Proxy-Daten, um wertvolle Informationen über vergangene Klimavariationen im Nordatlantik und in der Ostsee zu liefern – die dritte und vierte Arbeit zielten darauf ab, einen analytischen Rahmen zur Überprüfung von Klimarekonstruktionsmethoden bereitzustellen.

7.1 Heiner Schmidts geostrophische Proxys für die Sturmaktivität über dem Meer

Seit den 1980er Jahren besteht ein wachsendes Interesse an der Frage, ob der Klimawandel zu einer Zunahme der Häufigkeit oder Intensität von Stürmen geführt hat, wie eine Reihe von Studien belegen (z. B. Neu 1984; Carter und Draper 1988; Hogben 1994; von Storch et al. 1993). Die naheliegendste Möglichkeit, solche Veränderungen zu beurteilen, wäre die Auswertung von Beobachtungen zu Sturmschäden oder von Wetterkartenserien – diese leiden jedoch fast immer unter Inhomogenitäten, sei es durch Veränderungen des Standorts und der Umgebung des Messinstruments, durch einen Wechsel des Beobachters (insbesondere, wenn visuelle Einschätzungen nach der Beaufort-Skala archiviert werden) oder wenn andere Faktoren, wie Schäden, die aufgezeichneten Daten unkontrolliert beeinflussen (Karl et al. 1993; Pielke und Landsea 1998; WASA-Gruppe 1998; Lindenberg et al. 2012). Häufig kann das Problem durch sogenannte „Homogenisierung“ behoben werden, bei Windbeobachtungen ist dies jedoch kaum möglich, da solche Inhomogenitäten nicht nur aus plötzlichen Sprüngen oder Brüchen bestehen, sondern auch aus unregelmäßigen, kontinuierlichen Störungen, die sich über einen bestimmten Zeitraum erstrecken können.

Heiner Schmidt (Abb. 7.1) vom Seewetteramt in Hamburg, Teil des Deutschen Wetterdienstes, entwickelte eine fundierte Methode, um tatsächliche Veränderungen der Sturmaktivität durch die Analyse von Änderungen in der Statistik der geostrophischen Winde zu erkennen (Schmidt und von Storch 1993). In einem rotierenden System unterliegt der Wind der Corioliskraft, die senkrecht zur Bewegungsrichtung wirkt. Der geostrophische Wind ist definiert als die Windgeschwindigkeit und -richtung, bei der die Corioliskraft genau dem Luftdruckgradienten entgegenwirkt. Dies wird als geostrophisches Gleichgewicht bezeichnet. Zeitliche Mittelwerte des Windes über Zeiträume von einem Tag oder länger und auf räumlichen Skalen von mehreren hundert Kilometern befinden sich meist im geostrophischen Gleichgewicht mit dem Luftdruck. Dieses Gleichgewicht bewirkt, dass Winde annähernd parallel zu den Isobaren auf Wetterkarten verlaufen. Daher lässt sich der geostrophische Wind näherungsweise aus Luftdruckmessungen ableiten. Die Konzentration auf Luftdruckmessungen bietet mehrere Vorteile gegenüber Windbeobachtungen: Luftdruckreihen erstrecken sich in der Regel über längere Zeiträume als Windmessungen; sie sind zudem weniger anfällig für Messfehler, da das Windfeld ein sehr erratisches und turbulentes Verhalten aufweist. Der Luftdruck wird kaum durch die Umgebung des Messgeräts, wie Bäume, Gebäude usw., beeinflusst, was bei Windmessungen jedoch der Fall ist. Schmidt hatte das Ziel, langfristige Veränderungen in der Windstatistik in der Deutschen Bucht, insbesondere in der Statistik extremer Winde, zu identifizieren und entschied sich aus den genannten Gründen für lange Luftdruckreihen. Er identifizierte drei Standorte mit kontinuierlichen Luftdruckmessungen und griff, falls Daten fehlten, auf Messungen benachbarter Stationen zurück (siehe Abb. 7.2). Die Daten wurden qualitätsgesichert und auf Inhomogenitäten überprüft, wobei der Luftdruck gegenüber Änderungen in der Beobachtungspraxis wenig empfindlich ist. Aus dem Dreieck der Luftdruckmessungen (Abb. 7.2) wurde für die Deutsche Bucht für jeden Tag von 1876 bis 1989 ein geostrophischer Wind berechnet. Anschließend wurde für jedes Jahr die Verteilung aller Tageswerte geordnet und für verschiedene Werte von p derjenige Wert bestimmt, der größer ist als p% aller Werte – das p-te Perzentil. Trotz der zum Ende der Zeitreihe zunehmenden Effizienz des Treibhauseffekts zeigte keine der Zeitreihen der jährlichen Perzentile einen steigenden Trend, insbesondere keinen beschleunigten. Abb. 7.3 zeigt eine dieser Zeitreihen, nämlich das 99 %-Perzentil.

Durch die Nutzung zusätzlicher Daten und die Integration verschiedener Schätzungen wurde die Methodik anschließend erweitert (Alexandersson et al. 1998; Matulla et al. 2008; Wang et al. 2011; Matulla et al. 2012; Krueger et al. 2019), was zu einem eindeutigen Ergebnis führte, das die früheren Befunde vollständig bestätigte: „Die Ergebnisse zeigen, dass die Sturmaktivität über der Deutschen Bucht [sowie über Nord- und Mitteleuropa] multidekadischer Variabilität unterliegt. Die letzten Jahrzehnte sind durch eine Zunahme der Aktivität von den 1960er bis zu den 1990er Jahren gekennzeichnet, gefolgt von einem Rückgang bis in die 2000er Jahre und unterdurchschnittlicher Aktivität bis in die Gegenwart.“ (Krieger et al. 2021).

Die Wirksamkeit des Ansatzes beruht auf der Korrelation zwischen Schwankungen in der Windstatistik und denen der geostrophischen Windgeschwindigkeit. Diese Annahme wurde von Oliver Krüger (Abb. 7.1) bestätigt, der anhand von Daten aus einer multidekadischen Simulation mit einem Klimamodell die Übereinstimmung der Variationen von Wind- und geostrophischen Windstatistiken nachwies (Krueger und von Storch 2011). Dies ist das erste Beispiel für die Nutzung synthetischer Daten aus Klimamodellen zur Überprüfung und Validierung von Rekonstruktionsmethoden. Eine weitergehende Anwendung dieser Idee ist Gegenstand von Abschn. 7.4.1 später in diesem Kapitel.

Abb. 7.1 Heiner Schmidt (links), der gemeinsam mit Oliver Krüger (rechts) die Nutzung veränderlicher geostrophischer Windstatistiken als Proxy für Veränderungen der Sturmaktivität eingeführt hat; Oliver Krüger lieferte den Nachweis für die Aussagekraft dieses Ansatzes. Foto: Hans von Storch

Darüber hinaus wurde die Methode eingesetzt, um die Verlässlichkeit einer Erweiterung des atmosphärischen Zustands („Re-Analyse") für die erste Hälfte des 20. Jahrhunderts zu bewerten, eine Periode, für die keine Daten aus höheren Luftschichten vorliegen (Krueger et al. 2013). Zu diesem Zweck berechnete Oliver Krüger Windstatistiken und deren Schwankungen in der Re-Analyse für Orte, an denen gut dokumentierte beobachtete Luftdruckdaten verfügbar waren. Die durch die Rekonstruktionen erzeugten Trends erwiesen sich jedoch als inkonsistent mit

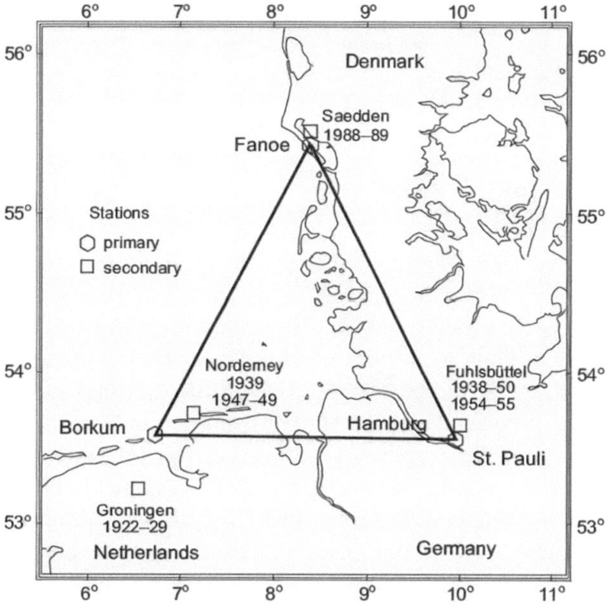

Abb. 7.2 Heiner Schmidt nutzte tägliche Luftdruckmessungen an den drei Ecken eines Dreiecks und berechnete daraus die geostrophische Windgeschwindigkeit für die Deutsche Bucht. Nach Schmidt und von Storch (1993)

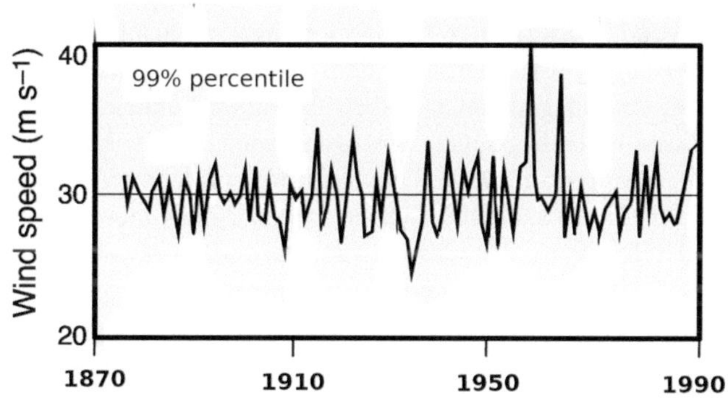

Abb. 7.3 Jährliche Zeitreihe des 99 %-Perzentils des täglichen geostrophischen Windes in der Deutschen Bucht, abgeleitet aus der Triangulation von Luftdruckmessungen mittels geostrophischer Näherung (siehe Abb. 7.2). Modifiziert nach Schmidt und von Storch (1993)

empirischen Daten auf Basis der geostrophischen Windstatistik – ein Problem, das in neueren, jahrhundertumspannenden Reanalyse-Datensätzen vermutlich behoben wurde.

7.2 Eisbedeckung der Ostsee

Die Rekonstruktion der Eisbedeckung der Ostsee in den vergangenen Jahrhunderten stellt ein hervorragendes Beispiel für die Analyse indirekter Beobachtungen dar – es handelt sich dabei nicht um eigentliche meteorologische Beobachtungen, aber auch nicht um indirekte Proxy-Daten. Diese Rekonstruktion basiert auf „historischen Belegen" aus Chroniken, Verwaltungs- und Kirchenakten, Handelsverträgen, privaten Briefen, Hafenberichten zu Segelsaisons, Berichten über den Transport von Gütern über das Meereis usw. Solche Dokumente müssen sorgfältig in historischen Archiven recherchiert, nach ihrer klimatischen Relevanz gefiltert, ihre Zuverlässigkeit bewertet und anschließend umfassend analysiert und zusammengefasst werden, um einen numerischen regionalen Klimaindex der Eisschwere zu erstellen – in diesem Fall der Häufigkeit und Intensität der Eisbedeckung in der westlichen Ostsee. Diese Variable ist klimatologisch bedeutsam, nicht nur weil sie das Ökosystem der Ostsee beeinflusst, sondern auch, weil sie ein sensibler Indikator für die Temperaturen in Westeuropa in den vergangenen Jahrhunderten ist und sogar als indirekter Indikator für die atmosphärische Zirkulation über dem Nordatlantik und der Nordsee interpretiert werden kann. Im heutigen Klima sind Winter mit überwiegend westlichen Winden an den Nord- und Westküsten der Ostsee meist mild und stürmisch. Im Gegensatz dazu sind Winter mit überwiegend meridionaler (nord-südlicher) atmosphärischer Zirkulation und häufigen *Blocking*-Situationen über dem zentralen Nordatlantik mit sehr kalten Temperaturen und ausgedehnter Eisbedeckung verbunden. Die erste Rekonstruktion der Ostsee-Eisbedingungen umfasste einen relativ kurzen Zeitraum ab 1701 (Koslowski und Loewe 1994). Diese Autoren erweiterten sie später auf den Zeitraum ab 1500 (Koslowski und Glaser 1999). Anschließend veröffentlichten Schmelzer und Holfort vom „Bundesamt für Seeschifffahrt und Hydrographie" in Hamburg eine Erweiterung des abgedeckten Zeitraums ab 1301 (Schmelzer und Holfort 2011), eine bemerkenswerte Leistung, die auf den beiden vorherigen Rekonstruktionen basiert, insbesondere angesichts der Komplexität der Auswertung und Interpretation der historischen Quellen aus diesen frühen Jahrhunderten. Der rekonstruierte Index der Eisbedeckung der westlichen Ostsee ist in Abb. 7.4 dargestellt. Der Index zeigt eine weniger ausgeprägte Eisbedeckung in den früheren und jüngeren Jahrhunderten, mit einer stärkeren Eisbedeckung während der Kleinen Eiszeit, etwa zwischen 1500 und 1800. Dies steht im Einklang mit Temperaturrekonstruktionen für Europa auf Basis dendroklimatologischer Daten. Die Ursachen für diese Schwankungen bei Temperatur und Eisbedeckung liegen vermutlich in den Veränderungen der externen Klimaantriebe, insbesondere der Häufigkeit und Intensität von Vulkanausbrüchen und der Sonnenaktivität. Beide

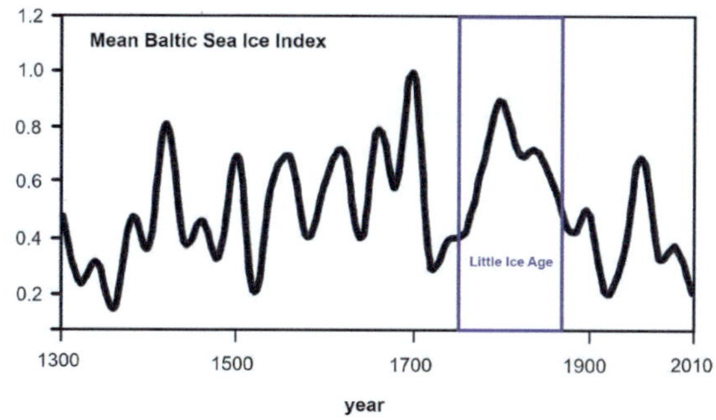

Abb. 7.4 Rekonstruierter Eisschwereindex für die westliche Ostsee (Abbildung nach Schmelzer und Holfort (2011), modifiziert) auf Basis historischer Quellen. Die Einheiten sind semiquantitativ: sehr schwach und schwach (Index = 0), mäßig −(0,1), mäßig+ (0,3), stark − (0,5), stark+ (1), sehr stark (2) und extrem stark (3) Eiswinter. Da die Zeitreihe mit einem 40-jährigen Tiefpassfilter geglättet wurde, werden extrem starke Eiswinter einzelner Jahre in dieser Abbildung nicht aufgelöst. Das Rechteck mit blauen Rändern markiert die Dauer der Kleinen Eiszeit nach Schmelzer und Holfort.

Faktoren trugen während der Kleinen Eiszeit zur Abkühlung der Durchschnittstemperaturen bei (PAGES 2k Consortium 2013).

7.3 Hartmut Heinrichs Stein und die Heinrich-Ereignisse

In der Paläoklimatologie ist der Begriff *Heinrich-Ereignisse* mittlerweile weit verbreitet. Er bezeichnet kurze Zeitspannen – im geologischen Maßstab – mit kalten Klimabedingungen, die in den vergangenen sieben Eiszeiten quasi-periodisch auftraten. Die Klimageschichte der Erde im letzten Million Jahren ist geprägt von quasi-zyklischen Schwankungen zwischen Eiszeiten (Glazialen), die etwa 100.000 Jahre andauern, unterbrochen von kurzen wärmeren Phasen wie der heutigen, die etwa 10.000 Jahre währen. Während der Glazialphasen dieser Zyklen sind große Teile der Landflächen der Nordhalbkugel in hohen Breiten von Eisschilden bedeckt, die mehrere Kilometer mächtig werden können, um dann während der kürzeren *interglazialen Phasen* wieder zurückzuweichen und fast ganz zu verschwinden – mit Ausnahme Grönlands.

Heute wissen wir, dass während der Glazialphasen des Pleistozäns (Hodell et al. 2022) eine gewaltige Anzahl von Eisbergen, buchstäblich eine *Armada*, vor allem, aber nicht ausschließlich, vom Laurentidischen Eisschild in Nordamerika freigesetzt wurde. Dies sind die *Heinrich-Ereignisse* (Bond et al. 1992). Diese Armada trieb durch die Hudsonstraße in den Nordatlantik und schmolz schließlich. Die Bedeutung dieser Heinrich-Ereignisse liegt in der großen Menge an Süßwasser, die durch das Schmelzen der Eisberge in den Nordatlantik gelangte. Dieser plötzliche Zustrom von kaltem und süßem Wasser hat das Potenzial, einen der

Antriebe der Zirkulation im Nordatlantik zu verändern, der durch Temperatur- und Salzgehaltsgradienten bestimmt wird – die sogenannte *thermohaline Zirkulation* –, was erhebliche globale Klimaschwankungen verursachen könnte. Auch zukünftige Veränderungen dieser Zirkulation, ausgelöst durch die Erwärmung der oberflächennahen Atlantikschichten, könnten im Kontext des Klimawandels von Bedeutung sein.

Die Glazialphasen werden durch die sogenannten *Heinrich-Ereignisse* unterbrochen. Die Entdeckung der Heinrich-Ereignisse ist für ein breiteres Publikum nicht nur wegen ihrer enormen wissenschaftlichen Bedeutung in der Paläoklimatologie interessant, sondern auch wegen der *menschlichen Geschichte,* die mit ihrer Entdeckung verbunden ist. Sie zeigt, dass Wissenschaft nicht immer im Elfenbeinturm fernab weltlicher Belange betrieben wird, sondern oft von individueller Neugier, manchmal auch vom Zufall und von ganz alltäglichen menschlichen Leidenschaften getrieben ist. Dies ist unser Bericht darüber.

Obwohl der Begriff „Heinrich-Ereignisse" in der Paläoklimatologie weit verbreitet ist, wissen heute nur wenige, wer diese Person, Hartmut Heinrich, eigentlich ist. Trotz seiner Tätigkeit beim „Bundesamt für Seeschifffahrt und Hydrographie" (BSH) in Hamburg blieb er in Deutschland weitgehend unbekannt. Das änderte sich jedoch, als ein ausführlicher Bericht über Heinrichs Entdeckung in seinen eigenen Worten in einem Interview veröffentlicht wurde (von Storch und Emeis 2017).

Alles begann damit, dass Hartmut Heinrich einen Stein entdeckte, der vom Meeresboden geborgen wurde und von einem dieser Eisberge in die Tiefsee vor der iberischen Küste transportiert worden war. Doch er entdeckte nicht nur den Stein und fand ihn merkwürdig, sondern er interpretierte ihn auch: Die Eisberge, die diese Ereignisse verursachten, transportierten Gesteinsmaterial, das von Gletschern erodiert worden sein musste und als eistransportiertes Material auf dem Meeresboden abgelagert wurde. In seinen eigenen Worten: „Mitte der achtziger Jahre führte das Deutsche Hydrographische Institut (DHI) eine Umweltverträglichkeitsprüfung zur Ablagerung von mittel- bis hochradioaktiven Abfällen durch … Das Untersuchungsgebiet lag in den östlichen Ausläufern des Mittelatlantischen Rückens … mit Wassertiefen von 3700 bis 4500 Metern." Ein Schiff wurde entsandt, an Bord der junge Geologe Hartmut Heinrich, den das DHI auf Empfehlung des Arbeitsamtes eingestellt hatte. [1]

Heinrich **las** den „Stein" (Abb. 7.5) und erkannte: „… Mit einem Kastengreifer wurden Proben aus den oberen fünfzig Zentimetern des Meeresbodens entnommen. In einem der Greifer wurde zufällig ein etwa zwanzig Zentimeter großes Basaltstück gefunden. Es handelte sich um einen glazigen[2] facettierten isländischen Basalt. Die Ober- und Unterseite waren mit schwarzem Manganoxid bedeckt, und in der Mitte befand sich ein zwei bis drei Zentimeter breiter, heller Streifen; darüber und darunter ein Band aus rötlich-braunem Eisenoxid. Dieses

[1] Später benannte sich das DHI in BSH um.

[2] Durch die Wirkung von fließendem Eis geschliffen und geformt.

Abb. 7.5 Hartmut Heinrich im Jahr 2016 mit seinem Stein in seinem Büro beim Bundesamt für Seeschifffahrt und Hydrographie in Hamburg. Foto: Hans von Storch

typische Merkmal findet man bei Steinen, die teilweise in sauerstofffreiem Sediment eingebettet und teilweise in sauerstoffhaltiges Bodenwasser hineinragen. Der helle Streifen sollte also eine Schicht aus sauerstofffreiem Sediment darstellen. Die Sedimentschicht in diesem Greifer, die an diesen hellen Streifen grenzte, unterschied sich von dem darunter- und darüberliegenden braunen Sediment durch ihre sehr helle Farbe.“ [Die anoxische Bedingung stammte jedoch nicht vom organischen Kohlenstoffgehalt, der etwa halb so hoch war wie in den darunter- und darüberliegenden oxischen Sedimenten.]:

„… Meine Schlussfolgerung war, dass das Bodenwasser im Nordostatlantik während der Ablagerung dieser Schicht anoxisch gewesen sein muss … der Sandanteil in dieser Schicht bestand nahezu ausschließlich aus kristallklaren, scharfkantigen Quarzkörnern, und die wenigen Foraminiferen [3], die gefunden wurden, gehörten zu einer Art, die heute nur nördlich der Polarfront vorkommt. Die Schicht war etwas diagenetisch verfestigt durch ein Mineral, das häufig in anoxischen Situationen entsteht, nämlich Dolomit. Offensichtlich war dieser Stein

[3] Einzellige, schalenbildende Organismen, die meist am Meeresboden leben.

von einem tauenden Eisberg abgesunken, der vermutlich von Island bis zu dem Fundort getrieben war. Einige Zeit später wurde die *ominöse* Schicht in relativ kurzer Zeit abgelagert, worauf wieder die *normalen* Eiszeitbedingungen im Nordostatlantik wie zuvor folgten."

Der Begriff *Heinrich-Ereignisse* wurde tatsächlich von Jerry McManus, der am Lamont-Doherty Earth Observatory tätig war, geprägt. Ein weiterer bekannter Wissenschaftler, Wally Broecker, verwendete den Begriff bald darauf ebenfalls (Broecker et al. 1992). Auf der Kieler Paläozeanographie-Konferenz 1992 bezogen sich über ein Dutzend Beiträge auf die „Heinrich-Ereignisse", alle verfasst von amerikanischen, britischen und französischen Wissenschaftlern. Die deutsche Wissenschaft tat sich jedoch schwer mit der Akzeptanz dieses Begriffs: „..Einer der [deutschen] Platzhirsche behauptete, er habe die Entdeckung selbst gemacht, was ihm niemand glaubte. Ich habe kürzlich erfahren, dass er fünfzehn Jahre lang versucht hat zu beweisen, dass das Ganze substanzlos sei. Ansonsten wurde der Beitrag in Deutschland weitgehend ignoriert. Im Ausland verbreitete er sich jedoch wie ein Lauffeuer. Es gab viel internationale Anerkennung. Die Ereignisse sind heute weltweit Bestandteil der geowissenschaftlichen Lehrpläne, und viele Studierende sind überrascht, wenn sie erfahren, dass ich noch lebe." Auch das wissenschaftliche Establishment in Hamburg zeigte kein Interesse an diesem Kollegen vom Bundesamt für Seeschifffahrt und Hydrographie, angeblich weil er nicht in Hamburg promoviert hatte.

7.4 Testen von Methoden zur Klimarekonstruktion

In den vorangegangenen Abschnitten haben wir einige Beiträge zur Rekonstruktion bestimmter Merkmale vergangener Klimate gesehen, die auf indirekten Informationen beruhen, die in natürlichen Archiven aufgezeichnet und heute ausgelesen werden können. Dieses Vorgehen wird auch auf viele andere Arten von Proxydaten angewendet, darunter Baumringe, Seesedimente, Korallen, Speläotheme und viele weitere. Diese natürlichen Archive zeichnen vergangene Umweltbedingungen nur indirekt auf und werden zudem von anderen, nicht-klimatischen Faktoren beeinflusst, die das Klimasignal, das wir extrahieren möchten, überlagern. In der Praxis werden zunehmend ausgefeilte statistische Methoden eingesetzt, um all diese Datentypen zu kombinieren und daraus eine vollständige Karte – nicht nur eines einzelnen Merkmals – vergangener Temperaturen oder Niederschläge für zurückliegende Zeiträume zu erstellen. Beispielsweise könnten Baumringdaten mit ihrer hohen und präzisen jährlichen Auflösung idealerweise die Rekonstruktion einer Karte der sommerlichen Durchschnittstemperaturen für die gesamte Erde ermöglichen. Offensichtlich sind diese Rekonstruktionen mit Unsicherheiten behaftet, die sich aus der begrenzten Abdeckung des Proxynetzwerks und den *rauschbehafteten* Eigenschaften der aus natürlichen Archiven gewonnenen Daten ergeben. Es bedarf einer Methode, um die Rekonstruktionsverfahren zu quantifizieren und zu testen. Man könnte meinen, es gebe keine einfache Lösung für das

Problem begrenzter und qualitativ mangelhafter Daten. Wenn Informationen nicht erhoben wurden oder von schlechter Qualität sind, existieren sie nicht und können nicht einfach aus dem Nichts erzeugt werden. Dennoch gibt es Möglichkeiten, die Auswirkungen dieser Probleme auf die Robustheit der statistischen Analyse zu quantifizieren und die Unsicherheiten abzuschätzen, die einer unvollständigen oder fehlerhaften Datenanalyse innewohnen. Es ist möglich, Wege zu finden, die Datenerhebung so zu optimieren, dass diese statistischen Unsicherheiten verringert werden.

Diese Methoden basieren auf *synthetischen* Daten: Daten, die relativ einfach erzeugt werden können, ohne zeitliche oder räumliche Lücken, ohne Messfehler und die statistisch und physikalisch den tatsächlichen Beobachtungen ähneln. Diese Daten stellen ein ideales synthetisches Labor dar, in dem die statistische Analyse nachgestellt, die zugrundeliegenden Annahmen in *numerischen Experimenten* getestet und die aus der Analyse gezogenen Schlussfolgerungen mit dieser *virtuellen Realität* verglichen werden können. Solche „magischen“ Daten lassen sich durch geeignete Transformationen aus Klimasimulationen mit Erdsystemmodellen erzeugen.

Auch wenn Erdsystemmodelle die Realität nicht perfekt abbilden, fassen sie doch unser Wissen über die Dynamik des Klimasystems zusammen. Die mit diesen Modellen durchgeführten Simulationen liefern Klimaprojektionen, die bereits gut bekannt sind. Sie sind in einem vernünftigen Maß physikalisch konsistent und umfassen viele physikalische Variablen ohne räumliche oder zeitliche Lücken. Neben der Projektion des zukünftigen Klimawandels können Erdsystemmodelle auch das heutige und das vergangene Klima über Zeiträume simulieren, die weit über das 20. Jahrhundert hinausgehen. Sie stellen einen *digitalen Zwilling* der Erde dar, wenn auch mit diskreter räumlicher und zeitlicher Auflösung. Klimadaten aus Klimasimulationen können als synthetisches Labor betrachtet werden, um eine bestimmte statistische Analyse zu testen: Wenn die statistische Analyse in diesen Laboren scheitert, wird sie wahrscheinlich auch im komplexeren System der realen Erde versagen.

Die Idee synthetischer Daten entstand zunächst, um Methoden zur Rekonstruktion vergangener Klimata zu testen (von Storch et al. 2004; Mann und Rutherford 2002). Diese Methoden basieren auf Proxy-Daten (wie den bekannten Jahrringbreiten). Jahrringbreiten und andere biologische Indikatoren können Umweltbedingungen (Temperatur, Niederschlag) der Vergangenheit mit jährlicher zeitlicher Auflösung über Zeiträume von mehreren Jahrtausenden abbilden. Diese Abbildung ist jedoch unvollkommen, da viele andere, nicht-klimatische Faktoren das Baumwachstum ebenfalls beeinflussen können. Zu diesen Störfaktoren, die nicht zwangsläufig mit Klimaschwankungen zusammenhängen, zählen beispielsweise Waldbrände, Konkurrenz mit anderen Bäumen, Parasiten und Nährstoffverfügbarkeit; sie stellen allesamt eine Quelle störender Variabilität dar, die mit dem Begriff *Rauschen* bezeichnet wird. Die gemessenen Jahrringbreiten müssen zunächst in Temperatur- oder Niederschlagseinheiten übersetzt werden. Im zweiten Schritt wird die Datensammlung aus einem Netzwerk von Proxy-Standorten genutzt, um das gesamte Temperatur- (oder Niederschlags-)feld über die gesamte

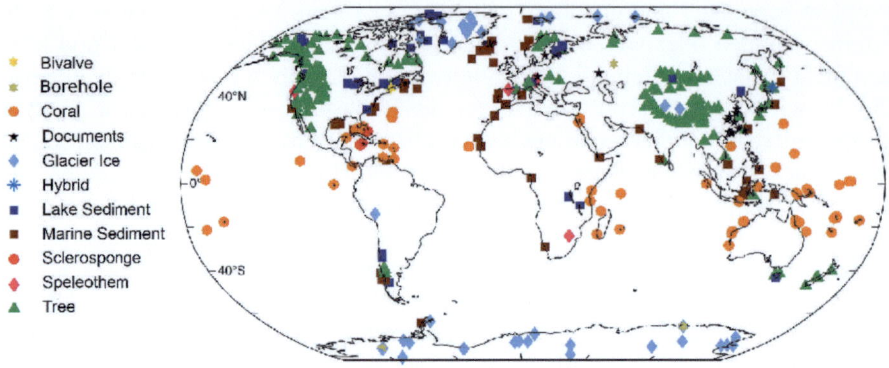

Abb. 7.6 Ein Beispiel für ein Netzwerk von Standorten mit Proxy-Daten, einschließlich des Proxy-Typs, der zur Rekonstruktion vergangener Temperaturen der letzten zwei Jahrtausende verwendet wurde (basierend auf PAGES 2k Consortium 2013). Jeder Proxy-Typ (und an jedem Standort) kann auf Umweltbedingungen wie mittlere Wachstumssaison-Temperatur, jährlichen Niederschlag usw. während einer bestimmten Saison ansprechen und repräsentativ für eine bestimmte Region sein. Daher sind die Klimainformationen in den Proxy-Daten heterogen und durch nicht-klimatische Variabilität verfälscht. Statistische Methoden sind erforderlich, um diese Informationen in vollständige globale Klimafelder zu übersetzen.

Nordhalbkugel zu rekonstruieren (siehe Abb. 7.6). Doch bevor die statistischen Werkzeuge einer Klimarekonstruktionsmethode getestet werden können, müssen geeignete synthetische Daten erzeugt werden.

7.4.1 *Konstruktion von Pseudo-Proxys*

Die globale oder großskalige Rekonstruktion vergangener Temperaturen stützt sich auf einzelne Reihen von Proxy-Daten, die indirekt lokale Temperatur- oder Niederschlagsverhältnisse abbilden. Ein Beispiel für solche Temperatur-Proxy-Zeitreihen ist in Abb. 7.7 dargestellt. Die Reihen zeigen geglättete Versionen von aus Jahrringen abgeleiteten Zeitreihen aus Mitteleuropa, zwei historische Aufzeichnungen über den Beginn der Weinlese in Frankreich und der Schweiz sowie instrumentelle Temperaturreihen von einer meteorologischen Station in der Nähe der Proxy-Standorte und die über Frankreich gemittelte Temperatur. Die Abbildungen zeigen deutliche Übereinstimmungen zwischen all diesen Reihen, aber auch klare Abweichungen. Diese Abweichungen werden durch verschiedene nicht-klimatische Faktoren verursacht, die die Weinlesedaten oder das Jahrringwachstum beeinflussen können. Werden die Jahrring- und Weinlesezeitreihen zusammen mit anderen Proxy-Reihen zur Rekonstruktion von Temperaturen im größeren Maßstab verwendet, führen diese Abweichungen zu Unsicherheiten und Verzerrungen.

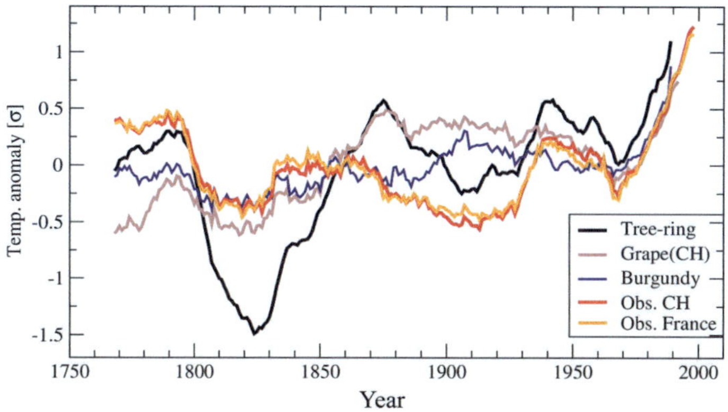

Abb. 7.7 Ein Beispiel für reale Proxy-Zeitreihen und die entsprechenden instrumentellen Temperaturen. Die Proxy-Daten stammen aus Jahrringmessungen in Mitteleuropa und aus historischen Berichten über den Beginn der Weinlese in Burgund (Frankreich) und in der Schweiz. Die instrumentelle Temperaturreihe repräsentiert die gemessene mittlere Temperatur in der Schweiz und in Frankreich. Die Reihen wurden so ausgerichtet, dass sie Abweichungen vom Langzeitmittel darstellen, auf eine Standardabweichung normiert und mit einem 30-jährigen Tiefpassfilter geglättet. Die typischen Korrelationen zwischen einer ungesmoothten (jährlichen) Proxy-Reihe und der entsprechenden instrumentellen Temperaturreihe liegen meist im Bereich von 0,3–0,5, wobei die besten Proxys Korrelationen von 0,7 erreichen. Die Abbildung stammt aus Ludescher et al. (2020).

Das Testen von Klimarekonstruktionsmethoden, die auf Ersatz-Pseudo-Proxy-Daten beruhen, sollte daher Ersatz-Pseudoproxy-Zeitreihen erzeugen, die die Eigenschaften realer Proxy-Daten nachahmen. Zu diesen Eigenschaften gehört auch die unvollständige Kopplung zwischen Proxys und den instrumentellen Temperaturreihen. Es gibt zwei Möglichkeiten, realistische, aber synthetische Proxy-Zeitreihen zu erzeugen, die beide auf Daten aus Klimasimulationen basieren.

7.4.2 Statistische Methoden

Eine Methode, die am weitesten verbreitet ist, basiert auf dem Aufbau statistischer Modelle dieser Zeitreihen. Solche synthetischen Temperatur- oder Niederschlagsreihen können in zwei Schritten aus Klimasimulationen konstruiert werden. Zunächst werden die vom Erdsystemmodell simulierten Temperatur- oder Niederschlagswerte in jeder Modellgitterzelle entnommen. Im zweiten Schritt werden diese simulierten Temperaturzeitreihen mit der erforderlichen Menge an statistischem Rauschen ϵ überlagert, sodass die Korrelation zwischen der synthetischen Temperatur T und dem Pseudoproxy pp einen zuvor festgelegten Wert r erreicht:

$$pp(t) = T(t) + \epsilon(t). \tag{7.1}$$

Hierbei kann die Amplitude (Standardabweichung) des Rauschterms ϵ aus dem angestrebten Wert der Korrelation r abgeleitet werden.

Allerdings ist die Fragestellung komplexer, als es auf den ersten Blick erscheint, wie bereits Abb. 7.7 andeutet, da der Rauschterm ϵ das nicht-klimatische Rauschen in den realen Proxys repräsentiert. Dieses Rauschen kann recht spezielle statistische Eigenschaften aufweisen, insbesondere im Hinblick auf die zeitliche Gedächtniswirkung oder *Autokorrelation*. So kann das Baumwachstum beispielsweise auch von im Vorjahr gespeicherten Nährstoffen abhängen; die Auswirkungen von Parasiten oder Bränden können über mehrere Jahre langsam abklingen; physiologische Schäden durch Trockenheit können das Baumwachstum langfristig beeinflussen. Diese Autokorrelation kann ein statistisches Modell beeinflussen, das die Werte von Proxy und Temperatur desselben Jahres verknüpft. Daher sollten die Pseudoproxys auch diese Eigenschaften des statistischen Gedächtnisses enthalten, um die Rekonstruktionsmethode unter realistischen Bedingungen zu testen. Diese statistischen Eigenschaften lassen sich jedoch nicht einfach abbilden und sind meist sehr spezifisch für den jeweiligen Proxy-Standort und -Typ. Der übliche Ansatz beim Testen von Rekonstruktionsmethoden besteht darin, Pseudoproxys mit einer großen Bandbreite möglicher statistischer Eigenschaften zu erzeugen, sodass ein Worst-Case-Szenario berücksichtigt werden kann.

Über die weitreichende Annahme hinaus, dass das Rauschen im Pseudoproxy durch eine zufällige, normalverteilte und zeitlich unkorrelierte Zeitreihe (weißes Gaußsches Rauschen) dargestellt werden kann, lässt sich der Rauschterm auch durch einen autokorrelierten (*roten*) Prozess und durch *Langzeitgedächtnis*-Prozesse (auch als FARIMA-Prozess, autoregressiv fraktional integrierter gleitender Mittelwert, bezeichnet) modellieren. In einer Rotrauschen-Zeitreihe ist ein Zeitschritt explizit (unabhängig) mit einer endlichen Anzahl vorheriger Zeitschritte korreliert. Die Erzeugung eines Rotrauschens ist technisch relativ einfach durch Anwendung eines autoregressiven Prozesses niedriger Ordnung möglich. In einem Langzeitgedächtnis-Prozess ist ein Zeitschritt (unabhängig) mit allen vorherigen – theoretisch unendlich vielen – Zeitschritten korreliert (Ludescher et al. 2020). Das führt dazu, dass die serielle Korrelation mit zunehmendem Zeitabstand langsamer abnimmt als bei einem Rotrauschen-Prozess. Die Erzeugung eines Langzeitgedächtnis-Prozesses ist technisch deutlich aufwändiger als ein autoregressiver Prozess (Makse et al. 1996; Liu et al. 1999). Diese beiden Prozessarten stellen daher zwei Grenzfälle dar, mit denen Rauschen in synthetischen Pseudoproxys erzeugt werden kann. Das Rauschen in realen Proxys liegt hinsichtlich der seriellen Autokorrelation vermutlich zwischen diesen beiden Grenzfällen. Durch die Erzeugung von Ersatzproxys in diesen beiden Grenzfällen lässt sich der Bereich der Unsicherheiten und Verzerrungen abschätzen, die durch serielle Korrelation in den realen Proxys entstehen. Im Allgemeinen führt das Vorhandensein einer langanhaltenden seriellen Korrelation im nicht-klimatischen Rauschen zu einer Verschlechterung der Rekonstruktionen, mit größeren Verzerrungen und einer ausgeprägteren Unterschätzung der vergangenen Klimavariabilität (von Storch et al. 2009).

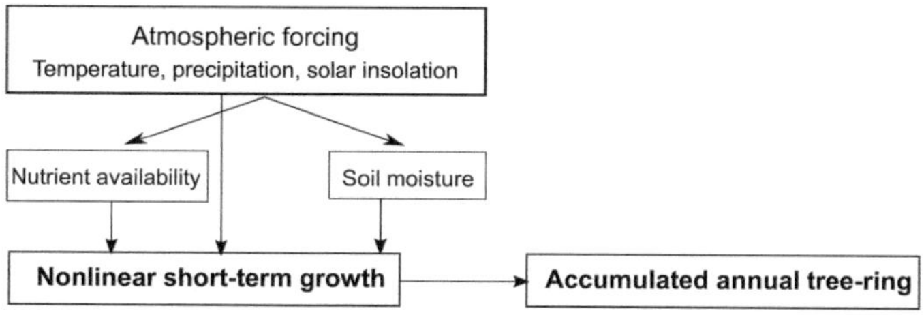

Abb. 7.8 Schematische Darstellung eines Forward-Modells für das Baumringwachstum. Das Modell verwendet meteorologische Antriebsgrößen als Eingabe und übersetzt diese durch eine Reihe vereinfachter Gleichungen der Baum-Biochemie in das Wachstum eines Baumrings. Dieses Modell berücksichtigt prinzipiell keine nicht-klimatischen Störquellen wie Parasiten oder Waldbrände und geht zudem davon aus, dass die meteorologischen Antriebsgrößen am Proxy-Standort gemessen werden. Dennoch bildet es mögliche nichtlineare Zusammenhänge zwischen Antrieb und Baumwachstum realistischer ab als ein statistisches Modell. Die Abbildung zeigt ein stark vereinfachtes Schema des VS-Lite-Modells (Tolwinski-Ward et al. 2011).

7.4.3 Forward-Modellierung von Proxys

Eine alternative, anspruchsvollere Methode zur Erzeugung von Pseudo-Proxys ist die Anwendung eines Proxy-*Forward-Modells*. Diese Modelle integrieren das biologische und geochemische Wissen über die wichtigsten Prozesse, die den Proxy-Indikator beeinflussen. Ein Forward-Modell für Baumringe würde beispielsweise das Wachstum eines Baumrings in einer bestimmten Vegetationsperiode simulieren, wobei Eingabewerte wie Temperatur, Sonneneinstrahlung, verfügbare Feuchtigkeit usw. verwendet werden (Tolwinski-Ward et al. 2011). Abb. 7.8 zeigt eine schematische Darstellung des Forward-Modells für Baumringe.

Ein Forward-Modell der Isotopenzusammensetzung eines Eiskerns würde als Eingabe die Isotopenzusammensetzung des Wasserdampfs verwenden und die Fraktionierung simulieren, die bei den Phasenübergängen von Gas zu Flüssigkeit zu festem Wasser auftritt (Sturm et al. 2010; Klein et al. 2019), analog dazu auch für ein Stalagmiten-Forward-Modell (Baker et al. 2012). Die Konstruktion von Pseudo-Proxys wurde sogar auf ökologische Systeme angewendet (Asena 2021). Die Komplexität dieser Modelle kann variieren. Einige verwenden monatliche Mittelwerte der Umweltfaktoren für das Baumringwachstum, andere bilden deren Tagesgang ab, da viele der an der Entstehung eines Proxy-Archivs beteiligten Prozesse nichtlinear sind und daher eine hohe zeitliche Auflösung für eine bessere Darstellung ihrer Variabilität erfordern.

7.4.4 Paläoklima-Pseudo-Rekonstruktion

Die statistischen Schritte, die für eine Paläoklima-Rekonstruktion erforderlich sind, können eine recht komplexe Kette statistischer Methoden umfassen, um das

Klimasignal aus dem nicht-klimatischen Rauschen zu extrahieren und ein spärliches Netzwerk punktueller Daten auf ein großräumiges Feld zu extrapolieren. Letztlich ist es schwierig, die Verzerrungen und Unsicherheiten dieser Methoden allein auf Basis des begrenzten Zeitraums, in dem tatsächliche Beobachtungen vorliegen, belastbar abzuschätzen.

Eine wichtige Anwendung von Pseudo-Proxy-Tests (von Storch et al. 2004) entstand im Zusammenhang mit Temperaturrekonstruktionen des letzten Jahrtausends, insbesondere der „Hockeyschläger"-Rekonstruktion (Mann et al. 1998; National Research Council et al. 2007). Solche Klimarekonstruktionen untersuchen in der Regel, ob die Temperaturen in der Vergangenheit das heutige Niveau überschritten haben, das stark von den Konzentrationen atmosphärischer Treibhausgase beeinflusst wird. Ein weiteres Ziel der Rekonstruktionen ist die Abschätzung der Amplitude multidekadischer Temperaturschwankungen. Die Hockeyschläger-Rekonstruktion basierte auf einer Sammlung von Proxys der Nordhemisphäre. Sie ergab eine sehr flache Temperaturentwicklung über die vorindustriellen Jahrhunderte und einen abrupten, starken Temperaturanstieg danach. Die Pseudo-Proxy-Tests zeigten jedoch, dass die Rekonstruktionsmethode die Amplitude vergangener Temperaturvariabilität künstlich abflacht. Dieses Ergebnis verdeutlichte die Notwendigkeit, alternative Methoden zur Klimarekonstruktion zu entwickeln, und vor allem die Notwendigkeit, Rekonstruktionsmethoden und andere in der Klimatologie eingesetzte statistische Verfahren unter kontrollierten Bedingungen rigoros zu testen (Christiansen et al. 2009; Smerdon 2012).

Obwohl die in den 2000er Jahren erstellten Klimarekonstruktionen des letzten Jahrtausends gemeinsame Merkmale aufwiesen – insbesondere den dominanten Erwärmungstrend im 20. Jahrhundert auf globaler Skala –, zeigten sie auch Unterschiede in der Amplitude vergangener Klimaschwankungen und im Temperaturverlauf in bestimmten Regionen, etwa im tropischen Pazifik. Zunächst wurde angenommen, dass diese Unterschiede auf die jeweils verwendeten Proxy-Datensätze zurückzuführen seien. Mehrere Studien wiesen jedoch auf eine andere Ursache hin, nämlich den *Fingerabdruck* der Rekonstruktionsmethoden. Wie bereits erwähnt, kann die statistische Methodik, die bei Rekonstruktionen zum Einsatz kommt, schnell sehr komplex werden – von der relativ einfachen Hauptkomponentenregression über Regularized Expectation Maximization (Rutherford et al. 2005) bis hin zur Bayesschen hierarchischen Modellierung (Tingley und Huybers 2010), um nur einige prominente Beispiele zu nennen. Selbst innerhalb einer etablierten Methode müssen Forschende mitunter subjektive Entscheidungen zu Details der Technik treffen, etwa zur Trunkierung der Dimensionalität. Es zeigte sich, dass diese Entscheidungen einen relativ starken Einfluss auf die endgültigen Rekonstruktionen haben und dass verschiedene, gleichermaßen vertretbare Entscheidungen zu unterschiedlichen Ergebnissen führen (Bürger und Cubasch 2005; Christiansen et al. 2009). Darüber hinaus hängt die Rekonstruktionsgüte einer bestimmten Methode stark vom jeweils verwendeten Datensatz ab. So lieferten beispielsweise zusätzliche Datensätze, die aus demselben Klimamodell generiert wurden und prinzipiell eine ähnliche Bewertung der Methode ermöglichen sollten, dennoch unterschiedliche Ergebnisse (Christiansen et al. 2009).

Sie waren zu stark von der jeweiligen Stichprobe abhängig. Dies zeigt, dass eine Rekonstruktionsmethode in einem Ensemble von Stichproben bewertet werden muss, nicht nur in einer, selbst wenn sie vom selben Klimamodell erzeugt wurden. Dieses etwas überraschende Ergebnis wäre unbemerkt geblieben, wenn nur der Beobachtungsdatensatz zur Bewertung einer Rekonstruktionsmethode herangezogen worden wäre.

Ein Beispiel für die Haupteffekte von Rauschen in Proxy-Zeitreihen auf Klimarekonstruktionen ist in Abb. 7.9 dargestellt. Die Abbildung zeigt die zeitliche Korrelation zwischen simulierten und pseudo-rekonstruierten Temperaturen aus einer globalen Klimasimulation des letzten Jahrtausends. Die Standorte des Pseudo-Proxy-Netzwerks ahmen ein reales Proxy-Netzwerk nach, und der Rauschanteil in den Pseudo-Proxys beträgt entweder null (Abb. 7.9a) oder ist realistisch (abgeleitet aus dem Vergleich realer Proxy-Zeitreihen mit den jeweils gemessenen Temperaturen). Die Korrelationen sind hoch, erreichen aber selbst bei perfekten (rauschfreien) Pseudo-Proxys nie den Wert eins. Dies zeigt, dass das Ziel, das globale Temperaturfeld aus der räumlich begrenzten Information einer Anzahl von Standorten zu rekonstruieren, letztlich nicht vollständig erreichbar ist. Noch schwieriger wird es, wenn die Pseudo-Proxys eine realistische Amplitude nichtklimatischen Rauschens enthalten: Die Korrelation mit der Modellsimulation nimmt ab, und hohe Korrelationswerte beschränken sich auf Regionen mit einer dichten Proxy-Abdeckung (siehe Abb. 7.6). Auch wenn dieses Ergebnis grundsätzlich zu erwarten ist, helfen Pseudo-Proxy-Experimente, den Fähigkeitsverlust, der auf verrauschte Proxy-Daten zurückzuführen ist oder erwartet werden kann, zu quantifizieren.

Die Idee, Klimamodelle als synthetisches Labor zur Überprüfung von Rekonstruktionsmethoden zu nutzen, wurde auch auf Klimarekonstruktionen auf Basis von Bohrlochtemperaturmessungen ausgeweitet. Dieser *Oberflächentemperatur-Proxy*

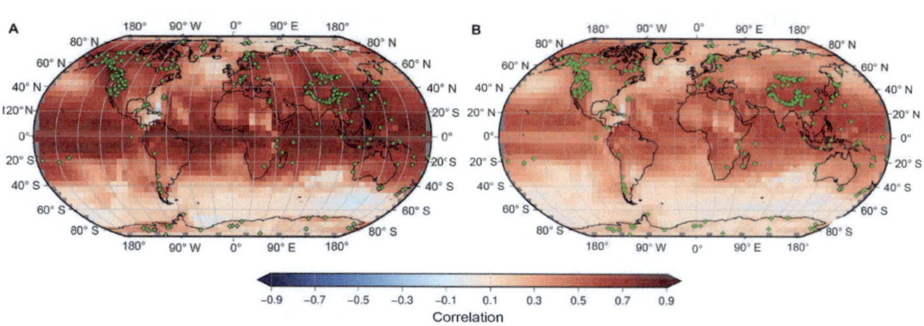

Abb. 7.9 Beispiel einer Pseudo-Rekonstruktion der jährlichen Mitteltemperatur unter Verwendung eines Pseudo-Proxy-Netzwerks, das das PAGES-Netzwerk aus Abb. 7.6 nachbildet. Die Karten zeigen die Korrelationen zwischen dem Zielwert (simulierte Temperatur) der letzten 1000 Jahre und der pseudo-rekonstruierten Temperatur. (**a**) zeigt die Ergebnisse mit perfekten (rauschfreien) Pseudo-Proxys, (**b**) die Ergebnisse mit realistischeren Pseudo-Proxys, bei denen die lokale Korrelation zwischen Pseudo-Proxy und der im Modellgitter simulierten Temperatur einheitlich auf 0,5 gesetzt ist. Nach Gómez-Navarro et al. (2017).

ist insofern besonders, als er die einzige *direkte* Messung vergangener Temperaturen darstellt, wenn auch durch den Zeitverlauf beeinflusst. Das vertikale Temperaturprofil, das heute in typischerweise 500 Meter tiefen Bohrlöchern gemessen wird, liefert Informationen über vergangene Oberflächentemperaturen. Das heute messbare Temperaturprofil wird durch die Schwankungen des Wärmeflusses von der Oberfläche – und damit durch die bodennahe Lufttemperatur – der letzten Jahrhunderte moduliert. Der Oberflächenwärmefluss benötigt mehrere Jahrhunderte, um diese Tiefen zu erreichen, und beeinflusst die Temperatur der tieferen Schichten (Beltrami et al. 2002). Allerdings kann der Oberflächenwärmefluss auch durch Schnee und Bodenfeuchte, also klimatische Faktoren jenseits der Lufttemperatur, sowie durch den geologischen Wärmefluss aus dem Erdinneren verfälscht werden, sodass es nicht trivial ist, bodennahe Temperaturprofile in die Geschichte des abwärts gerichteten Wärmeflusses zu übersetzen. Erdsystemmodelle stellen ein ideales Labor dar, da sie auch den Zustand der oberen Bodenschichten, die Bodenfeuchte und die Schneedecke simulieren. Die Analyse dieser Simulationen ermöglichte es, den Einfluss der klimatischen Oberflächenfaktoren auf die Modulation des abwärts gerichteten Wärmeflusses zu quantifizieren und so die potenziellen Fehler bei Temperaturrekonstruktionen aus Bohrlochdaten abzuschätzen (González-Rouco et al. 2003, 2009; Mann et al. 2009; Melo-Aguilar et al. 2020).

Literatur

Alexandersson H, Schmith T, Iden K, Tuomenvirta H (1998) Long-term trend variations of the storm climate over NW Europe. Global Atmos Ocean Syst 6:97–120

Asena Q (2021) Pseudoproxy modelling to explore ecosystem dynamics and assess uncertainties in palaeoecology. PhD thesis, ResearchSpace@ Auckland

Baker A, Bradley C, Phipps S, Fischer M, Fairchild I, Fuller L, Spötl C, Azcurra C (2012) Millennial-length forward models and pseudoproxies of stalagmite δ^{18}O: an example from NW Scotland. Climate Past 8(4):1153–1167. https://doi.org/10.5194/cp-8-1153-2012

Beltrami H, Smerdon JE, Pollack HN, Huang S (2002) Continental heat gain in the global climate system. Geophys Res Lett 29(8):8–1. https://doi.org/10.1029/2001GL014310

Bond G, Heinrich H, Broecker W, Labeyrie L, McManus J, Andrews J, Huon S, Jantschik R, Clasen S, Simet C et al (1992) Evidence for massive discharges of icebergs into the North Atlantic ocean during the last glacial period. Nature 360(6401):245–249

Broecker W, Bond G, Klas M, Clark E, McManus J (1992) Origin of the northern Atlantic's Heinrich events. Climate Dyn 6:265–273

Bürger G, Cubasch U (2005) Are multiproxy climate reconstructions robust? Geophys Res Lett 32(23). https://doi.org/10.1029/2005GL024155

Carter D, Draper L (1988) Has the north-east Atlantic become rougher? Nature 332:494. https://doi.org/10.1038/332494a0

Christiansen B, Schmith T, Thejll P (2009) A surrogate ensemble study of climate reconstruction methods: Stochasticity and robustness. J Climate 22(4):951–976. https://doi.org/10.1175/2008JCLI2301.1

Gómez-Navarro JJ, Zorita E, Raible CC, Neukom R (2017) Pseudo-proxy tests of the analogue method to reconstruct spatially resolved global temperature during the Common Era. Climate Past 13(6):629–648. https://doi.org/10.5194/cp-13-629-2017

González-Rouco F, von Storch H, Zorita E (2003) Deep soil temperature as proxy for surface air-temperature in a coupled model simulation of the last thousand years. Geophys Res Lett 30(21). https://doi.org/10.1029/2003GL018264

González-Rouco JF, Beltrami H, Zorita E, Stevens M (2009) Borehole climatology: a discussion based on contributions from climate modeling. Climate Past 5(1):97–127. https://doi.org/10.5194/cp-5-97-2009

Hodell D, Crowhurst S, Lourens L, Margari V, Nicolson J, Rolfe JE, Skinner LC, Thomas N, Tzedakis PC, Mleneck-Vautravers MJ et al (2022) A 1.5-million-year record of orbital and millennial climate variability in the North Atlantic. Climate Discuss 2022:1–58

Hogben N (1994) Increases in wave heights over the North Atlantic: A review of the evidence and some implications for the naval architect. Trans Roy Inst Naval Arch W5:93–101

Karl T, Quayle R, Groisman P (1993) Detecting climate variations and change: New challenges for observing and data management systems. J Climate 6:1481–1494

Klein F, Abram NJ, Curran MA, Goosse H, Goursaud S, Masson-Delmotte V, Moy A, Neukom R, Orsi A, Sjolte J et al (2019) Assessing the robustness of Antarctic temperature reconstructions over the past 2 millennia using pseudoproxy and data assimilation experiments. Climate Past 15(2):661–684. https://doi.org/10.5194/cp-15-661-2019

Koslowski G, Glaser R (1999) Variations in reconstructed ice winter severity in the western Baltic from 1501 to 1995, and their implications for the North Atlantic Oscillation. Climatic Change 41(2):175–191. https://doi.org/10.1023/A:1005466226797

Koslowski G, Loewe P (1994) The western Baltic sea ice season in terms of a mass-related severity index: 1879–1992: Part 1. temporal variability and association with the North Atlantic Oscillation. Tellus A 46(1):66–74

Krieger D, Krueger O, Feser F, Weisse R, Tinz B, von Storch H (2021) German Bight storm activity, 1897–2018. Int J Climatol 41:E2159–E2177. https://doi.org/10.1002/joc.6837

Krueger O, von Storch H (2011) Evaluation of an air pressure-based proxy for storm activity. J Climate 24:2612–2619. https://doi.org/10.1175/2011JCLI3913.1

Krueger O, Schenk F, Feser F, Weisse R (2013) Inconsistencies between long-term trends in storminess derived from the 20CR reanalysis and observations. J Climate 26:868–874. https://doi.org/10.1175/JCLI-D-12-00309.1

Krueger O, Feser F, Weisse R (2019) Northeast Atlantic storm activity and its uncertainty from the late nineteenth to the twenty-first century. J Climate 32:1919–1931

Lindenberg J, Mengelkamp HT, Rosenhagen G (2012) Representativity of near surface wind measurements from coastal stations at the German Bight. Meteor Z 21:99–106. https://doi.org/10.1127/0941-2948/2012/0131

Liu J, Shu Y, Zhang L, Xue F, Yang OW (1999) Traffic modeling based on FARIMA models. In: Engineering solutions for the next millennium. 1999 IEEE Canadian conference on electrical and computer engineering (Cat. No. 99TH8411), vol 1. IEEE, pp 162–167. https://doi.org/10.1109/CCECE.1999.807189

Ludescher J, Bunde A, Büntgen U, Schellnhuber HJ (2020) Setting the tree-ring record straight. Climate Dyn 55(11):3017–3024. https://doi.org/10.1007/s00382-020-05433-w

Makse HA, Havlin S, Schwartz M, Stanley HE (1996) Method for generating long-range correlations for large systems. Phys Rev E 53(5):5445. https://doi.org/10.1103/PhysRevE.53.5445

Mann ME, Rutherford S (2002) Climate reconstruction using 'Pseudoproxies'. Geophys Res Lett 29(10):139–1. https://doi.org/10.1029/2001GL014554

Mann ME, Bradley RS, Hughes MK (1998) Global-scale temperature patterns and climate forcing over the past six centuries. Nature 392(6678):779–787. https://doi.org/10.1038/33859

Mann ME, Schmidt GA, Miller SK, LeGrande AN (2009) Potential biases in inferring Holocene temperature trends from long-term borehole information. Geophys Res Lett 36(5). https://doi.org/10.1029/2008GL036354

Matulla C, Schöner W, Alexandersson H, von Storch H, Wang X (2008) European storminess: Late 19th century to present. Climate Dyn 31:125–130. https://doi.org/10.1007/s00382-007-0333-y

Matulla C, Hofstätter M, Auer I, Böhm R, Maugeri M, von Storch H, Krueger O (2012) Storminess in northern Italy and the Adriatic Sea reaching back to 1760. Phys Chem Earth Parts A/B/C 40–41:80–85. https://doi.org/10.1016/j.pce.2011.04.010

Melo-Aguilar C, González-Rouco JF, García-Bustamante E, Steinert N, Jungclaus JH, Navarro J, Roldán-Gómez PJ (2020) Methodological and physical biases in global to subcontinental borehole temperature reconstructions: an assessment from a pseudo-proxy perspective. Climate Past 16(2):453–474. https://doi.org/10.5194/cp-16-453-2020

National Research Council, Division on Earth, Life Studies, Board on Atmospheric Sciences, Committee on Surface Temperature Reconstructions for the Last 2 Y (2007) Surface temperature reconstructions for the last 2,000 years. National Academies Press

Neu HJA (1984) Interannual variations and longer-term changes in the sea state of the North Atlantic from 1970 to 1982. J Geophys Res Oceans 89(C4):6397–6402. https://doi.org/10.1029/JC089iC04p06397

PAGES 2k Consortium (2013) Continental-scale temperature variability during the past two millennia. Nature Geosci 6(5):339–346. https://doi.org/10.1038/NGEO1797

Pielke RA, Landsea CW (1998) Normalized hurricane damages in the United States: 1925–95. Weather Forecast 13:621–631. https://doi.org/10.1175/1520-0434(1998)013%3C0621:NHDITU%3E2.0.CO;2

Rutherford S, Mann M, Osborn T, Briffa K, Jones PD, Bradley R, Hughes M (2005) Proxy-based Northern Hemisphere surface temperature reconstructions: Sensitivity to method, predictor network, target season, and target domain. J Climate 18(13):2308–2329. https://doi.org/10.1175/JCLI3351.1

Schmelzer N, Holfort J (2011) Ice winter severity in the western Baltic Sea in the period of 1301–1500: comparison with other relevant data. Int J Climatol 31(7):1094–1098. https://doi.org/10.1002/joc.2337

Schmidt H, von Storch H (1993) German Bight storms analysed. Nature 365:791. https://doi.org/10.1038/365791a0

Smerdon JE (2012) Climate models as a test bed for climate reconstruction methods: pseudoproxy experiments. Wiley Interdiscip Rev Climate Change 3(1):63–77. https://doi.org/10.1002/wcc.149

Sturm C, Zhang Q, Noone D (2010) An introduction to stable water isotopes in climate models: benefits of forward proxy modelling for paleoclimatology. Climate Past 6(1):115–129. https://doi.org/10.5194/cp-6-115-2010

Tingley MP, Huybers P (2010) A Bayesian algorithm for reconstructing climate anomalies in space and time. Part I: Development and applications to paleoclimate reconstruction problems. J Climate 23(10):2759–2781. https://doi.org/10.1175/2009JCLI3015.1

Tolwinski-Ward SE, Evans MN, Hughes MK, Anchukaitis KJ (2011) An efficient forward model of the climate controls on interannual variation in tree-ring width. Climate Dyn 36(11):2419–2439. https://doi.org/10.1007/s00382-010-0945-5

von Storch H, Emeis K (2017) Hartmut Heinrich – The unknown world-famous climate researcher of Hamburg. An interview. https://doi.org/10.13140/RG.2.2.22909.15846

von Storch H, Guddal J, Iden KA, Jonsson T, Perlwitz J, Reistad M, de Ronde J, Schmidt H, Zorita E (1993) Changing statistics of storms in the North Atlantic? MPI report 116, Max-Planck-Institut für Meteorologie

von Storch H, Zorita E, Jones JM, González-Rouco YDF, Tett SF (2004) Reconstructing past climate from noisy data. Science 306(5696):679–682

von Storch H, Zorita E, González-Rouco F (2009) Assessment of three temperature reconstruction methods in the virtual reality of a climate simulation. Int J Earth Sci 98(1):67–82. https://doi.org/10.1007/s00531-008-0349-5

Wang XL, Wan H, Zwiers FW, Swail VR, Compo GP, Allan RJ, Vose RS, Jourdain S, Yin X (2011) Trends and low-frequency variability of storminess over western Europe, 1878–2007. Climate Dyn 37:2355–2371

WASA group (1998) Changing waves and storms in the Northeast Atlantic? Bull Am Meteorol Soc 79:741–760. https://doi.org/10.1175/1520-0477(1998)079%3C0741:CWASIT%3E2.0.CO;2